Σ BEST シグマベスト

理解しやすい
生物基礎

浅島　誠
武田洋幸　共編

JN056350

文英堂

はじめに

「生物基礎」の学習を通して，生物学的な自然観を身につけよう。

● 皆さんは，さまざまなメディアなどで，ヒトゲノム解析やゲノム編集，遺伝子治療，iPS細胞や，再生医療，免疫といった言葉を耳にしたことがあると思います。そうです。今日ほど「生物学」が重要視され，クローズアップされた時代はありません。近年，生物学は，生命の根源に迫る謎をつぎつぎに解き明かし，生命現象のしくみを分子レベルで説明できるようになってきました。と同時に，多様な生物が地球の環境の中でどんな戦略をとって生きているかも解き明かしてきました。

● 私たちは，生物学がこのようにめざましく進歩した時代にうまれたことを嬉しく思います。なぜなら，いままでわからなかった生命現象のしくみの多くが解き明かされ始めたことによって，病気の予防や治療の方法も格段に進みましたし，一方では，生物とそれが生きる環境との関わりのしくみが明らかにされることによって，人類がこのかけがえのない地球の環境の中でどのように生きていき，共存していかなければならないかがわかってきたからです。

● いうまでもなく，生物の世界は多様化していますし，生命現象も複雑です。入試問題も細部にわたっていますし，皆さんの中には，「生物基礎」というと，沢山の知識をただ暗記するだけと考える人も多いと思います。しかし，原理もわからず，ひたすら「覚えよう」とするのはおろかです。どうぞくれぐれも「覚えよう」とだけしないでください。本書がぼろぼろになるまで繰り返し利用して，生命現象をよく「理解する」ようにしてください。きっと，いのちの仕組みの素晴らしさとおもしろさがわかるはずです。

● この本は，長年，高校生物の教育に情熱を傾けてこられた，石橋篤先生，小林設郎先生，田中俊二先生，廣瀬敬子先生のご努力によりできあがったものです。きっと，強力に皆さんのお役に立つと確信しています。

編　者　しるす

本書の特長

1 日常学習のための参考書として最適

本書は，教科書の学習内容を3編，8チャプター，18セクションに分け，さらにいくつかの小項目に分けてあるので，どの教科書にも合わせて使うことができます。

その上，皆さんのつまずきやすいところは丁寧にわかりやすく，くわしく解説してあります。本書を予習・復習に利用することで，教科書の内容がよくわかり，授業を理解するのに大いに役立つでしょう。

2 学習内容の要点がハッキリわかる編集

皆さんが参考書に最も求めることは，「自分の知りたいことがすぐ調べられること」「どこがポイントなのかがすぐわかること」ではないでしょうか。

本書ではこの点を重視して，小見出しを多用することでどこに何が書いてあるのかが一目でわかるようにし，また，学習内容の要点を太文字・色文字やPOINTではっきり示すなど，いろいろな工夫をこらしてあります。

3 豊富で見やすい図・写真

本書では，数多くの図や写真を載せています。図や写真は見やすくわかりやすく楽しく学習できるように，デザインや色づかいを工夫しています。

また，できるだけ説明内容まで入れた図解にしたり，図や写真の見かたを示したりしているので，複雑な「生物基礎」の内容を，誰でも理解することができます。

4 テスト対策もバッチリOK!

本書では，テストに出そうな重要な実験やその操作・考察については「重要実験」を設け，わかりやすく解説してあります。また，計算の必要な項目には「例題」を入れ，理解しやすいように丁寧に解説しました。

またチャプターの最後に「重要用語」，「特集」を設けました。重要なことがらを説明できる力を身につけることで実戦的な力を養えます。

本書の活用法

1 学習内容を整理し，確実に理解するために

POINT! ① 重要
学習内容のなかで，必ず身につけなければならない重要なポイントや項目を示しました。ここは絶対に理解しておきましょう。

補足　注意　視点
本書をより深く理解できるよう，補足的な事項や注意しなければならない事項，注目すべき点をとりあげました。

このSECTIONの まとめ
各セクションの終わりに，そこでの学習内容を簡潔にまとめました。学習が終わったら，ここで知識を整理し，重要事項を覚えておくとよいでしょう。また，□のチェック欄も利用しましょう。

2 教養を深め，試験に強い知識を固めるために

⊕発展ゼミ
教科書にのっていない事項にも重要なものが多く，知っておくと大学入試などで有利になることがあります。そのような事項を中心にとりあげました。少し難しいかもしれませんが読んでみてください。

重要実験
テストに出やすい重要実験について，その操作や結果，そして考え方を，わかりやすく丁寧に示しました。

参考 ＼ COLUMN ／
直接問われることは少ないものの，理解の助けになるような内容です。勉強の途中での気分転換の材料としても使ってください。

例題
計算問題は，「例題」でトレーニングしましょう。すぐに答を見ずに，まず自力で解いてみるのがよいでしょう。

重要用語
各チャプターの終わりには，理解に必要な重要用語をまとめました。用語の意味を書けるくらい押さえましょう。

特集
現在研究が進んでいる，私たちの生活に身近で重要なことがらについて解説しました。幅広い知識を身につけましょう。

もくじ CONTENTS

第2編 ヒトのからだの調節

CHAPTER 1 恒常性と神経系

SECTION ① 体液と体内環境

SECTION ② 神経系による調節

第3編 生物の多様性と生態系

CHAPTER 1 植生と遷移

CHAPTER **3** 生態系と環境

SECTION ① 生物群集と個体群

SECTION ② 個体群の相互作用

SECTION ③ 物質生産と物質収支

参考 の一覧

\ COLUMN / の一覧

➕ 発展ゼミ の一覧

🔬 重要実験 の一覧

🔴 例題 の一覧

予備学習

顕微鏡の使い方

1 | 顕微鏡の扱い方

1 透過型光学顕微鏡の取り扱い

①運搬するときは片手でアームを持ち，片手で鏡台を支えて体に密着させて運ぶ。

②観察する際には直射日光の当たらない水平な場所に置く。

③最初に接眼レンズをはめて，その後に対物レンズをはめる。外す場合は逆の順序で外す。逆にすると，対物レンズの内部にごみが入るおそれがある。

④レボルバーを回し最低倍率の対物レンズをプレパラートの上に移動させる。

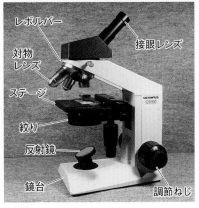

図1 透過型光学顕微鏡と各部の名称

2 観察の手順

❶明るさの調節　反射鏡または内蔵のLEDライトで光を取り入れ，視野をなるべく明るくしておく。反射鏡は低倍率では平面鏡，高倍率では凹面鏡を使う。

注意 反射鏡を使う場合，目を痛めるので直射日光を取り入れないこと。

❷プレパラートを載せる　プレパラート（→ 3 ）をステージに載せて固定する。プレパラートは，観察対象を対物レンズの真下にくるように移動させておく。

❸ピントを合わせる　まず①横から見ながら，対物レンズとプレパラートを近づけておく。そして②接眼レンズを覗きながら，対物レンズとプレパラートが離れる方向に調節ねじを回してピントを合わせる。

注意 ②で対物レンズとプレパラートが近づく方向に動かすと，接触して破損する場合がある。

❹倍率を上げる　見たい部分を視野の中央に移動させ，ピントを正確に合わせる。次に，横から見ながらレボルバーを回し，対物レンズを倍率の高いものに変える。

補足 顕微鏡は低倍率でピントが合えばその位置で高倍率でもピントがほぼ合うようにできているため，ピントの合っている状態で長い対物レンズに変えても接触することはない。

3 プレパラートのつくり方

❶プレパラート　プレパラートは，試料をスライドガラスに載せてカバーガラスで覆い，顕微鏡で観察しやすくしたもの。

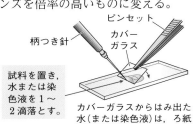

試料を置き，水または染色液を1〜2滴落とす。

カバーガラスからはみ出た水（または染色液）は，ろ紙で吸い取る。

図2 プレパラートのつくり方

❷つくり方　光が透過しやすい小試料または薄い切片にした試料をスライドガラス上に載せ，水などをたらし，気泡が入らないようにカバーガラスをかける。
❸固定　組織や細胞を観察する場合には構造が分解されないよう酸やアルコールを用いた固定液で代謝を止めておく。

2 │ 観察上の留意点

1 絞りの活用

　絞りはステージの下から光が入る穴の大きさを変えることで視野の明るさを調節する。絞りを閉じると視野は暗くなるが，ピントの合う範囲が広く（焦点深度が深く）なり輪郭が鮮明になる。絞りを開くと明るくなるが焦点深度が浅くなる。

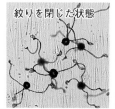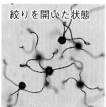

図3　絞りの開閉と像の違い（スギナの胞子）

2 視野内の像と実際の位置・動き

　プレパラートおよびプレパラート上の観察対象物の動きと視野内の像の動きは180°異なり，上下左右が逆になる。

補足　光学実体顕微鏡ではプレパラートの動きと視野内の動きは同じ向きになる。また，透過型光学顕微鏡には鏡筒内にプリズムや反射鏡を用いて左右のみが反転するようにしたものもある。

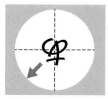

図4　観察対象の向きおよびプレパラートの動き（左）と視野中の像およびその動き（右）

3 染色

　生物の組織や細胞は透明なものが多いため，目的とする観察対象がよく染まる染色液を選び染色して観察する。

補足　核酸や核酸がおもな成分である染色体はさまざまな染色液によく染まる（⇨ p.58）。

表1　おもな観察対象と試薬の例

観察対象	染色液	色
核	酢酸オルセイン	赤
	酢酸カーミン	赤
ミトコンドリア	ヤヌスグリーン	青緑
	TTC	赤
植物の細胞壁	サフラニン	赤

4 倍率と分解能

❶光学顕微鏡の倍率　観察倍率は接眼レンズと対物レンズの倍率の積で示される。

$$観察倍率 ＝ 接眼レンズの倍率 × 対物レンズの倍率$$

❷分解能　顕微鏡が観察物をどれだけ詳細に描写できるかという能力は2点が別々の点として観察される最短距離によって表され，この長さを分解能という。

5 スケッチの仕方

① 多くの観察対象を観察して，全体を代表できるもの，構造のわかりやすい対象を選ぶ。

② 対象物は大きく，詳細な構造まで正確に描く。鮮明な線と点で表現し，陰影や濃淡は点の密度で表現する。

注意 着色やぬりつぶし，線の重ね描きはしない。

③ 大きさがわかるようにスケールを入れる（ミクロメーターの利用 ⤳ p.14）

④ 必要に応じて観察倍率，染色の有無，染色液の種類，観察対象の動きなどを文で付記する。

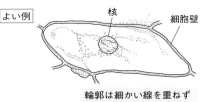

よい例 核 細胞壁

輪郭は細かい線を重ねず1本の線ではっきり描く。

よくない例

ぬりつぶしやぼかしはしない。

図5 良いスケッチとよくないスケッチの例

3 顕微鏡の種類と特徴

❶ 光学顕微鏡　レンズによる光（可視光）の屈折を利用して観察対象を拡大する。分解能は約 $0.2\,\mu\mathrm{m}$ （200 nm）。

① **透過型光学顕微鏡**　下から光を当て，観察対象物を透過してくる光による像を拡大して見る。光が通りやすい小さい物体や薄く加工した試料を観察する。

② **実体顕微鏡**　上から光を当てて観察する。

③ **位相差顕微鏡**　屈折率や厚さの違いを明暗にして観察できる。

❷ 電子顕微鏡　電子顕微鏡は光のかわりに電子線を用いて試料を観察する装置で，分解能は約 0.2 nm で**光学顕微鏡より細かい構造を観察することができる**。[★1] 透過型と走査型の2つのタイプがあり，いずれも得られる像は明暗のみで色はない。

① **透過型電子顕微鏡**　切片にした観察対象に電子線を当て，透過した電子を蛍光板，フィルム，または CCD カメラで受けて画像を得る。

② **走査型電子顕微鏡**　位置をずらしながら試料表面に電子線を当て，反射した電子（または二次電子）を検出してコンピュータで処理し，画像にする。表面の微細構造を観察でき，立体的な像が得られるのが特徴。

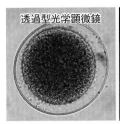
透過型光学顕微鏡

実体顕微鏡

位相差顕微鏡

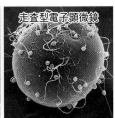
走査型電子顕微鏡

図6 顕微鏡の種類による見え方の違い（ウニの卵）

★1 光学顕微鏡と電子顕微鏡の分解能の違いは電子線のほうが光より波長を短くできることによる。

🧪重要実験 ミクロメーターの使い方

ミクロメーターとは

顕微鏡で観察されるような小さな物の大きさは，ふつうの物差しでは測れない。そこで，顕微鏡用の物差しとして開発された次の2つのミクロメーターを使って測定する。

❶ 接眼ミクロメーター　接眼レンズの中に入れて使う円形のミクロメーターで，等間隔に目盛りを刻んである。像と同時に見るために，線は細く短く記されている。また，目盛り数を数えやすくするために，10，20，…の数字が付されている。

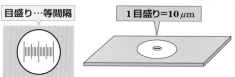

図7 接眼ミクロメーターと対物ミクロメーター

視点 接眼ミクロメーターは，接眼レンズの中に目盛りのついている面を下にしてセットする。

❷ 対物ミクロメーター　ステージ上に置く。スライドガラスの中央に1mmを正確に100等分した明確な長い線が引いてあり，最小の1目盛りの長さは正確に10μmとなっている。また目盛りを探しやすくするために目盛りの周囲には円形の線（ガイドライン）が記されている。

測定の原理

❶ 測定しようとする物を直接対物ミクロメーターにのせて測定することはできない。直接のせて測定しようとしても，対象物と目盛りに同時にピントを合わせることができず，測定不可能である。➡実際の測定には，接眼ミクロメーターを使う。

❷ 観察倍率を変えると，接眼ミクロメーターの目盛りの間隔は変化しないが，試料が見える大きさが変わる。そのため，観察する各倍率について，あらかじめ，接眼ミクロメーターの1目盛りが対物ミクロメーターの何目盛りに相当するか，測定しておく。

操作

❶ 接眼ミクロメーターと対物ミクロメーターの両者の目盛りが平行になるように，接眼レンズをまわす。

❷ 接眼ミクロメーターの目盛りと対物ミクロメーターの目盛りが完全に一致している所を2か所さがし，その間の長さから接眼ミクロメーター1目盛りに相当する長さ(L)を求める（図8の場合，$\dfrac{7 \times 10}{10} = 7\,\mu\text{m}$）。

$$L = \frac{\text{対物ミクロメーターの目盛り数} \times 10}{\text{接眼ミクロメーターの目盛り数}}\ (\mu\text{m})$$

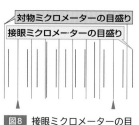

図8 接眼ミクロメーターの目盛りの見方

❸ 対物ミクロメーターをはずしてプレパラートに置き換え，測定したい物体が接眼ミクロメーターの何目盛りに相当するかを数え，❷で求めた数値をかけて物体の実際の長さを求める（図9の場合，$7 \times 6 = 42\,\mu\text{m}$）。

図9 顕微鏡下での実長

第 **1** 編

生物の特徴

・・・

1 》生物の共通性

1 生命の単位—細胞

1 生物の多様性と共通性

1 多種多様な生物

❶膨大な種類の生物　私たちの身のまわりにはいろいろな種類の生物が存在している。それらは私たちヒトを含む動物のほか，植物，カビやキノコの仲間(菌類)や単細胞の細菌といった大きさや形，構造の大きく異なるものからなり，それぞれが膨大な数の種類に分かれている。★1

❷生物の多様性と共通性・階層性　ヒトが属する脊椎動物は地球上の生物の一部である動物に含まれるが，脊椎動物もさらにいろいろな違いによって分けることができる(⤴図1)。

このように生物はその多様性によって非常にさまざまな種類に分けられる。反対に，近縁のものを同じグループとし，共通性に注目してまとめていくこともできる。そのグループ分けはいくつもの段階であり，**階層性**が見られる。

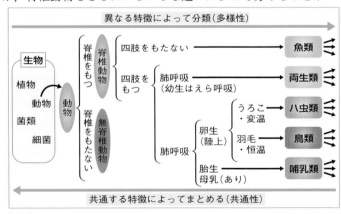

異なる特徴によって分類(多様性)

生物
植物
動物
菌類
細菌

動物 → 脊椎をもつ → 脊椎動物
　　　　　　　　　　四肢をもたない → **魚類**
　　　　　　　　　　四肢をもつ → 肺呼吸(幼生はえら呼吸) → **両生類**
　　　　　　　　　　肺呼吸 → 卵生(陸上) → うろこ・変温 → **八虫類**
　　　　　　　　　　　　　　　　　　　　羽毛・恒温 → **鳥類**
　　　　　　　　　　　　　　　 胎生母乳(あり) → **哺乳類**
動物 → 脊椎をもたない → 無脊椎動物

共通する特徴によってまとめる(共通性)

図1 生物の多様性と共通性

視点 動物は脊椎動物と無脊椎動物に分けられるが，さらに共通性のあるものをまとめた複数のグループに何段階も細分することができる。

★1 現在，地球上には約190万種類の生物が確認されている。発見されていない種も含めると数千万種の生物が存在するともいわれている。

❸進化と生物の多様性・共通性　長い年月の間に生物の特徴が変化することを，進化という。このような生物の多様性と共通性は，生物が共通の祖先から長い時間をかけて進化し，地球上のいろいろな環境に適応して有利に子孫を残せる特徴をもつさまざまな種類に分かれていったためと考えられる。

補足　現在知られている生物は，すべて約40億年前に地球に誕生した最初の生命体を共通の起源として進化してきたと考えられている。

❹系統と系統樹　共通点が多い生物グループどうしは共通の祖先から分かれた時期が比較的新しく，特徴が大きく異なる生物グループどうしほど古い時代に分かれたものと考えられる。進化の道すじを系統といい，枝分かれのようすを示したものを系統樹という（⤵ 図2）。

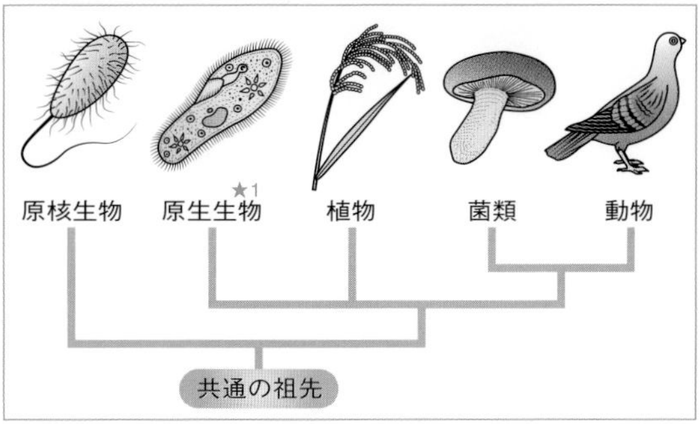

原核生物　原生生物 ★1　植物　　菌類　　動物

共通の祖先

図2　生物の系統樹

2 生物に共通して見られる特徴

現在知られているすべての生物は次のような共通の特徴をもつ。これは共通の祖先から進化してきたと考えられる理由でもある。

❶細胞から成り立つ　細胞は細胞膜という膜によって外界と隔てられている。細胞の内部で秩序立てて生命活動が営まれているので，細胞は生物の構造と機能の基本的な単位になっている（⤵ p.18）。

❷代謝：化学反応を行い，エネルギーを利用する　有機物を分解する反応を通してエネルギーを取り出して生命活動に利用している。すべての生物はエネルギーをいったんATP（アデノシン三リン酸）という物質に蓄えてから生命活動に使っている（⤵ p.26）。

参考　ウイルスは生物ではない

●インフルエンザや新型コロナウイルス感染症など多くの感染症の病原体として知られるウイルスは，生物がもつ基本的な特徴をもたないため，生物と非生物の中間にあたる存在とされる。

ウイルスの特徴

①タンパク質と遺伝物質からなる粒子であり，細胞ではない。

②ATPを合成するなどの代謝を行わない。移動のための運動などもしない。

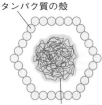
タンパク質の殻
DNAまたはRNA
図3　ウイルスの基本構造

③DNAまたはRNAを遺伝物質としてもつ。

④自己複製の機能をもたず，細胞に侵入することではじめて細胞がもつ物質やしくみを用いて増殖することができる。

★1 原生生物は，植物・動物・菌類以外の真核生物で，単細胞生物や多細胞でもからだの構造が単純な生物の総称。ミドリムシ，ゾウリムシ，光合成を行う藻類など。

第1編　生物の特徴

❸自己複製　自分と同じ特徴を子孫に伝える遺伝のシステムをもち，自己の形質を忠実に再現して複製する。すべての生物はDNA（デオキシリボ核酸）という物質を遺伝情報の担い手（遺伝物質）として細胞の中にもっている（⇨p.48）。

❹体内環境の維持　細胞は温度や物質の組成などの状態が一定の範囲内にある環境でなければ生きることができない。多細胞生物は外部環境が変化しても細胞を取り囲む体液の状態（内部環境）を調節することで生命活動を維持している（⇨p.84）。

[生物の共通点]

①細胞（膜構造）からなる　　②ATPを使い代謝を行う

③DNAをもち自己複製を行う　④体内環境を保つ

２｜細胞の多様性と共通性

１ 細胞の多様性

　細胞は生物体を構成する単位であるが，形や大きさはさまざまで，たくさんの細胞からなる多細胞生物の個体には役割に応じて独特の形や機能をもったさまざまな細胞が見られる。また，1つの細胞からなる単細胞生物にも多くの種類がある。

２ 細胞の種類　①重要

❶細胞の種類　細胞は，つくりの違いなどから次の2つに分けられる。

　真核細胞…核膜に包まれた状態の核をもつ細胞

　原核細胞…核膜に包まれた状態の核をもたない細胞

　中学校までに観察してきた植物細胞や動物細胞は，どちらも核膜に包まれた核をもつ真核細胞である。一方，大腸菌など，細菌は核の見られない原核細胞からなる。

❷真核細胞の特徴　真核細胞は，以下のような膜で包まれた構造を内部にもつ。

　核…二重の膜（核膜）に包まれた構造で一般的には1個の細胞に1個存在する。[*1]内部にはDNAを含む染色体が存在する。

　ミトコンドリア…二重の膜に包まれていて内部に呼吸を行う酵素がある。

　葉緑体…二重の膜に包まれた構造。内部に光を吸収するための色素と光合成を行うための酵素が存在している（植物細胞のみ）。

　補足　葉緑体は色素体の一種で，光合成を行う。色素体には，葉緑体のほかにニンジンの根などに含まれる有色体，表皮や貯蔵組織に見られる白色体がある。白色体のうち最もよく見られるのは，デンプンを貯蔵するアミロプラストで，ジャガイモなどでよく発達している。

★1 哺乳類の赤血球（⇨p.86）のように核が消失して存在しない細胞や，横紋筋の筋繊維（⇨p.74）のように複数の細胞が融合してできた多核の細胞も存在する。

❸**植物細胞と動物細胞の共通点と相違点**

①**共通点** 植物細胞も動物細胞も一重の細胞膜に囲まれ，その内部に二重膜で囲まれた核やミトコンドリアをもつ。

②**相違点** 植物細胞は動物細胞にない葉緑体(色素体の1つ)と細胞壁をもつ。

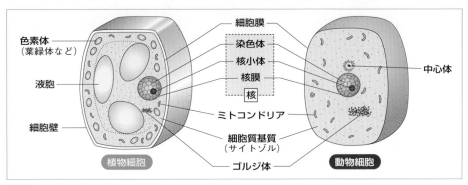

図4 光学顕微鏡で見た動物細胞と植物細胞

❹**原核細胞の特徴** 細菌などの原核細胞には次のような特徴がある。

①細胞内には核膜に包まれた核はなく，遺伝子(DNA)は細胞質中に存在している。

②細胞の大きさは小さく，ミトコンドリア・葉緑体・ゴルジ体などがない。

③細胞は細胞膜で包まれており，この点は真核細胞と共通している。

3 原核生物

❶**原核生物** 原核細胞からなる細菌などの生物を原核生物という。[★1]

細菌はバクテリアともよばれる。ヒトの腸内細菌の1つである大腸菌やヨーグルトに含まれる乳酸菌，納豆をつくるときに使う納豆菌，感染症を引き起こす赤痢菌，コレラ菌，シアノバクテリアなどがある。シア

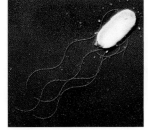

図5 大腸菌(O-157)

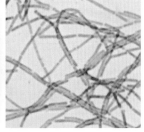

図6 納豆菌

ノバクテリア(ラン藻類)は二酸化炭素を取り入れて光合成を行い，酸素を発生する細菌である。[★2] ユレモ，ネンジュモ，スイゼンジノリ[★3]などが知られている。

★1 原核生物には細菌とは別にアーキア(古細菌ともいう)というグループがあり，高温の環境や塩分濃度の非常に高い環境にすむものが知られている。

★2 細菌にはシアノバクテリアのほかにも光合成を行うものが存在するが，植物がもつものとは異なる光合成色素をもち，酸素を発生しない。

★3 スイゼンジノリは，九州の一部に見られる緑色～茶褐色のシアノバクテリアの一種で食用になる。

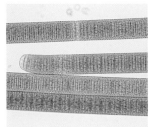

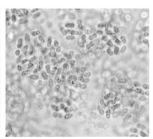

図7　ユレモ　　　　図8　イシクラゲ(ネンジュモの一種)　図9　スイゼンジノリ

❷原核生物のつくり　原核生物のほとんどは単細胞生物であるが，一部のシアノバクテリアはつながって糸状体をつくる。最も簡単なつくりの原核生物は，肺炎の一因ともなる**マイコプラズマ**という0.3μm★¹程度の細菌だと考えられている。

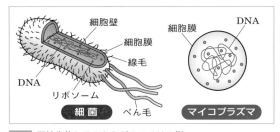

図10　原核生物とそのからだのつくりの例

視点　マイコプラズマは，細胞壁をもたないので不定形。

❸真核生物と原核生物の比較　真核生物と原核生物を比較すると，次のような違いがある。

①真核生物は核膜で包まれた核をもつ細胞よりなるが，原核生物は，膜で包まれた核は見られず遺伝子DNAがむき出しで存在している細胞よりなる。

②真核生物の細胞は原核生物の細胞の**数十倍〜数百倍**の大きさをもつ。

③真核生物の細胞は，核のほかに葉緑体，ミトコンドリアなどをもつが，これらは大昔に細胞内に入り込んだ原核生物に由来し(⤷ p.24)，二重の膜で囲まれている。

原核生物…核をもたない**原核細胞**からなる。細菌など

真核生物…核をもつ**真核細胞**からなる。動物，植物など

4 細胞の大きさと形

❶細胞の大きさ　大腸菌や乳酸菌などの原核生物は2〜5μm，真核生物の細胞は，ふつう10〜50μmの大きさで，ともに光学顕微鏡で観察することができる。

❷細胞の形　細胞の基本的な形は**球形**や**立方体**であるが，非常に細長いものや紡錘形，板状，アメーバのような不定形など，さまざまなものがある。

★1 1μm (マイクロメートル)は10^{-6}m＝1000分の1 mm，1 nm (ナノメートル)は10^{-9}m＝100万分の1 mm。

第
1
編

生物の特徴

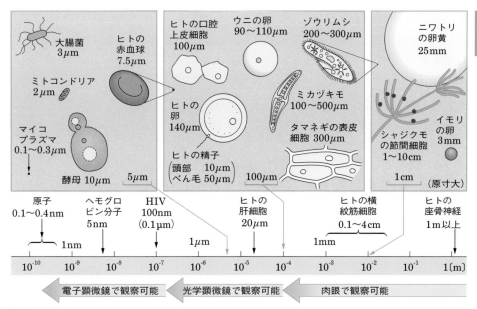

図11 いろいろな細胞や構造の形と大きさ

視点 細菌の多くは，光学顕微鏡でやっと見える大きさで，真核細胞のミトコンドリア程度の大きさしかなく，内部構造は電子顕微鏡でしか観察できない。

⊣ COLUMN ⊢

「ヒトのからだの細胞数を算出する」

　ヒトのからだの始まりは1つの受精卵である。受精卵が分裂をくり返して数を増やしながら，情報を伝える神経の細胞や，消化や吸収にかかわる胃や腸の上皮細胞，赤血球や白血球など多様な役割に応じた細胞へと変化していく。**役割ごとの細胞の種類は200種類以上となる。**では，ヒトのからだを構成する全細胞の数はどのくらいだろうか。これまでに論文などで発表されたヒトのからだの細胞数は，10^{12}（1兆）個から10^{16}（1京）個までさまざまであったが，2013年に多くのデータと丹念な計算に基づいて従来より厳密な推定値が提示された。それは，1809年から2012年1月までのさまざまな論文や本に発表された情報から，脂肪組織，関節軟骨，胆管系，血液，骨，骨髄，心臓，腎臓，肝臓，肺・気管支，神経系，すい臓，骨格筋，皮膚，小腸，胃，副腎，胸腺，血管系などさまざまな種類の細胞数に関するデータと細胞の写真を集め，それぞれの細胞の体積を計算し，各器官の細胞数を推定するというものであった。このような方法によって，体重70kgの大人のヒト1人の細胞数はおよそ37兆2000億個と算出されたのである。

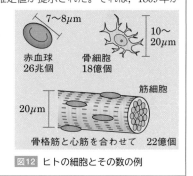

図12 ヒトの細胞とその数の例

3│細胞の構造と生命活動

1 細胞の共通性

多様性に富んでいる細胞にも次のような共通性が見られる。

①細胞は，細胞膜によって包まれ，**外界と仕切られている。**

②細胞は，**遺伝物質としてのDNAと，タンパク質合成の場としてのリボソーム**（⊂〉p.63）をもっている。

③細胞は，細胞分裂（⊂〉p.54）によって増える。

④細胞は，**有機物を分解してエネルギーを取り出し，そのエネルギーによって生命活動を行う。**

2 真核細胞の構造 ①重要

❶細胞の基本的なつくり　真核細胞は，細胞膜によって包まれ，内部には核とそれを取り囲む細胞質とがある。細胞膜も細胞質に含まれる。

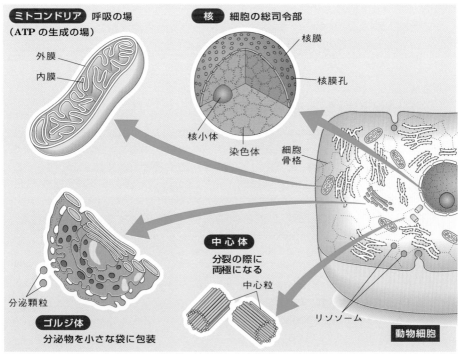

図13 動物細胞と植物細胞の一般的な構造と働き（模式図）

視点 電子顕微鏡を使うと，光学顕微鏡では見ることのできないリボソームや，核・ミトコンドリア・

❷**細胞小器官と細胞質基質**　細胞には，核・ミトコンドリア・葉緑体など，膜に取り囲まれた構造体があり，これらを細胞小器官（オルガネラ）という。そして，細胞小器官どうしの間は，細胞質基質（サイトゾル）という液状成分によって満たされている。

❸**細胞の構造と生命現象**　生きた真核細胞では，ミトコンドリアがエネルギー生産を行い，植物細胞では葉緑体が光合成を行うなど，細胞小器官がいろいろな役割を分業しながら，全体として調和のとれた生命活動を営んでいる。この調和を保つのに，**核**が細胞の総司令部ともいえる重要な働きをしている。

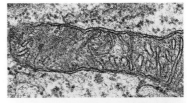

図14　ミトコンドリア（上；イモリの腸の細胞）と葉緑体（下；トマトの葉の細胞）透過型電子顕微鏡写真

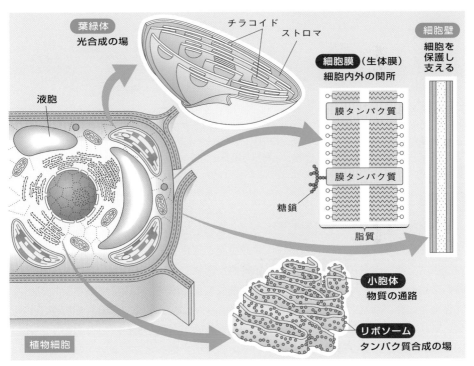

葉緑体などの微細構造を観察することができる。

3 原核細胞の構造 ⚠重要

❶核をもたない構造　原核生物の細胞のDNAは真核細胞のDNAと異なり，**核膜に囲まれておらず細胞質中に裸の状態で存在する。**

❷細胞壁　細菌やシアノバクテリアは**細胞壁**をもつが，その成分は植物細胞の細胞壁とは異なる。

補足　多くの細菌は細胞壁の表面に粘着性の物質（莢膜）や毛のような付属物（線毛）をもち，これらは他の細胞や物体への付着や免疫細胞に対する抵抗にかかわる。

❸膜構造　原核生物は**膜構造からなる細胞小器官**をもたない。また，シアノバクテリアのように光合成色素を含む膜構造（**チラコイド**）をもつものもある。

補足　原核細胞は真核細胞の細胞小器官がもつ，生命活動に必要な物質の多くを細胞膜上にもっている。

表1　原核細胞と真核細胞の構造の違い

構成要素	原核細胞		真核細胞	
細胞	細菌	シアノバクテリア	動物	植物
DNA	○	○	○	○
細胞膜	○	○	○	○
細胞壁	○	○	×	○
核膜	×	×	○	○
ミトコンドリア	×	×	○	○
葉緑体	×	×	×	○
光合成色素	△	○	×	○
リボソーム	○	○	○	○

視点　細菌には光合成色素をもつもの（光合成細菌）もある。マイコプラズマを除く細菌はすべて細胞壁をもつ。酵母は細菌ではなく，真核生物。

図15　原核生物（シアノバクテリア）のからだの構造

（図中）DNAは核膜に包まれず存在する。／細胞壁／細胞膜／チラコイド　光合成色素を含む膜構造

4 真核細胞の誕生と進化

　原核細胞と真核細胞とを比較してみると，真核細胞のほうがはるかに複雑である。単純な構造の原核細胞からどのように真核細胞が進化してきたのだろうか。現在有力な説は，細胞内の共生によって，真核細胞が誕生したというものである。これは，酸素を用いて呼吸することができる好気性細菌や光合成を行うシアノバクテリアが大きな原始真核細胞中に取り込まれて**共生関係**（⇨p.230）になり，それぞれがミトコンドリアと葉緑体になって現在のような真核細胞が誕生した，というものである。ミトコンドリアと葉緑体は次のようにいろいろな点で細菌およびシアノバクテリア

★1　本来，酸素は生物にとってからだを構成する物質を酸化させる有害な物質であった。この酸素を用いて有機物を分解しエネルギーを得ること（呼吸）ができるものを**好気性**，酸素を用いずに有機物を分解して生きるものを**嫌気性**という。

に似ていて，この説を支持している。

① **大きさ**　ミトコンドリアは細菌と，葉
緑体はシアノバクテリアとほぼ一致する。

② **遺伝子**　ミトコンドリアも葉緑体も
核とは異なる独自のDNAをもつ。

③ **増え方**　両者とも真核細胞の中で独
自に分裂して増える。

④ **リボソーム**　両者とも内部に原核細
胞型のリボソームをもつ。

⑤ 現在の生物において細胞内共生の例
が見られる。

例　マメ科植物の根の細胞内の根粒菌，ミドリゾウリムシ内の緑藻類

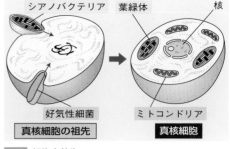

図16　細胞内共生

視点　好気性細菌だけが共生したものが動物細胞
になった。

[細胞内共生]

好気性細菌⇨ミトコンドリア　シアノバクテリア⇨葉緑体

このSECTIONの **まとめ**　生命の単位―細胞

□ 生物の多様性と
共通性 ⇨p.16

・生物は①**細胞**からなる　②**ATP**を使い代謝を行う
　③**DNA**をもち自己複製を行う　④**体内環境**を保つ

□ 細胞の多様性と
共通性 ⇨p.18

・{ 真核生物…**真核細胞**(核をもつ)。動物，植物，菌類
　原核生物…**原核細胞**。細菌

□ 細胞の構造と生
命活動 ⇨p.22

・

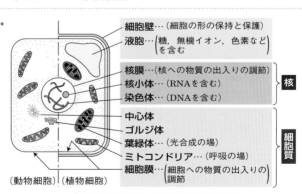

・**細胞内共生**　{ 好気性細菌→ミトコンドリア
　　シアノバクテリア→**葉緑体**

第
1
編

生
物
の
特
徴

生物とエネルギー

1 | 代謝とATP

1 代謝と生物のエネルギー ①重要

❶代謝　生きている細胞内では，常に物質の分解と合成が起こっている。細胞内でのさまざまな物質の化学変化全体を代謝という。これらの反応においては，反応が速やかに進むよう，酵素というタンパク質が働いている（⤴ p.32）。

❷光合成・呼吸とエネルギー　すべての生物は，生命活動を行うためにエネルギーを必要とする。植物が行う光合成は，光エネルギーを化学エネルギーに変換して有機物に蓄える反応である。これに対して呼吸は，酸素を用いて有機物を分解して生命活動に利用できる化学エネルギーを取り出す反応である。

図17 エネルギーと生物

❸同化と異化　光合成のようにエネルギーを用いて単純な物質から複雑な有機物を合成する過程を同化という。呼吸のように複雑な物質を分解してエネルギーの放出を伴う過程を異化という。

❹エネルギーの変換とATP　呼吸は有機物を分解してエネルギーを取り出す反応であり，光合成は光エネルギーを利用して有機物を合成する反応であるが，どちらの反応も光エネルギーや化学エネルギーを生命活動に直接利用することはできず，ATP（アデノシン三リン酸）という物質を介する必要がある。

2 ATPの構造とエネルギー

❶エネルギーの通貨ATP　ATPは，次の特徴から，「エネルギーの通貨」に例えられる。

①単細胞生物の細菌から多細胞生物のヒトまで，すべての生物体にATPは含まれており，エネルギーを蓄える働きをしている。

②ATPが放出するエネルギーは，物質の合成，発光や発電，運動など細胞が行ういろいろな生命活動に共通して使うことができる。

❷ATPの構造　ATPはアデニン（塩基の1種⤴ p.41, 49）とリボース（糖⤴ p.41, 63）が結合したアデノシンという物質に，リン酸が3個結合したリン酸化合物である。

❸ADP　ATPからリン酸が1個離れた
もの(アデノシンにリン酸が2個結合し
た化合物)をADP(アデノシン二リン酸)
といい，ATPとADPは酵素の働きで比
較的容易に相互変換する。

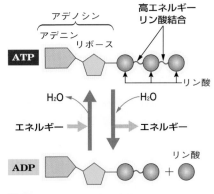

❹ATPとエネルギー　ATPの分子の端
の2個のリン酸の間には，多量の結合エ
ネルギーが含まれている。これを，高エ
ネルギーリン酸結合といい，**ATPから
リン酸1個がはずれてADPになるとき
にはエネルギーが放出される。**逆に，

図18　ATPとADPの相互変換

ADPとリン酸からATPがつくられる際にはエネルギーを加える必要がある。

エネルギーを取り出す
ATP (アデノシン三リン酸) ⇄ ADP (アデノシン二リン酸) + リン酸
エネルギーを蓄える

➕発展ゼミ　**ATPの化学構造**

●ATPは，<u>A</u>denosine <u>t</u>riphosphate の略称で，日本名をアデノシン三リン酸とよぶ。ATPは，
アデニンという**塩基**，リボースという**五単糖**，3個のリン酸の3つの成分からできている。
アデニンとリボースの化合物をアデノシンというが，ATPはアデノシンにリン酸が3個結合
したものである。

●アデノシンにリン酸が1個結合したものをAMP(Mは<u>Mono</u>＝1つの略)といい，リン酸が
2個結合したものをADP(DはDi＝2つの略)という。ちなみに，Tri＝3つの意味。[★1]

●ATPとADP，AMPでは，もっているリン酸の数が違っており，蓄えているエネルギー量
が異なる。

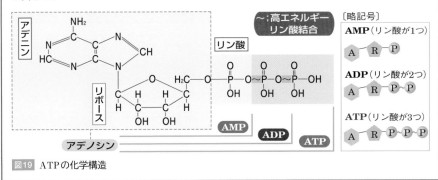

図19　ATPの化学構造

★1　AMPはRNAを構成するヌクレオチドの1つでもある(⇨p.41)。

3 代謝とエネルギー

❶代謝とATP　代謝には，エネルギーの取り入れや変換，取り出しが伴う。このときになかだちとなるのがATPである。光合成のような同化では，光エネルギーを用いていったんATPを合成しそのエネルギーを用いて無機物から有機物を合成する。[★1] 呼吸のような異化では有機物を分解してその化学エネルギーを利用してATPを合成し，さまざまな生命活動に利用している。

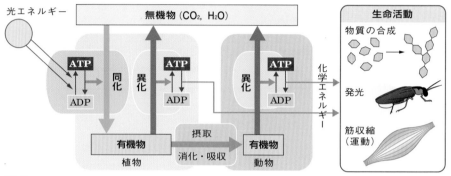

図20　同化・異化とエネルギー

❷独立栄養生物と従属栄養生物　植物やシアノバクテリアは，光合成を行って二酸化炭素や水などの無機物からグルコースなどの有機物を合成し，これを呼吸によって生命活動に利用している。これらの生物のように無機物のみ取り込むことで生命活動を営むことのできる生物を独立栄養生物という。これに対して，動物のように有機物を他の生物に依存している生物を従属栄養生物という。従属栄養生物が摂取する有機物は，もとをたどればすべて植物などが光合成で生産した有機物である。

> 独立栄養生物…**無機物から有機物を合成**して生命活動に利用。
> 従属栄養生物…他の生物が合成した有機物を取り込んで利用。

┤ COLUMN ├

「メタボ＝肥満」ではない

　肥満を気にする中高年の人たちが口にする「メタボ」という言葉。メタボリックシンドローム（内臓脂肪症候群）の略であるが，「メタボリック」とはもともと「代謝(metabolism)の」という形容詞。内臓脂肪が過剰にたまると動脈硬化性のいろいろな疾患を併発しやすいため，これに高血糖，高血圧，脂質異常のどれか1つ以上が加わった状態がメタボリックシンドロームとされている。「メタボ」から抜け出すには，代謝改善を行って内臓脂肪を減らすこと，つまり「メタボリズム」（代謝）をよくすることが必要。

★1 動物も体外から取り込んだアミノ酸などの有機物からタンパク質や核酸などの複雑な有機物をエネルギーを用いて合成する同化を行っている。

第1編 生物の特徴

2 | 光合成と呼吸

1 光合成 ⚠重要

❶葉緑体のつくりと色素　植物や藻類など真核生物の光合成の場である葉緑体は右の**図21**のようなつくりをしている。二重膜で囲まれていて，この膜の内部の空間を**ストロマ**といい，扁平な袋状の構造を**チラコイド**という。**チラコイドの膜にはクロロフィルなどの光合成色素が埋め込まれている。**光合成に必要な光エネルギーは，これらの光合成色素によって吸収される。

補足 原核生物のシアノバクテリアは細胞膜あるいはこれが内側に陥入したチラコイドに光合成のための酵素と光合成色素をもっていて，これが葉緑体の役割をしている。

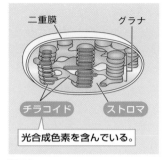

図21 葉緑体のつくり

視点 グラナは，チラコイドが積み重なったもの。

光合成色素を含んでいる。

❷光合成のしくみ　緑色植物の葉緑体では，まず光合成色素が太陽の光エネルギーを吸収して，酵素の働きでATPを合成する。そしてこのATPの化学エネルギーを利用して，二酸化炭素(CO_2)から有機物を合成する(⤴**図22**)。

❸光合成の産物

光合成で合成された有機物は，ふつう一時的に葉緑体内にデンプンとして蓄えられ，やがて糖などに分解され，維管束中の師管を通って体内の各部位に運搬される。

植物が合成する有機物は，生態系の中ではすべての生物の栄養源となる。

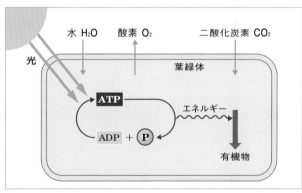

図22 光合成のしくみ

[光合成]

葉緑体の中で，光合成色素と酵素の働きで行われる。

光エネルギーでATPを合成し，ATPを使って有機物を合成。

$$CO_2 + H_2O + 光エネルギー \longrightarrow 有機物 + O_2$$

2 呼吸 ①重要

❶呼吸を行う場所　有機物を分解して取り出したエネルギーでATPを合成する異化は，すべての生物が行う生命活動である。真核細胞の**ミトコンドリア**には呼吸を行う**酵素**が存在し，おもな呼吸の場となっている。

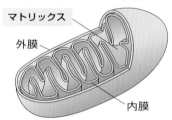

> 補足 細胞内にミトコンドリアをもたない原核生物の多くは呼吸のかわりに酸素を用いない**発酵**を行う。

❷ミトコンドリアの構造　ミトコンドリアは右のように外膜・内膜という二重膜に包まれた構造をしていて，内膜は内側でひだ状の構造をつくっている。内膜より内側の液体部分を**マトリックス**という。

図23 ミトコンドリアの構造

❸呼吸のしくみ　呼吸では図24のように有機物を，**酸素(O_2)を用いて水と二酸化炭素に分解する**。この反応はおもにミトコンドリアで行われ，有機物が分解されるときに放出されるエネルギーで多量のATPが生産される。

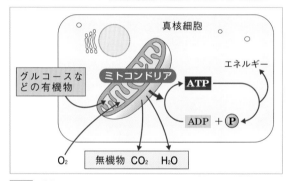

図24 呼吸のしくみ

❹呼吸の化学反応　呼吸と燃焼はいずれも酸素と反応して有機物が二酸化炭素と水に分解されエネルギーが発生する反応であるが，燃焼は反応が急激に進み発生するエネルギーのほとんどが熱として放出されるのに対し，呼吸はたくさんの酵素による化学反応が段階的に起こる**穏やかな過程**で，生じたエネルギーの比較的多くがATPの合成に使われる。

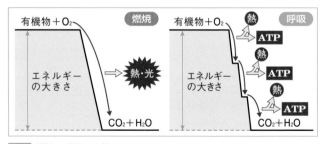

図25 燃焼と呼吸の比較

POINT!

呼吸…おもにミトコンドリアで，酵素の働きで行われる。

有機物＋O_2 ⟶ CO_2＋H_2O＋化学エネルギー

★1 ミトコンドリアでの反応の前に，細胞質基質で有機物を単純な化合物に分解する反応が行われている。このとき，酸素は用いられず，比較的少量のATPが合成されている(⇨p.31発展ゼミ)。

⊕発展ゼミ　光合成のしくみ

●光合成の反応は，次の4つの反応系からなることがわかっている。

反応1（光化学反応） 葉緑体が吸収した光エネルギーにより，葉緑体内のチラコイド膜にある光合成色素のクロロフィルが活性化する反応。酵素は関係しない。

反応2（水の分解） 活性化したクロロフィルにより，チラコイドの内部にある水が分解され，酸素と水素イオンH^+と電子が放出される。

反応3（ATPの生成） 電子がチラコイド膜の電子伝達系を移動する際に生じるエネルギーを利用してチラコイド膜にあるATP合成酵素がADPとリン酸からATPを合成する。

反応4（CO_2固定反応） 水素イオンH^+とATPのエネルギーにより，気孔より取り入れたCO_2から有機物を合成する反応。ストロマで起こる。反応3・4には酵素が関係している。

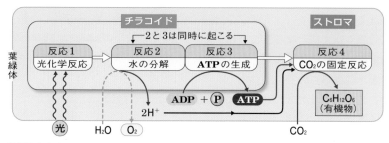

図26 光合成の4つの反応系

呼吸のしくみ

●酸素を用いてグルコースなどを分解する呼吸は，解糖系，クエン酸回路，電子伝達系という3つの反応系から成り立っている。

①**解糖系** 1分子のグルコースが2分子のピルビン酸という物質に分解され，2分子のATPが生産される。**細胞質基質**で行われ酸素を必要としない。

②**クエン酸回路** 解糖系でできたピルビン酸がミトコンドリアに入り，マトリックス内で酵素による回路反応によって，二酸化炭素CO_2に分解され，グルコース1分子あたり2分子のATPを生産する。

③**電子伝達系** 解糖系とクエン酸回路ではエネルギーを仲介する物質と水素イオンH^+が生じる。この仲介する物質を酸化して生じた電子e^-をミトコンドリアの**内膜**にあるタンパク質複合体が受け渡しして，**最大34ATP**を生産する。電子と水素イオンは最終的には酸素と結びついて水（H_2O）になる。

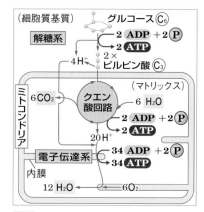

図27 呼吸の3つの反応系

3 | 代謝を支える酵素

1 触媒としての酵素 ① 重要

❶酵素の働き　生命活動における化学反応は酵素によって進められている。

　例えば，試験管内でデンプンを分解してグルコースを得るためには，塩酸を加え，100℃で何時間も加熱しなければならない。ところが，塩酸のかわりにだ液を加えると，中性でほぼ常温（約37℃）といった条件のもとでも，デンプンは速やかに分解されて糖になる。これは，だ液に含まれているアミラーゼという消化酵素の働きによるものである。

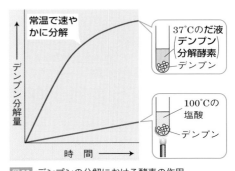

図28 デンプンの分解における酵素の作用

視点 同じ時間でのデンプン分解量を比べると，だ液を加えたほうがはるかに多い。

❷触媒　自身は変化せずに化学反応を促進する物質を触媒という。酵素は生物体内で働く触媒で，消化のほか光合成や呼吸の反応も酵素によって進められている。**反応の前と後とで酵素自体は変化せず，くり返し何度も働くことができる**ため，微量で大量の基質を生成物にする反応を促進することができる。

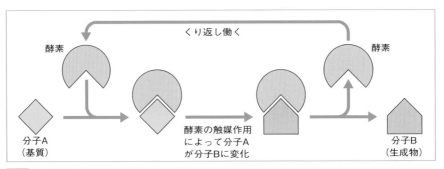

図29 酵素の働き方

視点 酵素は分子Aを分子Bにつくりかえる反応を行ったのち，再び次の分子Aと結合することができる。

POINT!

酵素は，生体内の代謝を促進する触媒であり，常温で，しかも微量で働く。

補足 触媒には，酵素のほかに，無機物からなる無機触媒がある。無機触媒の例として酸化マンガン（Ⅳ）（MnO_2）や白金（Pt），酸化チタン（Ⅳ）（TiO_2）がある。

2 酵素とその性質

❶**酵素の本体**　酵素の本体はタンパク質で，さまざまな種類がある。

補足 酵素にはタンパク質だけでできているものもあるが，低分子の有機物と結合して活性部位（⇨p.34）を形成しているものもある。

❷**基質と基質特異性**　酵素が作用する物質を，その酵素の基質という。基質は酵素分子と結合し，反応の結果，**生成物**となって酵素から離れる。このとき**酵素には特定の物質のみが基質として結合することができる**。酵素が特定の基質にしか働かないという性質を，**酵素の基質特異性**という。体内では多数の化学反応が起こっているため多くの種類の酵素が存在し，ヒトでは約5000種類あるといわれている。

➕発展ゼミ　酵素の性質①　触媒の作用

●物質に外部からエネルギーを加えると不安定になって化学変化を起こしやすくなる。化学変化を起こしやすい状態になるために必要なエネルギーを**活性化エネルギー**という。

　触媒は，化学反応に必要な活性化エネルギーを低下させることで，その化学反応を起こりやすくし，その反応速度を速くする（促進する）働きをもつ。

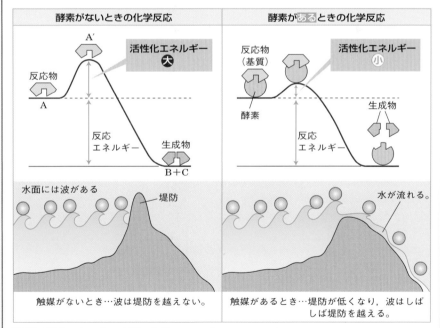

図30 活性化エネルギーと触媒の作用のイメージ

視点 触媒としての酵素の働きは堤防の高さを低くすることに例えられる。堤防が低くなると波が堤防を越えやすくなるように，活性化エネルギーが低下すると反応が起こりやすくなる。

⊕発展ゼミ　酵素の性質②　基質特異性と活性部位

●酵素が化学反応を進めるためには，まず，酵素が基質と結合しなければならない。酵素が基質と結合する場所は決まっていて，この部分を活性部位という。酵素分子は，その活性部位の立体構造に適合した基質とのみ結合し，酵素―基質複合体をつくって反応を促進する。酵素の基質特異性は，無機触媒には見られない性質で，酵素の活性部位に適合した立体構造をもつ基質だけが酵素の作用を受けることによって生じる。

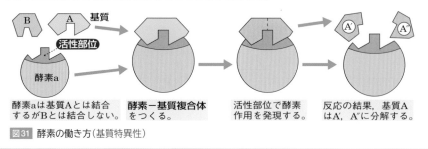

酵素aは基質Aとは結合するがBとは結合しない。
酵素―基質複合体をつくる。
活性部位で酵素作用を発現する。
反応の結果，基質AはA'，A''に分解する。

図31　酵素の働き方（基質特異性）

⊕発展ゼミ　酵素の性質③　酵素と最適温度

●酵素の本体であるタンパク質は，熱による影響を受けやすい。卵の白身を加熱すると不透明になって固まる。これは，加熱することによりタンパク質の立体構造を安定化していた結合が切れ，温度を下げても立体構造の変化はもとに戻らないからである。タンパク質の立体構造が変化することをタンパク質の変性という（図32）。
●温度が高くなると分子同士のぶつかり合いが増加する。そのため，無機触媒による反応は，ふつう温度が高くなるほど反応速度が増加する。一方，酵素はその本体がタンパク質でできているため，温度の影響の受け方が異なる（図33）。
①多くの酵素は35～40℃くらいで，最も化学反応を促進する。このときの温度を最適温度という。最適温度は酵素の種類によって異なる。
②酵素は最適温度を超えると働きが低下し，多くの酵素は70～80℃以上になるとタンパク質が完全に変性（熱変性）して酵素作用を失う。これを失活という。酵素は，いったん失活すると，常温に戻してもその働きが復活することはない。

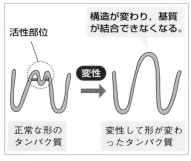

構造が変わり，基質が結合できなくなる。

活性部位

変性

正常な形のタンパク質
変性して形が変わったタンパク質

図32　タンパク質の変性

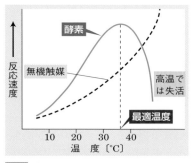

酵素

無機触媒

高温では失活

反応速度

最適温度

温　度〔℃〕

図33　酵素の反応速度と温度の関係

第1編　生物の特徴

⊕ 発展ゼミ　酵素の性質④　酵素と最適pH（ピーエイチ）

●酸性かアルカリ性かの度合いをpH（水素イオン濃度）というが，酵素の活性は，反応する液のpHの影響を受けやすい。

活性が最も高いときのpH値（最適pH）は酵素の種類によって異なる。消化液中の消化酵素を例にあげると，次のとおりである。

① ペプシン（胃液中）★1…pH2付近（強酸性）で最もよく働く。

② だ液アミラーゼ（だ液中）…pH7付近（中性〜弱酸性）で最もよく働く。

③ トリプシン（すい液中）★2…pH8付近（弱アルカリ性）で最もよく働く。

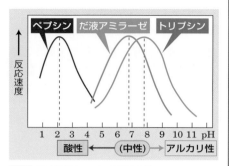

図34　酵素活性とpHとの関係の例

4 ｜ 酵素の働く場所

1 酵素の存在する場所

生物体内では，多くの化学反応が起きているが，それらはすべて酵素の触媒作用のもとに進行している。酵素は，すべて細胞内でつくられるが，働く場所は酵素によって異なる。細胞質基質などの内部や膜上などの細胞内で働く酵素と細胞外に分泌されて働く酵素とに分けることができる。

❶ 細胞内で働く酵素

細胞内で働く酵素は，図35のように細胞小器官などの特定の場所に一定の秩序で配置されており，光合成や呼吸のようないくつもの化学反応が連続して起こるしくみを効率よく進めている。

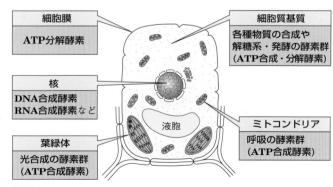

図35　細胞とおもな酵素群の存在のしかた

★1 胃液は塩酸を含んでいるため，そのpHはおよそ2である。胃液の中で働くペプシンの最適pHは，胃液のpHと一致している。

★2 十二指腸で分泌されるすい液のpHはおよそ8の弱アルカリ性である。すい液中で働くトリプシンの最適pHはすい液のpHと一致している。

①**細胞質基質や細胞小器官の内部で働く酵素**　呼吸では，細胞質基質とミトコンドリア内のマトリックス（⤴ p.30）に有機物の分解などに関する酵素が存在している。光合成では，葉緑体内のストロマ（⤴ p.29）に二酸化炭素の取り込み（有機物と結合させる）に関する酵素が存在する。

②**膜上で働く酵素**　細胞膜や細胞小器官の膜は脂質（リン脂質）でできており，この膜に酵素が埋め込まれた状態で働く。光合成でATPを合成したりH_2Oを分解

したりする反応の酵素群は，葉緑体のチラコイド膜上に並んでいる。また，呼吸で，大量のATPを合成しO_2からH_2Oを生成する酵素群はミトコンドリアの内膜上に並んでいて，連続する化学反応を効率よく進められるようになっている。

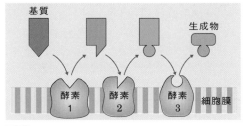

図36　細胞膜上の酵素の働き

❷細胞外で働く酵素　細胞でつくられて，細胞の外に分泌されて働く酵素。例えば，だ腺（だ液腺），胃，すい臓から出る消化酵素[★1]などがこれにあたる。

2 酵素の分類とおもな酵素

　生物の体内で行われる代謝は，酵素の働きによって速やかに行われている。そのため，酵素には非常に多くの種類がある。それらがかかわる化学反応の種類に注目すると，酸化還元酵素・加水分解酵素などに分類することができる。

❶酸化還元酵素　酸化・還元の反応が関係する代謝に働く酵素を酸化還元酵素という。呼吸は酸素を用いる酸化反応であり，呼吸の際に働く酵素は酸化還元酵素に含まれる。このほか，実験（⤴ p.38）で扱うカタラーゼも，過酸化水素（H_2O_2）を水と酸素とに分解する反応を触媒する酸化還元酵素の1つである。

表2　酸化還元酵素の例

脱水素酵素 （デヒドロゲナーゼ）	基質中の水素（2H）をとって，他の物質（水素受容体という）に与える。 $AH_2 + X \longrightarrow A + XH_2$
酸化酵素 （オキシダーゼ）	脱水素酵素のうちO_2が水素受容体のもの。呼吸では有機物からとった水素を最終的に酸素（O_2）に結合させる。 $AH_2 + \dfrac{1}{2}O_2 \longrightarrow A + H_2O$　⑳　ルシフェラーゼ
還元酵素 （レダクターゼ）	他の物質からとった水素（2H）で基質Aを還元する酵素 $A + XH_2 \longrightarrow AH_2 + X$
カタラーゼ	過酸化水素（H_2O_2）$\longrightarrow \dfrac{1}{2}O_2 + H_2O$

★1 腸の消化酵素は腸の分泌液ではなく小腸の内表面の細胞膜に埋め込まれた状態で存在し，そこで栄養分を分解するため，分解生成物は腸内細菌に奪われる前に大部分が吸収される。

❷加水分解酵素　栄養分を分解する消化は，水分子を付加させることで分解する反応が多い。水分子を付加して分解する反応を加水分解といい，この反応を触媒する酵素を加水分解酵素という。消化酵素であるアミラーゼやマルターゼは炭水化物を加水分解する酵素で，ペプシンやトリプシンなどはタンパク質を加水分解する酵素である。

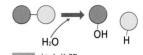

図37　加水分解

第1編 生物の特徴

補足 このほか，ある部分を切り離して他の物質につける**転移酵素**としてDNAやRNAを合成するDNAポリメラーゼ(⤴p.52)やRNAポリメラーゼなどがある。

表3　加水分解酵素の例

炭水化物加水分解酵素	アミラーゼ	デンプン(多糖類) ⟶ デキストリン + マルトース
	マルターゼ	マルトース(二糖類) ⟶ グルコース + グルコース
	スクラーゼ	スクロース(二糖類) ⟶ グルコース + フルクトース
	ラクターゼ	ラクトース(二糖類) ⟶ グルコース + ガラクトース
	セルラーゼ	細胞壁に含まれるセルロースを分解。
	ペクチナーゼ	細胞壁どうしを接着するペクチンを分解。
タンパク質加水分解酵素	ペプシン	タンパク質 ⟶ ポリペプチド
	トリプシン	タンパク質 ⟶ ポリペプチド
	ペプチダーゼ	ポリペプチド ⟶ アミノ酸
	トロンビン	フィブリノーゲン ⟶ フィブリン(⤴p.90)

補足 ポリペプチドは，複数のアミノ酸が鎖状に結合した多様な分子(⤴p.66)。

このSECTIONの **まとめ**　生物とエネルギー

☐ 代謝とATP ⤴p.26	・細胞内でのさまざまな物質の化学変化全体を**代謝**という。 ・ATPはあらゆる生命活動について「**エネルギーの通貨**」として働く。
☐ 光合成と呼吸 ⤴p.29	・**光合成**…葉緑体で光エネルギーを吸収し**ATPを合成**。この化学エネルギーで**二酸化炭素**から**有機物を合成**。 ・**呼吸**…細胞質基質と**ミトコンドリア**で有機物を**水と二酸化炭素**まで分解し，生じるエネルギーで**ATPを合成**。
☐ 代謝を支える酵素 ⤴p.32	・酵素の主成分は**タンパク質**(熱に弱い)である。 ・酵素は触媒で，**常温**で，**微量**で働く。
☐ 酵素の働く場所 ⤴p.35	・細胞外…消化酵素など，細胞内(基質内)…各種物質の合成に関する酵素など，(膜上)…ATP合成酵素など。

🔬 重要実験　カタラーゼの働き

操作

❶ A ～ G の 7 本の試験管を用意し，下の図のように，それぞれに過酸化水素水（H_2O_2）や塩酸（HCl）を入れ，B ～ G については，さらに，肝臓片，煮沸した肝臓片，酸化マンガン（IV）（MnO_2），煮沸した MnO_2 を加えて，泡（気体）の発生のようすを調べる。

❷ 気体が発生した試験管の上のほう（泡をつぶした空間）に火のついた線香を入れる。

結果

❶ 気体の発生のようすは，下の図のようであった。

❷ 火のついた線香は，炎を上げて激しく燃えた。（B，E，F，G）

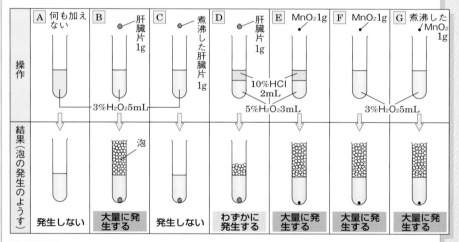

考察

❶ 試験管 A には肝臓片も MnO_2 も加えていない。これはなぜか。 ➡ 試験管 B，E，F，G の結果が，肝臓片や MnO_2 を加えたことによるものだということを特定するため。このように，調べたい特定の条件以外をすべて同じにして行う実験を対照実験という。

❷ 試験管 A，B，F の結果から何が言えるか。 ➡ A では気体が発生せず，B，F では発生したことより，肝臓片には H_2O_2 を分解する酵素カタラーゼが含まれていること，また，MnO_2 には，カタラーゼと同様，H_2O_2 の分解を触媒する働きがあることがわかる。

❸ 試験管 B と C，F と G の結果から何が言えるか。 ➡ C では気体が発生せず，G では気体が発生したことから，酵素は熱によって働きを失うこと，MnO_2 は熱によって働きを失わないことがわかる。

❹ 試験管 B と D，E と F の結果から何が言えるか。 ➡ D では気体が少ししか発生せず，E では気体が大量に発生したことから，酵素の働きは pH の影響を受けること，MnO_2 の働きは pH の影響を受けないことがわかる。

❺ 結果❷から発生した気体は何と考えられるか。 ➡ 酸素（O_2）　$2H_2O_2 \longrightarrow 2H_2O + O_2$

第1編 生物の特徴

参考　化学の基礎知識

●**元素**　物質を構成する基本的な成分を元素といい，**元素記号**で表す。元素はその元素に特有な**原子**という粒子からなる。

　これまでに100種類以上の元素が確認されているが，生物体はおもに，**酸素(O)・炭素(C)・水素(H)・窒素(N)**の4種類の元素から構成される。

●**質量数**　元素の相対的な質量を示す数値で，右のように元素記号の左上に示される。　例　$H=1$，$C=12$，$N=14$，$O=16$

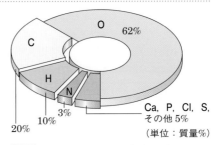

図38　細胞を構成する元素の割合の一例

O 62%　C 20%　H 10%　N 3%　Ca, P, Cl, S, その他 5%
（単位：質量%）

質量数 $^{12}_{6}C$ 原子番号

●**同位体**　同じ種類の元素で質量数が異なるものを**同位体**といい，化学的性質がほとんど同じである。同位体のうち，^{12}Cの同位体の^{13}Cのように，放射線を出して分解するものを**放射性同位体**という。

●**分子と分子量**　その物質固有の化学的性質をもつ最小の粒子を**分子**という。分子を構成している原子の種類と数は，分子の種類によって決まっていて，分子式で表す。

　1分子を構成する原子の原子量の総和を**分子量**といい，分子量が大きいほど重い。

例　グルコース(ブドウ糖)の分子量
$$C_6H_{12}O_6 = 12 \times 6 + 1 \times 12 + 16 \times 6 = 180$$

●**イオン**　原子や原子の集団が，電子(e^-)を放出するか，電子を受け取るかして，電気を帯びた状態になったものを**イオン**という。

①**陽イオン**…電子を放出し，電気的に＋になったもの。　例　水素イオンH^+

②**陰イオン**…電子を受け取り，電気的に－になったもの。　例　水酸化物イオンOH^-

●**pH (水素イオン指数)**　水溶液の酸性やアルカリ性(塩基性)の強弱を表す。

　pHは，ふつう0～14の範囲で示され，pH7が中性，pHが7より小さくなるほど強い酸性，pHが7より大きくなるほど強いアルカリ性であることを示す。

pH 0 ←(酸性)— pH 7 —(アルカリ性)→ pH 14

●**化学式**　分子または化合物を表すために用いられる式で，次のものがある。

①**分子式**…化合物を構成する元素の種類と数を表す式。

②**示性式**…分子中に含まれる「基」を明示した式。基とは，化学反応時に，分解せずに1つの分子から他の分子に移動することができる原子集団で，アミノ基($-NH_2$)，カルボキシ基($-COOH$)，ヒドロキシ基($-OH$)などがある。

③**構造式**…分子を構成する各原子が，互いにどのように結合しているかを示した式。

分子式	示性式	構造式
C_2H_6O	C_2H_5OH	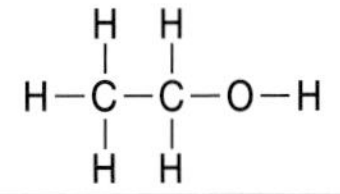 H-C-C-O-H（構造式）

図39　エタノールの分子式，示性式，構造式

➕発展ゼミ 生体物質の構造と働き

●生物の細胞をつくっている物質を生体物質といい, 生体物質の構成は多くの生物の細胞で似通ったものになっている。動物細胞を例に, 生体物質の種類とその量的関係を示すと,

水 > タンパク質 > 脂質 > 炭水化物
 > 核酸 > 無機物

となる。

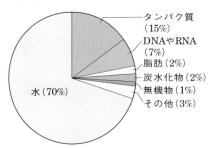

図40 原核細胞(大腸菌)の生体物質の組成

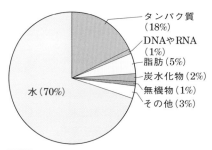

図41 真核細胞(哺乳類)の生体物質の組成

●水──**生命活動を支える溶媒** 水は, 細胞中に最も多く含まれており, 次のような性質がある。

①いろいろな物質を溶かす。➡細胞内の多くの物質は水に溶けており, それらが互いに反応して, **代謝**(生体内で行われる化学反応)が進められている。代謝にかかわる**酵素**も水に溶けて働く。

②比熱が大きい(=1)。➡水は比熱が大きいので, あたたまりにくく, さめにくい。そのため, 生物体内の温度が急変しにくく,

内部環境が安定する。

●**タンパク質──生物体をつくり, 生命活動を支える物質**

①**タンパク質の構造** タンパク質を構成する単位はアミノ酸である。アミノ酸はアミノ基($-NH_2$)とカルボキシ基($-COOH$)をもっており, 以下の一般式で表される。

図42 アミノ酸の基本構造

　タンパク質は, 数個~数千個のアミノ酸が鎖状に結合してできている(➡p.62~67)。

　タンパク質全体としては, ペプチド結合(➡p.66)によってアミノ酸が多数つながった長い鎖状のポリペプチドが複雑におりたたまれた立体構造をとる。ポリペプチドが立体構造をとって, 生体内で機能をもつようになったものがタンパク質である。

②タンパク質をつくるアミノ酸の種類は20種類であるが, 結合するアミノ酸の種類・数・配列順序によって異なったタンパク質となるため, 理論上無限に近い種類のタンパク質ができることとなり, それが生物の構造と機能の多様性を支えている。

③**タンパク質の種類** 生物体をつくるタンパク質の種類は非常に多い。その働きに注目すると, 次の2種類に分けることができる。

　a. 細胞や組織の構造をつくる**構造タンパク質** 例 細胞骨格やコラーゲン

　b. 生体のさまざまな機能にかかわる**機能タンパク質** 例 酵素, 受容体, ホルモン

④**タンパク質の特徴** タンパク質は複雑な立体構造をもつため, 次のような特徴がある。

a. 熱に弱く，高温では立体構造が変化して性質が変わる。これを熱変性という。
b. 極端な酸性やアルカリ性のもとでは立体構造が変化して変性する。
c. アルコールやアセトンによって変性して，沈殿する。

● 核酸——遺伝情報の担い手

①核酸の種類　核酸には，DNA（デオキシリボ核酸）とRNA（リボ核酸）の2種類がある。DNAは，おもに核の中の染色体にあり，遺伝子の本体として働く。RNAは核小体や細胞質にあり，DNAの遺伝情報をもとにして，タンパク質を合成するのに関与したりしている。

②核酸の構造　核酸の構成単位はヌクレオチド（リン酸＋糖＋塩基）で，図43のような構造をしている。

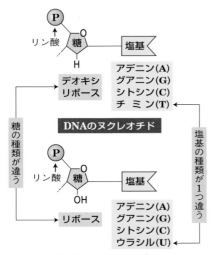

図43　ヌクレオチドの構造

　塩基の違いによって，DNAとRNAにはそれぞれ4種類ずつのヌクレオチドがある。これら4種類のヌクレオチドが糖とリン酸の間で多数結合したものが核酸である。

● 炭水化物——生命活動のエネルギー源

①炭水化物の種類　炭水化物の構成単位は単糖類で，それが2個結合したものを二糖類，多数結合したものを多糖類という。

単糖類 $C_6H_{12}O_6$	グルコース （ブドウ糖）	フルクトース （果糖）
二糖類 $C_{12}H_{22}O_{11}$	マルトース （麦芽糖）	スクロース （ショ糖）
多糖類 $(C_6H_{10}O_5)_n$	デンプン セルロース	イヌリン

図44　炭水化物の構造（模式図）

②単糖類　それ以上小さく分割できない単純な糖を単糖という。単糖であるグルコース（ブドウ糖）は細胞内で素早くエネルギーに変換される。グルコースとフルクトース（果糖）は，分子式は同じだが異なる構造をもつ分子で，水溶液の中ではほとんどの分子が環状の構造となる。

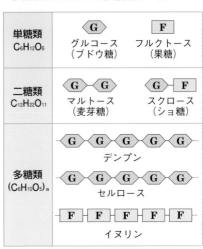

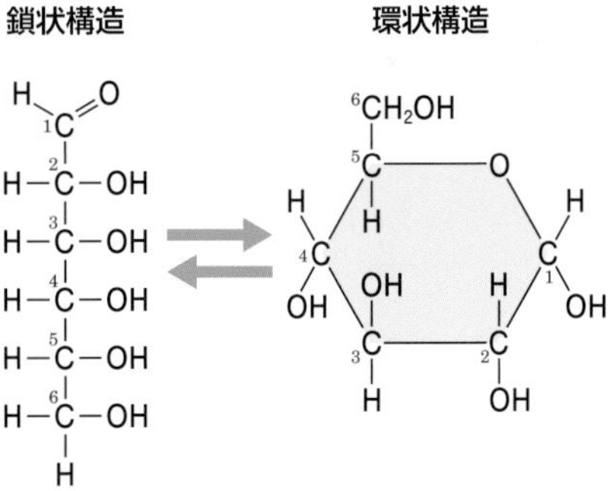

鎖状構造　　　　　　　　環状構造

図45　グルコースの環状構造

③二糖類と多糖類　二糖類は，体内で単糖類に分解されてから，生命活動に利用される。

多糖類は貯蔵物質として合成されるほか，植物の細胞壁の成分などとしても利用されている。

多糖類
- セルロース……植物の細胞壁の主成分
- デンプン………植物細胞の貯蔵物質
- イヌリン………キクイモなどの貯蔵物質
- グリコーゲン…動物細胞の貯蔵物質

④炭水化物の働き　炭水化物は，生命活動のエネルギー源や植物の細胞壁をつくるだけではなく，タンパク質と結合して糖タンパク質となる。糖タンパク質は細胞膜に存在し，血液型の決定にかかわったり，細胞どうしの接着に働いたりしている。

●脂質──生体膜の主成分とエネルギー源

脂質の構成単位は脂肪酸とグリセリンで，それらをどのようにもつかで脂肪・リン脂質などに分けられる。

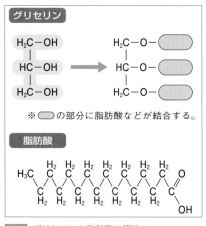

グリセリン

H_2C-OH　　　H_2C-O- ◻
$HC-OH$　→　$HC-O-$ ◻
H_2C-OH　　　H_2C-O- ◻

※ ◻ の部分に脂肪酸などが結合する。

脂肪酸

図46　グリセリンと脂肪酸の構造

視点　ここでは，単純な脂肪酸の例としてパルミチン酸の構造を示している。

①脂肪　グリセリンに3分子の脂肪酸が結合したものを脂肪という。

脂肪は同じ重量のグルコースのおよそ6倍のエネルギーを取り出すことができるので，細胞内に貯蔵されるエネルギー源となる。

グリセリンに脂肪酸が1分子だけ結合したものをモノグリセリドという。食物中の脂肪が体内で分解された際には，モノグリセリドと脂肪酸になって吸収される。

②リン脂質　グリセリンに脂肪酸と，リン酸を介してコリンなどの塩基が結合したもの。水をはじく部分と水になじみやすい部分をもち，細胞膜などの生体膜の主成分となる。

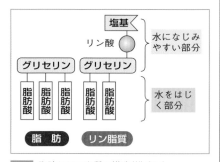

塩基
リン酸
グリセリン　グリセリン
脂肪酸
脂肪　　リン脂質

水になじみやすい部分
水をはじく部分

図47　脂肪とリン脂質の構造（模式図）

●無機塩類──生命活動の潤滑油

細胞内に含まれる量は少ないが，Na，K，Ca，Mg，Fe，S，Cl，Pなどが塩類として水に溶けてイオンとして存在したり，生体物質の構成成分となったりしている。

NaはpHや浸透圧の調節に重要な役割をもつ。KはNaとともに神経の興奮など細胞膜上の電位発生にかかわる。Feはカタラーゼや赤血球中のヘモグロビンなどに含まれており，Mgは植物のクロロフィルに含まれている。CaとPは骨や歯の成分となり，さらにCaは血液凝固や筋肉の収縮にかかわる。また，Pは核酸やリン脂質，ATPなどの成分として生命活動の根幹にかかわっている。このほか，酵素のなかには，反応の際に無機イオンを必要とするものがある。

重要用語

SECTION 1 生命の単位—細胞

□ **細胞** さいぼう ☞p.17
生物の構造と機能の基本的な最小の単位。すべての生物は細胞から成り立っている。

□ **進化** しんか ☞p.17
長い年月の間に祖先と子孫で生物のからだの特徴が変化すること。

□ **系統** けいとう ☞p.17
生物が進化した道すじ。

□ **系統樹** けいとうじゅ ☞p.17
生物が進化した道すじの枝分かれしたようすを樹木の形で表現した図。

□ **DNA** ディーエヌエー ☞p.18
デオキシリボ核酸。すべての生物に含まれる遺伝子の本体で二重らせん構造をもつ。

□ **原核細胞** げんかくさいぼう ☞p.18
核膜に包まれた状態の核をもたない細胞。

□ **真核細胞** しんかくさいぼう ☞p.18
核膜に包まれた状態の核をもつ細胞。

□ **原核生物** げんかくせいぶつ ☞p.19
原核細胞からなる生物。細菌など。

□ **細菌** さいきん ☞p.19
原核細胞からなる生物でバクテリアともいう。大腸菌，乳酸菌，納豆菌など。

□ **真核生物** しんかくせいぶつ ☞p.20
真核細胞からなる生物。

□ **核** かく ☞p.19
核膜で囲まれ内部にDNAを含む細胞内の構造。真核細胞に存在する。

□ **細胞壁** さいぼうへき ☞p.19
細菌や植物の細胞の細胞膜の外側に存在する構造。

□ **細胞膜** さいぼうまく ☞p.22
細胞を外界と隔てる膜。リン脂質からなる。

□ **細胞質** さいぼうしつ ☞p.22
真核細胞の内部で核を取り囲んでいる部分。細胞小器官と細胞質基質・細胞膜が含まれる。

□ **細胞質基質** さいぼうしつきしつ ☞p.23
細胞質のうち，細胞小器官を取り囲む液状の成分。

□ **細胞小器官** さいぼうしょうきかん ☞p.23
真核細胞の内部に存在する膜に取り囲まれた明確な構造体。ミトコンドリアや葉緑体が含まれる。

□ **細胞内共生** さいぼうないきょうせい ☞p.24
細胞の中に別の生物が密接な結びつきをもって生活すること。原核細胞の内部に好気性細菌やシアノバクテリアが共生してミトコンドリアと葉緑体となり，真核細胞が誕生したと考えられている。

SECTION 2 生物とエネルギー

□ **代謝** たいしゃ ☞p.26
生物の体内で行われる化学反応。同化と異化がある。

□ **同化** どうか ☞p.26
生物の体内で簡単な物質を材料としてより複雑な有機物を合成する過程。

□ **異化** いか ☞p.26
生物の体内で複雑な物質を分解してエネルギーを取り出す過程。

□ **ATP** エーティーピー ☞p.26
アデノシン三リン酸。すべての生物に含まれていて，エネルギーを蓄える働きをもつ物質。細胞が行う生命活動に利用されるエネルギーはすべていったんATPを介するため「エネルギーの通貨」とよばれる。

□ **ADP** エーディーピー ☞p.27
アデノシン二リン酸。ATPからリン酸が1個とれたもの。ADPとリン酸にエネルギーを加えて結合させるとATPを合成することができる。

□**高エネルギーリン酸結合** こう——さんけつごう ☞p.27　ATPにおける3個のリン酸の結合のうち，2か所のリン酸どうしの結合のこと。ATPからリン酸が離れてADPとなるときに，この結合が1か所切れてエネルギーが放出される。

□**独立栄養生物** どくりつえいようせいぶつ ☞p.28　無機物を取り込み，有機物を合成して生命活動を営むことができる生物。

□**従属栄養生物** じゅうぞくえいようせいぶつ ☞p.28　動物などのように，有機物を他の生物に依存している生物。

□**光合成** こうごうせい ☞p.26, 29　植物や藻類などが行う，光エネルギーを用いて有機物を合成する反応。

□**葉緑体** ようりょくたい ☞p.18, 29　植物や藻類の光合成を行う場となる細胞小器官。光合成に働く色素をもつ。

□**ストロマ** ☞p.29　葉緑体の内部の空間の部分。光合成にかかわる多くの酵素が含まれる。

□**チラコイド** ☞p.29　葉緑体内部の扁平な袋状の構造。光エネルギーを吸収する光合成色素が含まれる。

□**呼吸** こきゅう ☞p.26, 30　グルコースなどの有機物を酸素を用いて水と二酸化炭素に分解し，ATPを合成する反応。

□**ミトコンドリア** ☞p.18, 30　真核生物の呼吸を行う場となる細胞小器官。二重膜からなり，呼吸に働く酵素をもつ。

□**マトリックス** ☞p.30　ミトコンドリアの内部で，内膜に囲まれた液体部分。呼吸に関するさまざまな酵素が含まれる。

□**酵素** こうそ ☞p.26, 32　生物の体内で触媒として働く物質。タンパク質を主成分とする。生物の体内で起こる多数の化学反応を速やかに進める。

□**触媒** しょくばい ☞p.32　自身は変化せずに，化学反応を促進する物質。

□**基質** きしつ ☞p.33　酵素が作用する物質。反応の際に酵素といったん結合して生成物に変化する。

□**基質特異性** きしつとくいせい ☞p.33　酵素が特定の基質にしか働かないという性質。

□**活性部位** かっせいぶい ☞p.34　酵素が基質と結合する部分で，活性部位の立体構造と適合した物質のみが基質として酵素と結合することができる。

□**変性** へんせい ☞p.34　加熱などによってタンパク質の立体構造が変化すること。

□**失活** しっかつ ☞p.34　酵素のタンパク質の立体構造が加熱などによって変化し，酵素としての働きを失うこと。

ミトコンドリア

ミトコンドリアの本当の形

① 教科書などでは，ミトコンドリアは下の図のように外膜の内側に入り組んだ内膜をもつ球形や長球形に描かれることが多い。

② しかし，実際には長く伸びた状態のミトコンドリアが融合して，網の目のように細胞内に広がっ

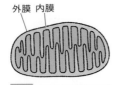

外膜 内膜

図48 ミトコンドリアの模式図

ていることが知られている。そして融合と分散をくり返し，触手を伸ばすように動きながら，細胞内全体にATPを供給している。

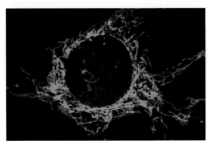

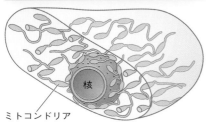

核

ミトコンドリア

図49 生きた細胞中で網目状に広がるミトコンドリア（上。蛍光色素で染めて撮影）と核のまわりのミトコンドリアの模式図（下）

③ ミトコンドリアのミトmito-は「糸」，コンドリア-chondrion（chondriaは複数形）は「粒子」を意味する。糸と粒子というこの名前は，実像を的確に反映した名前なのである。

ミトコンドリアは好気性細菌なのか

① p.24～25で説明されたように，ミトコンドリアは，かつて独立して生活していた**好気性細菌**が大型の細胞内に共生して現在の真核細胞の細胞小器官となったものと考えられている。その証拠の1つとして，ミトコンドリアの内部には，核のDNAとは異なる独自のDNAが存在している。

② では，ミトコンドリアを1つ細胞から取り出して，個体として生活させることはできるか，というとそれは不可能である。それは，ミトコンドリアが呼吸を行うために必要であると考えられるDNAの多くの部分を核内のDNAに依存しているからである。もともと由来の異なる宿主のDNAとミトコンドリアのDNAが，協力体制をしいて，現在は1細胞の中に納まっているのである。

すべてのミトコンドリアは母親由来

① 動物や植物では，細胞の核内のDNAは有性生殖によって母親と父親から半分ずつ受け継いだものである。しかし，ミトコンドリアは細胞質に存在するため，母親由来である卵の中に存在していたものを受け継いでいる。

② 精子の中にもミトコンドリアは存在している。この精子のミトコンドリアも受精の際に卵内に侵入するが，卵内で速やかに分解され除かれてしまう。

③ 子どもの細胞のミトコンドリアはすべて母親に由来し，その母親のミトコンドリアはさらにそのまた母親に由来する。細い1本の長い糸のように，ミトコンドリアははるか昔の祖先となる女性から連綿とつながって現在の人類1人1人の細胞の中に息づいている。

生命の起源と宇宙

生物の共通点と起源

① すべての生物は，ここまで学習してきたように，細胞からできていて，代謝を行い，自己複製を行うという共通点をもっている。そして地球上のすべての生物の細胞は，タンパク質・脂質・炭水化物などの有機物でできていて大量の水を含み，酵素やATPを用いて代謝を行い，設計図としてDNAをもっている。

② これらの共通点は，地球上のすべての生物が共通の単細胞生物から進化したためと考えられている。地球上の最古の生物は，化石に残された証拠から40億年前には誕生していたことがわかっているが，最初の生物が誕生した当時の地球で，生物の材料となる物質がどのようにできてどのように存在していたのかが大きな研究テーマとなっていた。

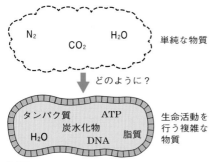

図50 生命の起源の謎─材料となる物質の起源

③ そして，その謎を解明するための鍵を得る学問が宇宙生物学(アストロバイオロジー)で，現在NASA (アメリカ航空宇宙局)の宇宙探査の主要テーマともなっている。範囲は広く，地球を含めた宇宙における生命の起源と進化，そして未来についての研究全般が対象となる。日本でも生命の起源に関する課題に取り組むための研究所として2012年に地球生命研究所(ELSI)が設立されている。

アミノ酸の起源と極限環境

① 原始の地球に存在していた単純な物質から有機物がつくられる過程を化学進化という。特に生物を構成する特徴的な物質として，さまざまな生命活動に働くタンパク質を構成するアミノ酸の起源についていくつかの説が唱えられている。

② アミノ酸はおもに炭素C，水素H，酸素O，窒素Nからなるが原始の大気は水蒸気H_2Oと二酸化炭素CO_2を主成分とし，窒素N_2も含まれていて現在よりも高温高圧であったと考えられている。このような大気の中で放電する実験で，さまざまな種類のアミノ酸やギ酸，酢酸などの有機酸が合成されている。

③ また，1977年に深海底で発見された，300℃以上の熱水を噴出する熱水噴出孔が注目を集めている。熱水噴出孔付近の海水には水素H_2，メタンCH_3，硫化水素H_2Sや多種類の金属イオンが含まれていることから，高温高圧条件下でアミノ酸などの有機物を生成する場となっていた可能性が指摘されている。

④ これらの化学進化の場はいずれも地球上ではごく限られた生物しか生きられない極限環境といえるが，惑星環境としては一般的といえる。そのため，生命の起源を探る上で宇宙探査は重要な証拠を見つけ出す手段となる。

地球外に存在する有機物

① 生物を構成する多くの種類の有機物が地球外にも存在することがわかっている。

② 宇宙空間　電波望遠鏡の開発が進んだことで，宇宙空間にエタノールや，酢酸，ホルムアルデヒドなどの有機物が存在することが明らかになった。

③**小惑星** JAXA（宇宙航空研究開発機構）の探査機「はやぶさ2」が2019年に火星と木星の間に存在する**小惑星**の1つリュウグウに着陸して採取した5.4 gの砂や石から，生物に欠かせない23種類のアミノ酸が検出された。

④**彗星** 彗星はおもに氷や塵からなり，太陽系の外縁部（海王星の外側）から細長い軌道で周回する天体である。太陽に近づいたときに尾が生じるが，この尾の成分からきわめて複雑な有機物が見つかっている。

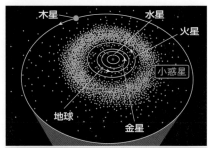
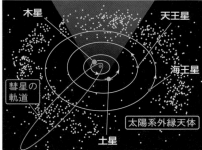

図51 太陽系の天体

宇宙の有機物生成と地球生命

①宇宙空間には，塵や分子の密度が高く超低温の暗黒星雲とよばれる部分がある。超低温のため塵の表面には水や一酸化炭素COなどが凍りついて付着しており，ここに紫外線などが降り注ぐことで有機物が生成する。

②約46億年前に暗黒星雲が縮まって原始太陽系ができたとき，原始の地球は微惑星や隕石が衝突して集まることで誕生した。そのと

き暗黒星雲で生成した有機物も運び込まれたと考えることができる。

③地球に落ちてきた**隕石**の**中からもアミノ酸が見つかっている**。このことから，原始地球で化学進化の結果生成した有機物だけでなく地球が誕生した際に宇宙空間からもたらされた有機物も生命誕生のための材料として考えることもできる。

地球外生命の可能性

①さらに，NASAが打ち上げた惑星探査機のデータから，有機物を含み，生命体を生み出す可能性のある環境が確認された。

②太陽から約7億7830万km離れた**木星の衛星**の1つ**エウロパ**では，厚くおおわれた氷の下に生命活動に不可欠な液体の水が存在している。エウロパの起源が彗星と共通するものであれば有機物も多く含まれている可能性がある。

③太陽系で最大級の**土星の衛星**の**タイタン**は厚いもやで包まれているため表面のようすは謎となっていたが，1.5気圧という濃い大気は窒素を主成分とし，メタンや，窒素とメタンをもとにして生成されたさまざまな有機物を含むことがわかった。これは生命誕生のための材料の供給源となりうると考えられる。

図52 エウロパ

図53 タイタン

④また，水ではなくメタンが雲や雨をつくるタイタンの環境には，地球上の生物とは異なる物質を用いた生物が存在する可能性もある。宇宙探査による研究は，生命とは何かという問いかけに対する，より詳しい答えへの手がかりをもたらしてくれる。

CHAPTER

2 » 遺伝子とその働き

SECTION 1 遺伝情報とDNA

1 | 遺伝子の本体DNA

1 遺伝子とDNA

❶遺伝子　生物の共通点の1つに「自己複製を行うこと」がある（⤵ p.18）。自己複製とは，自己の形質を忠実に再現して複製し，自分と同じ特徴を子孫に伝えるということである。子孫に自分と同じ特徴が現れることを遺伝といい，遺伝において伝えられる形質の情報を遺伝情報，遺伝情報を担うものを遺伝子という。

❷遺伝子と核酸（DNA）　すべての生物は遺伝情報を伝える遺伝子の本体として，細胞の中にDNA（デオキシリボ核酸）という物質をもっている。真核生物では，おもにDNAは核の中におさめられている。DNAとともに遺伝情報の発現にかかわるRNAとDNAを合わせて核酸という。

> **参考　核酸の発見**
>
> ●核酸をはじめて発見したのは，スイスの生化学者ミーシャー（1844～1895）である。彼は，1869年，病院で得られるヒトの膿(うみ)（白血球の死骸(しがい)）を材料として，核と細胞質に含まれるタンパク質について研究しているとき，核にリン酸を多量に含み，タンパク質とは明らかに異なる物質があることを発見した。彼はこの物質をヌクレインと名づけて1871年に発表した。これがDNAの発見である。
>
> ●ヌクレインは酵母，腎臓，肝臓，精子にも見つかった。その後，このヌクレインの**主成分であるDNAが遺伝子の本体**だということがさまざまな実験によって明らかにされていった。

2 DNAの特徴

すべての生物においてDNAは以下のような特徴をもつ。

① 体細胞に含まれる細胞1個あたりのDNA量は，生物の種が同じならば，**どの組織・器官でもほぼ一定**で，生殖細胞ではその半分である。

② DNAの大部分は核内の**染色体**に含まれている。

③ 安定な物質で環境変化の影響を受けにくい。

表4　ニワトリの各種細胞の1核あたりのDNA量

細胞の種類	含量（×10⁻¹² g）
赤血球	2.58
肝臓	2.65
心臓	2.54
すい臓	2.70
精子	1.26

POINT!

遺伝子…親から子へ伝えられる遺伝情報を担うもの。核酸の一種であるDNAが遺伝子の本体。

3 DNAの構造

❶ヌクレオチド　DNAの基本構成単位は，p.41でも説明したように，塩基・糖（デオキシリボース）・リン酸が結合したヌクレオチドである。DNAの塩基には，アデニン（A），チミン（T），グアニン（G），シトシン（C）の4種類がある。

❷二重らせん構造　DNAは，ヌクレオチドが鎖状につながった2本のヌクレオチド鎖が，さらに塩基どうしで結合した二重らせん構造をしている（⇨図55）。このモデルは，1953年，アメリカのワトソンとイギリスのクリックによって示された。

❸塩基の相補性　いろいろな生物のDNAについて化学的に分析してみると，どの生物のDNAからも4種類の塩基が得られ，しかも，AとTの量が等しく，GとCの量が等しい。[1]これは，AとT，GとCがそれぞれ，DNAの二重らせん構造内で対をつくっているためである。特定の塩基どうしが結合して対をつくりやすいという性質を塩基の相補性という。

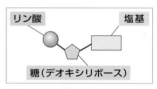

図54　ヌクレオチドの構造

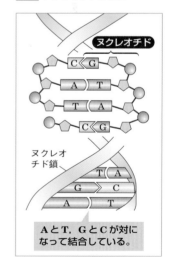

AとT，GとCが対になって結合している。

図55　DNAの構造（模式図）

★1 DNAの構造について繊維状タンパク質などに見られるような三重らせんであるとする説もあったが，1949年アメリカの**シャルガフ**らによって発見されたこの事実は，DNA分子が二重らせん構造であることを裏付けるひとつの証拠となった。

❹**塩基の相補性**　塩基どうし
は**水素結合**[★1]という結合で結びつ
いている。塩基間での水素結合
のしかたは，AとT，GとCの
組み合わせで決まっているため，
2本鎖の一方の塩基配列が決ま

表5	DNA中の塩基の数の割合〔%〕			
生物名	A	T	C	G
ヒト（肝臓）	30.3	30.3	19.9	19.5
ウシ（肝臓）	28.8	29.0	21.1	21.0
ニワトリ（赤血球）	28.8	29.2	21.5	20.5
サケ（精子）	29.7	29.1	20.4	20.8

れば，相手のヌクレオチド鎖の塩基も必然的に決まる。このような関係を**塩基の相
補性**とよぶ。

[DNAの塩基の相補性]

AとT，GとCがそれぞれ対をつくって結合。

4 DNAの塩基配列と遺伝子

❶**DNAの遺伝情報**　DNAの遺伝子としての働きは**4種類の塩基A・T・C・Gの
配列順序で決まる**。塩基の配列順序が違うと遺伝情報が異なる。1つの遺伝子は，
多くの場合，数百個以上の塩基配列からなる。

❷**2本鎖と遺伝情報**　通常，DNA分
子を構成する2本鎖のうち，**一方の鎖
（鋳型鎖）の塩基配列が遺伝子の情報と
して機能する**。もう一方の鎖は，これ
が遺伝情報をもつ鎖と相補的な塩基対
をつくることで，DNA分子が二重ら
せんの安定した構造を保つのに役立っ
ている。また，細胞分裂の前にまった
く同一のDNAがもう一組複製される
（⤴p.52）。2本の鎖が相補的な塩基
対をつくっていることは，複製の際に
塩基配列を正確にコピーするうえで重
要な意味をもっている。

┌ COLUMN ┐

ヒトの細胞のDNAの長さ

　ヒトのからだは成人で約37兆個の細胞か
らなるといわれている（⤴p.21）が，すべて
の細胞がDNAの遺伝情報を利用して生きて
いる。

　ヒトの体細胞の核1個に含まれるDNAは
約60億塩基対からなり，DNAの長さは10塩
基対（らせんの1回転分）で3.4 nm[★2]になるこ
とから，ヒトの細胞核1個に含まれるDNA
を1本につないでのばすと約2 mになる。わ
ずか直径10 μm程度の細胞の中にヒトの身長
を超えるほどのDNAが入っているのである。

★1**水素結合**は，分子間や分子の内部において，電気的に弱い陽性（＋）の電荷をもった水素原子が，近く
の陰性（－）の電荷をもった部分との間で引き合う静電気的な結合。DNAの二重らせんは，この水素結
合があることで非常に安定したつくりになっている。

★2 1 nm（ナノメートル）は10^{-9} m（10億分の1 m）。

2 細胞内でのDNAのようす

1 DNAの存在様式

DNAの存在様式について，原核細胞と真核細胞には次のような違いが見られる。

表6 原核細胞と真核細胞でのDNAの存在様式の違い

観点	原核細胞	真核細胞
DNAと核膜	核膜をもたないためDNAは細胞質基質の中にむき出しで存在。	DNAは核膜に包まれて存在。
DNAの量と形状	DNA量は少なく，環状の構造。	DNA量は多く，糸状の構造。
ヒストン(タンパク質)との関係	ヒストンはない。	ヒストンとDNAとでヌクレオソーム(⇨図56)を形成する。

2 染色体とDNA

　原核細胞のDNAはひとつながりの環状で，細胞質基質中にむき出しで存在している。一方，真核細胞のDNAはヒストンとよばれる球状のタンパク質に巻きついてビーズ状のヌクレオソームとなり，これがたくさん連なった糸状の**クロマチン繊維**が折りたたまれて染色体を形成する。細胞分裂時には，**染色体はコイル状に凝縮**され顕微鏡で観察できるようになる。

補足 ヒストンに巻きついた状態では，DNAの複製(⇨p.52)やタンパク質の合成(⇨p.64)は行えない。これらのことを行うときは，凝縮した構造がゆるめられる(ユスリカの幼虫のだ腺の巨大染色体ではその部分は「パフ」とよばれる)。

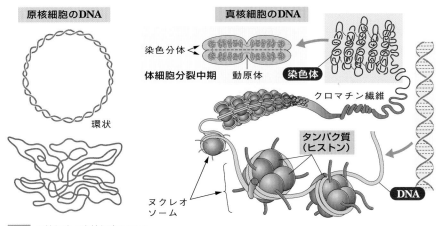

図56 原核細胞と真核細胞のDNA

★1 真核細胞のミトコンドリアと葉緑体は，核内のものとは違う独自のDNAをもっている(細胞内共生 ⇨p.25)。これらのDNAは，一般に環状の2本鎖のDNAである。

3 | DNA の複製

1 体細胞分裂とDNAの複製

❶DNAの複製　体細胞は分裂によって数を増やしている。細胞分裂の前にまった く同じもう一組のDNAが複製され，分裂後の細胞でも分裂前と同じ塩基配列の DNAが分配される。

❷二重らせん構造と半保存的複製　1953年，ワトソンとクリックは，DNAの二重 らせんモデル（⇨p.49）を発表し，さらに，自分たちが考えたこのDNAの分子構造 を使って，DNA複製のしくみを説明した。それが次の半保存的複製である。

2 DNAの複製のしかた

①DNAの相対する2本のヌクレオチド鎖の間の相補的な塩基対の**水素結合が切れ，
　二重らせんがほどけて2本の1本鎖DNA（鋳型鎖）ができる**。[★1]
②相手のいなくなった鋳型鎖の塩基に，**相補性が成り立つ塩基をもつヌクレオチ
　ドが次々に水素結合していく**。このとき，A−T，G−C以外の対はできない。
　なお，複製に使われる各ヌクレオチドはあらかじめ合成され，核内にある。
③鋳型鎖に水素結合した**ヌクレオチドどうしが，糖とリン酸で結合し新しいヌク
　レオチド鎖となる**。[★2]
④**新しいヌクレオチド鎖は自動的に鋳型となったもとのDNAのヌクレオチド鎖と
　二重らせんをつくる**。

　新しくできたDNAの二重らせんの半分の1本はもとのDNAのヌクレオチド鎖 である。そこでこのような複製のしかたを半保存的複製といい，この複製によって 塩基配列のまったく同じDNAを2分子に複製することとなる。実際のDNAの合 成が半保存的複製であることは，メセルソンとスタールの実験によって証明された。

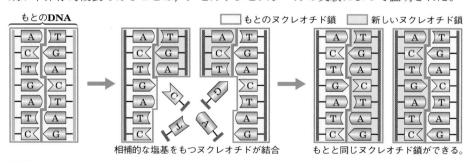

もとのDNA　　　　　　　　　　　　　　　　　□ もとのヌクレオチド鎖　　■ 新しいヌクレオチド鎖

相補的な塩基をもつヌクレオチドが結合　　　　もとと同じヌクレオチド鎖ができる。

図57 DNAの複製のしくみ

★1 相補的な塩基対の水素結合を切断する酵素を**DNAヘリカーゼ**という。
★2 ヌクレオチドを次々と結合させる酵素を**DNAポリメラーゼ**という。

第1編　生物の特徴

⊕発展ゼミ　半保存的複製の証明

●遺伝子の複製には保存的複製や分散的複製（⤷図58）などの説が考えられたが，半保存的複製の仮説は，次のメルソンとスタールの実験によって証明された。

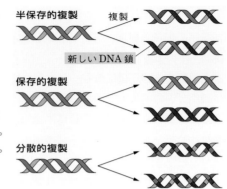

図58　DNA合成のしくみとして考えられた説

●メルソンとスタールの実験

①¹⁵Nを含む窒素化合物（¹⁵NH₄Cl）だけを窒素源とする培地で，何代も培養した大腸菌（親）は，¹⁵Nだけを含むDNAをもつ。

②親の大腸菌を¹⁴Nを含む培地で培養する。この際，すべての菌が同時に分裂するように調整する。

　ⓐ1回目…¹⁵Nと¹⁴Nを半分ずつ含む，中間の重さのDNAだけが得られた。

　ⓑ2回目…中間の重さのDNAと，¹⁴Nだけを含む軽いDNAが1：1の比で得られた。

　ⓒ3回目…軽いDNAと中間の重さのDNAの比が3：1の比で得られた。

　➡1回目の複製において親の¹⁵Nを含むヌクレオチド鎖が鋳型となり，培地の¹⁴Nを使って，もう一方のヌクレオチド鎖がつくられた。

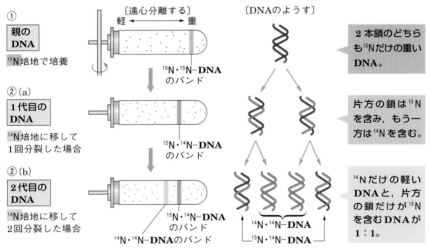

図59　メルソンとスタールの実験（1958年）

視点　②(a)から，培地の¹⁴Nだけでもとのとは別に新しいDNAをつくる保存的複製ではないことがわかる。さらに，②(b)や3代目以降の結果から前の代のDNAがバラバラになって培地のヌクレオチドと混ざり合う分散的保存ではなく，新しいDNAの中に前の代の2本鎖DNAの1本鎖が保たれている（半保存）ことがわかる。

★1 窒素には，¹⁴Nとその同位体である¹⁵Nがあり，¹⁴Nより¹⁵Nのほうが重いことで区別できる。

4 │ 細胞分裂と遺伝情報の分配

1 遺伝情報の分配

❶遺伝子の継承　新個体または新しい細胞ができる際に，遺伝子DNAの量や遺伝情報は，次のように伝えられる。

①遺伝情報全体が正確に親から子へ受け継がれる。（両親から1ゲノムずつ⇨p.68）

②体細胞分裂の前後でその量は変化せず，常に一定である。

③減数分裂後の細胞ではその量は半減し，受精によってもとに戻る。

❷体細胞分裂と遺伝情報　細胞分裂後の細胞がきちんと生命活動を行うためには，分裂前の細胞と同じ遺伝情報をもたねばならない。細胞の生命活動に必要な遺伝情報は，染色体に含まれる遺伝子がもつ。そこで，**体細胞分裂が行われる前に染色体中の遺伝子DNAは正確に複製されて2倍量となり，分裂期に等しく分配される。**

2 細胞分裂 ！重要

❶細胞分裂の種類　細胞は分裂によって増えていく。細胞分裂のしかたにはいくつかの種類がある。

①**体細胞分裂**　生殖細胞以外の，生物体を構成している細胞（これを**体細胞**という）が行う細胞分裂で，単細胞生物が増殖するときの分裂や，多細胞生物が成長するときの分裂がこれにあたる。体細胞分裂では，**分裂の前後で1核中の染色体数は変わらず**，1個の**母細胞**（細胞分裂をするもとの細胞）から遺伝的にまったく同じ2個の**娘細胞**（細胞分裂によってできた細胞）ができる。

②**減数分裂**　多細胞生物の生殖器官で卵・精子・花粉・胞子などの**生殖細胞**がつくられるときに行われる細胞分裂。減数分裂によってできた生殖細胞の核の染色体数は，**母細胞の核の染色体数の半分になる。**

POINT!

｛ 体細胞分裂…体細胞が行う分裂。分裂前後で染色体数は不変。
　減数分裂…生殖細胞をつくる分裂。分裂後の染色体数は半減。

補足　真核細胞の分裂では，多数の染色体を配分するために**紡錘糸**という構造ができる。これを**有糸分裂**という。これに対し，原核細胞の分裂では，紡錘糸ができず，細胞質が直接くびれて分裂する。

❷体細胞分裂の起こる場所　体細胞分裂はからだのどこででも起こっているわけではなく，また，動物と植物とで起こる場所が次のように異なる。

①**植物**　茎や根の先端付近にある**分裂組織**や，根や茎の**形成層**など（⇨p.76）。

②**動物**　発生途中の胚や骨髄・上皮組織など。

第1編 生物の特徴

重要実験 体細胞分裂の観察

操作

❶ タマネギの根の先端を5mmほど切り取り，45％酢酸溶液に入れて固定する。

❷ 固定した根端部を60℃の2％塩酸中に2～3分間入れて，細胞どうしをばらばらに分離させやすくする(解離)。

❸ 材料をスライドガラスにとり，酢酸カーミン液または酢酸オルセイン液，または酢酸バイオレットで染色し，カバーガラスをかけて，ろ紙をあて親指で軽く押しつぶし，プレパラートをつくる。

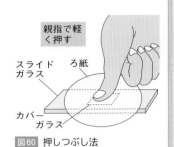

図60 押しつぶし法

❹ 光学顕微鏡で，分裂像ができるだけ多く見られる部分を観察し，1視野中の各分裂期の細胞の数と間期の細胞の数を数え，それぞれの割合［％］を求める。

結果

◉ 観察の結果，1視野中の各分裂期の細胞と間期の細胞の割合は，右のようであった。

前期	17.0 ％
中期	1.6 ％
後期	0.6 ％
終期	0.9 ％
間期	79.9 ％

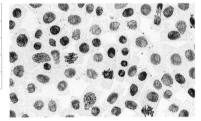

図61 タマネギの分裂像(約160倍)

考察

❶ 操作❸の染色液で染まったのは，細胞のどの部分か。

➡核と染色体。染色体は，色素で染色しないとはっきりと見えない。

❷ 操作❸のように，押しつぶしてプレパラートをつくるのはなぜか。また，その組織はどうなるか。

➡押しつぶすことで解離した細胞が1層になり，細胞1個1個のようすが観察しやすくなる。しかしその一方で，細胞がばらばらになって組織の構造が破壊されるため，組織の状態を観察することはできない。

❸ 観察の結果から，どのようなことが言えるか。

➡視野における細胞数の比率は，各時期の所要時間の比率を示していると考えられる。これより，間期に要する時間が非常に長く，分裂期に要する時間は短いことがわかる。また，分裂期の中でも，各期に要する時間は異なっており，前期では長く，他の3期では短いことがわかる。

3 体細胞分裂とその過程 ① 重要

❶**体細胞分裂の順序**　体細胞分裂は連続した不可逆な変化で，分裂に先立つ間期に準備（DNAの合成など）を行い，分裂期（M期）に染色体や細胞質が２分される。

❷**間期**　細胞分裂をくり返すとき，分裂が終わってから次の分裂が始まるまでの期間を**間期**[★1]という。間期は細胞分裂の準備の時期で，**核内で染色体（DNA＋タンパク質）の複製が行われる**ほか，細胞内で分裂に必要な物質が合成される。

❸**体細胞分裂の過程**　分裂期（M期）の過程は，**前期・中期・後期・終期**の４つの時期に分けられる。そのようすは以下のとおりである。

① **前期**　核の中にある糸状の染色体が，**太くて短い棒状の染色体**[★2]になる。染色体は間期に複製されており，前期にはそれぞれの染色体は複製されて２本になったものがくっついた状態である。前期の終わりには，**核膜が見えなくなる**。

② **中期**　染色体が赤道面（細胞の中央面）に並ぶ。

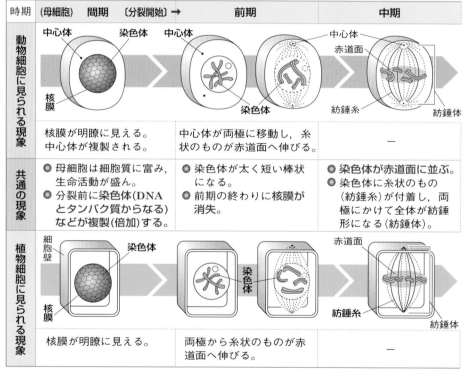

時期	（母細胞）　間期　〔分裂開始〕→	前期	中期
動物細胞に見られる現象	核膜が明瞭に見える。中心体が複製される。	中心体が両極に移動し，糸状のものが赤道面へ伸びる。	―
共通の現象	● 母細胞は細胞質に富み，生命活動が盛ん。 ● 分裂前に染色体（DNAとタンパク質からなる）などが複製（倍加）する。	● 染色体が太く短い棒状になる。 ● 前期の終わりに核膜が消失。	● 染色体が赤道面に並ぶ。 ● 染色体に糸状のもの（紡錘糸）が付着し，両極にかけて全体が紡錘形になる（紡錘体）。
植物細胞に見られる現象	核膜が明瞭に見える。	両極から糸状のものが赤道面へ伸びる。	―

図62 体細胞分裂のようす（模式図）

★1 通常の活動をしている細胞は，**間期**の細胞である。

★2 糸状の染色体のことを**染色糸**ともいう。細胞分裂時に現れる太い棒状の染色体は光学顕微鏡で見えるが，染色糸は光学顕微鏡では見えない。

③**後期**　染色体が縦の割れ目から2つに分かれて，両極から伸びた糸状のもの(紡錘糸という)に引かれて両極へ移動する。

④**終期**　前期とは逆に，染色体はほどけるようにして細い糸状になる。終期の終わりに核膜が現れて，2つの新しい核(娘細胞の核)ができる。

❹**細胞質の分裂**　細胞質の分裂は多くの場合終期の途中で始まるが，そのようすは動物細胞と植物細胞で次のように異なる。

①**動物細胞**…赤道面上の細胞表面の細胞膜にくびれが生じ，細胞質が2分される。

②**植物細胞**…赤道面上に**細胞板**というしきりができて細胞質が2分される。

体細胞分裂…間期と分裂期(前期＋中期＋後期＋終期)

● 前期に太く短い染色体が現れる。

● 染色体は**中期**に**赤道面**に並び，**後期に両極へ移動する。**

	後期	終期	間期(娘細胞)	時期
		細胞表面から内部へとくびれ，細胞質の分裂が起こる。		動物細胞に見られる現象
	● くっついていた各染色体が分離し，紡錘糸に引っぱられるようにして両極へ移動する。	● 両極の染色体が糸状に戻ってひとかたまりになり，2つの娘細胞の核が完成する(分裂期の終了)。	● 核がもとの形に戻り，娘細胞が完成する。 ● 核膜が明瞭に見えるようになる。	共通の現象
		細胞板ができ始め，細胞質の分裂が起こる。		植物細胞に見られる現象

★1 細胞板は，母細胞の細胞壁と融合し，細胞壁になる。

5 | 染色体

1 染色体の構造と働き

❶**染色体**　染色体は，細胞分裂のときに凝縮してはっきりと観察することができる。いろいろな染色液によく染まることからその名がついている。

❷**染色体の構造**　染色体の構造はp.51のようにDNAがヒストンに巻きついて糸状の染色体ができ，さらにねじれてらせん状になり凝縮したものである。

❸**動原体**　染色体には，紡錘糸がくっつくくびれた部分があり，そこを動原体という。動原体の位置は染色体の中央とは限らず，染色体によって異なる。

❹**染色体の働き**　染色体には遺伝情報を担うDNAが含まれているので，染色体は細胞分裂によって**遺伝情報を娘細胞に運ぶ働き**をしている。

表7　染色体を染めるおもな染色液	
試薬名	**色**
酢酸カーミン	赤
酢酸オルセイン	赤
酢酸メチルバイオレット	青紫
酢酸ダーリア	青紫
メチレンブルー	青
メチルグリーン	緑青

視点 メチレンブルーは液胞も染める。

2 染色体の複製と分配

　染色体の複製は，間期に次のようにして行われ，体細胞分裂の過程を経て，まったく同じ染色体が娘細胞に分配される。

①遺伝情報を担うDNAは，間期にまったく同じ2倍のDNAとなる（DNAの複製）。

②この2倍のDNAのそれぞれが新しく合成されたヒストンタンパク質に巻きついて，2本の糸状の染色体になる。

③間期の終わりから分裂期の前期にかけてそれぞれの染色体が凝縮し，2本の染色体からなる太い棒状の染色体になる。

④こうして複製された2本の

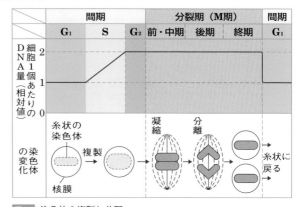

図63　染色体の複製と分配

視点 間期のG₁はDNA合成準備期，SはDNA合成期，G₂期は分裂準備期である（⇨ p.60）。S期におけるDNAの合成は，各染色体のいろいろな部位でばらばらに起こる。

染色体が分かれて各娘細胞に分配される。したがって，**2個の娘細胞はまったく同じ遺伝情報を受け継ぐ**ことになる。

3 染色体の構成 ⚠️重要

❶核型 体細胞の1つの核に含まれる**染色体の数と形・大きさ**などは、生物の種類によって決まっており、常に一定である。これらの染色体の特徴を、**核型**という。

❷相同染色体 体細胞の1つの核の中には、大きさと形がまったく同じ染色体が2本ずつ対になって入っている。この1対の染色体を相同染色体という。相同染色体の一方は父方から、他方は母方から受精によって受け継いだものである。

❸性染色体 性によって形、数や機能が異なる染色体を性染色体という(性染色体以外の染色体で男女ともに共通してもつ染色体を常染色体という)。ヒトの場合、**男性は性染色体Xと性染色体Yを1本ずつもち、女性は性染色体Xを2本もつ。**性染色体XとYは異なる形をしているが、相同染色体としてふるまう。

❹核相 1つの細胞の核の中に相同染色体が何組入っているかを**核相**という。核相は、相同染色体の組の数をnとし、体細胞のように相同染色体が2本ずつ対をつくっている場合、**複相($2n$)**という。一方、卵や精子などの生殖細胞は相同染色体が1本ずつしか存在しない。このような場合、**単相(n)**という。

❺体細胞分裂と染色体数の変化 細胞の染色体数およびDNA量は、間期の途中(S期という。☞p.60)で2倍になり、分裂によって半減してもとの本数・もとの量に戻る。したがって、細胞が何回分裂しても、**分裂によって生じた細胞の核相およびDNA量は変化せず、常に一定に保たれている。**

表8 体細胞の染色体数($2n$)

植物	染色体数	動物	染色体数
ムラサキツユクサ	12	ハリガネムシ	4
エンドウ	14	キイロショウジョウバエ	8
タマネギ	16	ネコ	38
トウモロコシ	20	ヒト	46
イネ	24	イヌ	78
アサガオ	30	オホーツクホンヤドカリ	254
スギナ	216		

常染色体
(性染色体以外の染色体で、男女共通)

性染色体
性によって形が異なる染色体

図64 ヒトの染色体の核型分析

視点 ヒトの体細胞の染色体は23対の相同染色体からなり、$2n=46$本である。性染色体XとYは異なる形をしているが、相同染色体として行動する。

6 | 細胞周期

1 細胞周期

❶**細胞周期とは**　細胞分裂でできた細胞が次の分裂を経て新しい娘細胞になるまでの周期を細胞周期という。分裂中の細胞は，細胞周期の各時期を経て体細胞分裂をくり返している。

❷**細胞周期の各時期と要する時間**　細胞周期を大きく分けると間期と分裂期(M期)の2つに分けられる。間期はさらに，p.58**図63**のように，G₁期(DNA合成準備期)，S期(DNA合成)，G₂期(分裂準備期)の3つに分けられる。真核細胞では，細胞周期に占める分裂期の時間は短く，間期の時期が長い(⟳p.55**図61**)。

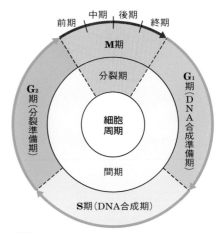

図65　細胞周期と細胞分化

表9　タマネギの細胞周期の各時期に要する時間〔時間〕

分裂期	間期		
M期	G₁期	S期	G₂期
2.0	5.0	7.0	5.0

補足　分裂期の長さと比較すると間期の時期が長いため，間期の細胞(明確な染色体が観察できない細胞)が多く観察される。分裂期の細胞では太く凝縮した染色体が観察される。

2 細胞周期の過程

　細胞周期の間期では，染色体は細い糸状になって核内に広がっているため，顕微鏡で明確に観察することはできない。間期のG₁期(DNA合成準備期)では，DNAの複製に必要な物質の準備が行われる。S期(DNA合成期)ではDNAの合成が行われ，DNAが完全に2倍に複製される(**半保存的複製**⟳p.52)。その後，G₂期(分裂準備期)には分裂の準備が行われて，G₂期の終わりから分裂期の前期にかけて染色体は凝縮されて次第に太くなり，顕微鏡で観察できるようになる。

POINT!

細胞周期

…細胞分裂してできた細胞が次の分裂で新たな細胞になるまでの周期。

> **このSECTIONの まとめ**

遺伝情報とDNA

☐ 遺伝子の本体 **DNA** ⤴ p.48	・生物の遺伝子は**核酸**の一種DNAで，核の染色体に含まれている。 ・DNA分子は**二重らせん構造**をしている。 ・遺伝情報はDNAに含まれる4種類（A・T・G・C）から成る**塩基配列**として大部分が核内に保存されている。
☐ 細胞内での **DNAのようす** ⤴ p.51	・**原核細胞**ではDNAは少量で環状の構造。 ・**真核細胞**ではDNAは**ヒストン**に巻きつき，糸状の染色体として核膜に包まれた核の中に存在。
☐ **DNAの複製** ⤴ p.52	・DNAの複製のしかた…**半保存的複製**。
☐ **細胞分裂と遺伝情報の分配** ⤴ p.54	・分裂期（M期）に先立つ**間期**にDNAの複製などを行う。 ・分裂期…前期→中期→後期→終期。 ・分裂期には，各染色体が2つに分かれ両極に移動する。
☐ **染色体** ⤴ p.58	・大きさと形が同じ染色体を**相同染色体**という。
☐ **細胞周期** ⤴ p.60	・**細胞周期**…細胞分裂してできた細胞が次の分裂で新たな細胞になるまでの周期。

SECTION
2　遺伝情報の発現

1 | 遺伝情報とタンパク質の合成

1 遺伝子と形質とタンパク質

❶遺伝子と形質とタンパク質　酵素の主成分であるタンパク質は，あらゆる代謝をつかさどる。タンパク質はまた，物質の輸送や免疫などで重要な役割を果たし，からだを構成する成分として生物の形質（形態や機能）を支配している。ヒトでは10万種類以上あるといわれるこれらタンパク質は，すべてDNAの遺伝情報に基づいて合成される。**遺伝子はタンパク質を合成するための情報をもつDNAの塩基配列**で，遺伝子をもとにタンパク質が合成されることを遺伝子の発現という。

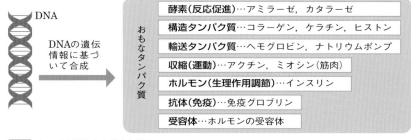

図66　タンパク質のさまざまな働き

❷タンパク質のつくり　生物の体内で働くタンパク質は多様であるが，その材料となっているアミノ酸は20種類である。タンパク質は，多数のアミノ酸がペプチド結合（⤴ p.66）によって鎖状に結合したもので，結合するアミノ酸の種類や数とその配列順序（アミノ酸配列）によってタンパク質の種類が決まる。

❸アミノ酸配列の決定と遺伝情報　特定のタンパク質を合成するためには，そのアミノ酸配列が決められなければならない。このアミノ酸配列を決定する指令が遺伝情報であり，DNAの塩基配列がそれにあたる。

　塩基は3つを1組として1つのアミノ酸の遺伝情報（または読み取り開始・終了）を指定する。1つのアミノ酸を指定する連続する3つの塩基の組をトリプレット（3つ組暗号）という。

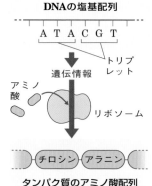

図67　DNAの遺伝情報とタンパク質

❹**遺伝情報の核外への持ち出し**　タンパク質の合成は，DNAを核外に持ち出すことなく，細胞質のリボソームで行われる。そこで，DNAがもつ遺伝情報を核から細胞質へ持ち出したり，遺伝情報に指定されたアミノ酸をリボソームへ運搬したりする仲介役の役目を果たすのがRNAである。

❺**RNA**　RNAはDNAと同様に核酸の1種である。RNAの構造も基本的にはDNAと同様に，塩基＋糖＋リン酸からなるヌクレオチドを構成単位とする（⤵p.41）。RNAにはmRNA（伝令RNA）・tRNA（転移RNA，運搬RNA）・rRNA（リボソームRNA）の3種類があり，それぞれ異なる役割をもっている。

　DNAのヌクレオチドとは次の3点で異なっている。

①**RNAの塩基**　4種類のうちアデニン（A），グアニン（G），シトシン（C）はDNAと共通。DNAのチミン（T）のかわりにウラシル（U）をもつ。

②**RNAの糖**　DNAのデオキシリボースのかわりにリボースをもつ。

③DNAが二重らせん構造で存在するのに対し，RNAは通常1本鎖である。

2　遺伝情報の転写と翻訳

　DNAの遺伝情報によってアミノ酸の配列が指定され，次のように転写と翻訳とよばれる過程を経てタンパク質が合成される。遺伝子による形質発現は合成されたタンパク質をもとに起こる。

❶**遺伝情報の転写**　核の中で遺伝子が活性化している部分の2本鎖DNAの一方（鋳型鎖またはアンチセンス鎖）と相補的な塩基をもつRNAの一種mRNA（伝令RNA）がつくられる。このことを遺伝情報の転写という。

DNA	A	T	G	C
	↓	↓	↓	↓
mRNA	U	A	C	G

❷**遺伝情報の翻訳**　mRNAは核膜孔を通って細胞質へと出て行き，リボソームとくっつく。そして，mRNAの3つ組暗号と相補性をもつtRNA（転移RNA）が対応するアミノ酸を運んでくる。mRNAに転写された遺伝情報にしたがってアミノ酸を配列させることを遺伝情報の翻訳という。アミノ酸はmRNAの情報にしたがって結合してポリペプチドとなり，タンパク質が合成される。

❸**セントラルドグマ**　遺伝情報は遺伝子DNAからmRNAを経てタンパク質へと，順に一方向に流れる。この規則をセントラルドグマという。

［遺伝情報の発現］

転写　　　　　翻訳

DNA（遺伝子）　⟶　mRNA　⟶　タンパク質

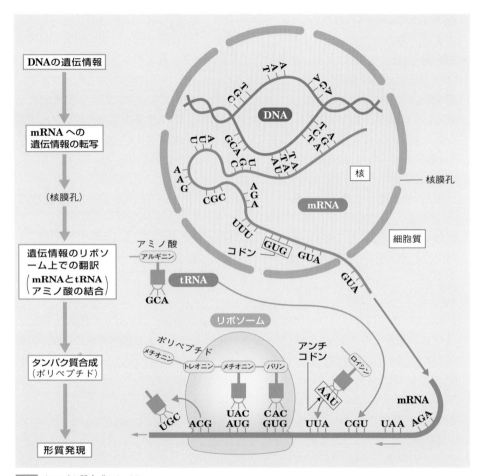

図68 タンパク質合成のしくみ

視点　mRNAのコドンに対して，コドンを認識するtRNAの塩基3つの配列を**アンチコドン**という。

❹選択的な遺伝子発現　細胞が生きていくのに必要な呼吸などに関する遺伝子はどの細胞にも共通して発現しているが，必要な時期に必要な場所でだけ発現する遺伝子もある。これを**選択的遺伝子発現**といい，この違いによってからだの各部分の細胞がその役割に応じた形や働きをもつように分化(⇨p.70)することができる。

❺遺伝暗号表　トリプレット(3つ組暗号)がどのアミノ酸を指定しているか示したものを遺伝暗号表という。**表10**はmRNAのトリプレット(これをコドンという)で示したもので，複数のコドンが1つのアミノ酸を指定することもある。また，翻訳を開始させるコドン(**開始コドン**)や終止させるコドン(**終止コドン**)も存在する。

補足　A，G，C，Uの4文字から，重複を許した3文字で1種類のアミノ酸を指定するとすれば，$4^3 = 64$種類の暗号がつくられることになり，20種類のアミノ酸を指定するのに十分対応できる。

第1編

生物の特徴

表10　遺伝暗号表〔mRNAの3個の塩基の組み合わせ(コドン)と対応するアミノ酸〕

第1字＼第2字	U（ウラシル）	C（シトシン）	A（アデニン）	G（グアニン）	第3字
U（ウラシル）	フェニルアラニン フェニルアラニン ロイシン ロイシン	セリン セリン セリン セリン	チロシン チロシン (終止) (終止)	システイン システイン (終止) トリプトファン	U C A G
C（シトシン）	ロイシン ロイシン ロイシン ロイシン	プロリン プロリン プロリン プロリン	ヒスチジン ヒスチジン グルタミン グルタミン	アルギニン アルギニン アルギニン アルギニン	U C A G
A（アデニン）	イソロイシン イソロイシン イソロイシン メチオニン(開始)	トレオニン トレオニン トレオニン トレオニン	アスパラギン アスパラギン リシン リシン	セリン セリン アルギニン アルギニン	U C A G
G（グアニン）	バリン バリン バリン バリン	アラニン アラニン アラニン アラニン	アスパラギン酸 アスパラギン酸 グルタミン酸 グルタミン酸	グリシン グリシン グリシン グリシン	U C A G

〔読み方〕　例えば，mRNAの塩基配列(コドン)が，U(第1字)・C(第2字)・A(第3字)の場合➡(U・C・A)は，セリンを決定することを示す。これに対応するDNA鋳型鎖の暗号は(A・G・T)という塩基配列(トリプレット)ということになる。なお，表中(終止)とあるのは，対応するアミノ酸がなく，そこに達すると，ポリペプチドの合成が終わることを示すコドンである。また，(開始)は，メチオニンを指令するとともに，mRNAの先端にあるときは，ここから合成が開始されることを指令する。

➕発展ゼミ　タンパク質のゆくえ

● リボソームによってつくられたタンパク質は，小胞体といううすい袋状の細胞小器官へ送られる。そして小胞体から分かれた小胞に取り込まれたり，小胞の膜と結びついたりして，ゴルジ体に送られる。タンパク質はゴルジ体で加工されてから小胞(ゴルジ小胞)としてゴルジ体から分離し，細胞外へ分泌されるものは細胞膜まで運ばれる。

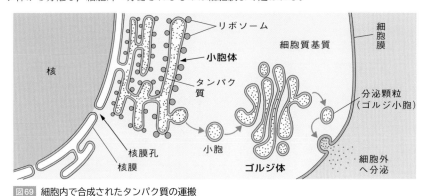

図69　細胞内で合成されたタンパク質の運搬

➕発展ゼミ タンパク質の構造と働き

　タンパク質は生物のからだをつくる物質のうち，動物では水に次いで多く含まれ，生物の構造をつくり，酵素の主成分になるなど生命活動を支える物質である。

●**アミノ酸の構造**　タンパク質を構成する単位はアミノ酸である（⤴ p.40）。通常，アミノ酸はアミノ基（$-NH_2$）とカルボキシ基（$-COOH$）をもち，図70のような構造をとる。タンパク質をつくるアミノ酸は，表11のように20種類である。

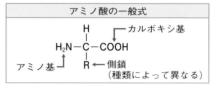

図70　アミノ酸の構造

表11 アミノ酸の種類と略記号（太字はヒトの必須アミノ酸）

アミノ酸の種類	略記号	アミノ酸の種類	略記号	アミノ酸の種類	略記号
アラニン	Ala	グリシン	Gly	プロリン	Pro
アルギニン	Arg	**ヒスチジン**	His	（イミノ酸の一種）	
アスパラギン	Asn	**イソロイシン**	Ile	セリン	Ser
アスパラギン酸	Asp	**ロイシン**	Leu	**トレオニン**	Thr
システイン	Cys	**リシン（リジン）**	Lys	**トリプトファン**	Trp
グルタミン	Gln	**メチオニン**	Met	チロシン	Tyr
グルタミン酸	Glu	**フェニルアラニン**	Phe	**バリン**	Val

視点 必須アミノ酸とは，体内で合成できないため食物から摂取する必要のあるアミノ酸。

●**アミノ酸どうしの結合**　アミノ酸どうしはペプチド結合によってつながる。ペプチド結合は，一方のアミノ酸のカルボキシ基と他方のアミノ酸のアミノ基から水がとれる結合である。

　多数のアミノ酸がペプチド結合によって鎖状に結合したものがポリペプチドで，ポリペプチドが立体構造をとって機能をもつようになったものがタンパク質である。

●**タンパク質の一次構造**　結合するアミノ酸の種類・数・アミノ酸の配列順序によって異なったタンパク質となる。タンパク質のアミノ酸配列を一次構造という。

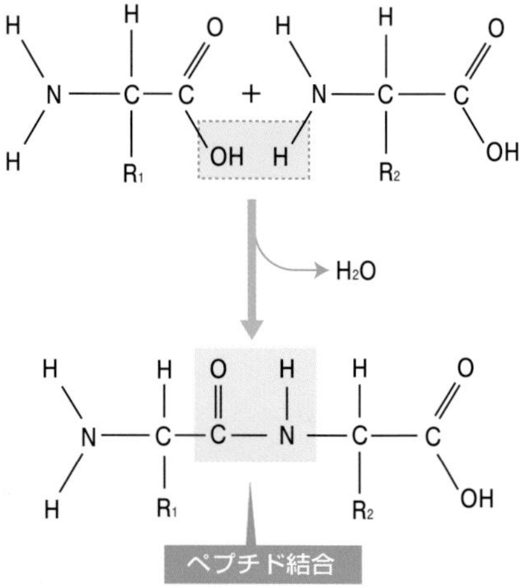

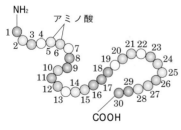

図72　タンパク質の一次構造

図71　ペプチド結合

●**タンパク質の立体構造**　タンパク質全体としては，複雑に折りたたまれた立体構造をとる。ポリペプチドはところどころでらせん状やジグザグ上の二次構造を形成し，さらに折りたたまれたり立体的に配置されたりすることで，いろいろな立体構造である三次構造をとる（⟳図73）。

図73　タンパク質の二次構造と三次構造

視点　水素結合は分子中の－OHと－Hとの間での結合。S－S結合は硫黄を含むシステインどうしの結合。

　三次構造をとったポリペプチドが複数組み合わさったものを四次構造という。

●**タンパク質の種類**　アミノ酸の種類は20種類であるが，アミノ酸配列が異なると異なったタンパク質となる。多くのタンパク質は100個〜400個のアミノ酸がつながったポリペプチドで，その種類はヒトの体内だけで10万種類以上になる。

●**タンパク質の働き**　タンパク質は生物の構造と機能の多様性を支えている。生物の構造をつくるタンパク質として，細胞や組織・器官に機械的な強度をもたせるケラチンやコラーゲンが知られている。

　生物のさまざまな機能の実現に関するタンパク質として，酵素やペプチドホルモン（⟳p.107），酸素を運搬するヘモグロビン（⟳p.86），免疫に関係する免疫グロブリン（⟳p.128）など多くの種類が存在している。

●**タンパク質の特徴**　タンパク質の機能は複雑な立体構造によって実現している。そのため，次のような特徴がある。

図74　ヘモグロビンの四次構造

視点　4つのポリペプチド（サブユニット）が組み合わさってヘモグロビンができている。

表12　構造タンパク質と機能タンパク質の例

構造タンパク質	ケラチン コラーゲン
機能タンパク質	酵素（アミラーゼなど），ペプチドホルモン，ヘモグロビン，免疫グロブリン

①熱に弱く，高温では立体構造が変化して性質が変わる。これを熱変性という。

②極端な酸性やアルカリ性のもとでは立体構造が変化して変性する。

③アルコールやアセトンによって変性して，沈殿する。

2 | DNAと遺伝子とゲノム

1 ゲノムとは ①重要

❶ゲノムとは　ある生物種で，その生物の生存に必要な１組の遺伝情報（DNAの塩基配列）の総体をゲノム[★1]という。ゲノムに含まれる塩基対の数はゲノムサイズとよばれ，生物の種類によって大きく異なる。

❷染色体とゲノム　真核生物の細胞ではDNAの大部分は核の中の染色体にある。染色体の数はヒトの場合46本あるが，大きさと形がまったく同じ染色体（相同染色体）が２本ずつ存在する。この相同染色体の片方ずつ，すなわちヒトの場合23本の染色体１セット分のDNAの塩基配列がゲノムである。

❸DNAと遺伝子とゲノム　ヒトの体細胞には約64億塩基対のDNAがあるが，これはゲノム２セット分に相当するので，ヒトのゲノムサイズは約32億塩基対

表13 おもな生物のゲノムサイズ	
生物	塩基対数
大腸菌	5.1×10^{6}
パン酵母	1.2×10^{7}
イネ	3.9×10^{8}
メダカ	7.3×10^{8}
イヌ	2.3×10^{9}
ヒト	3.0×10^{9}
パンコムギ	1.5×10^{10}

視点 大腸菌など原核細胞のゲノムは細胞のDNA（1分子）全体。

となる。ヒトの遺伝子の数は約２万といわれており，１本の染色体DNAには多くの遺伝子が含まれている。また，真核生物では染色体DNAの塩基配列のなかで遺伝子の領域はごく一部で大半は遺伝子ではない塩基配列で占められているが，ゲノムは遺伝子と遺伝子ではない塩基配列を含めたDNA全体を指す。

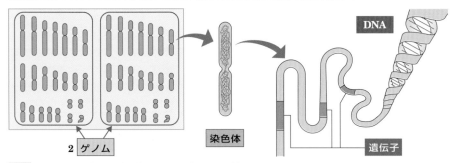

図75 真核生物の遺伝子・染色体・DNA・ゲノムの関係

POINT!

　ゲノム…生物の生存に必要な１組の遺伝情報（DNAの塩基配列）
- ●真核細胞の体細胞の核がもつDNAは２セットのゲノム
- ●遺伝子ではない領域も含めたDNA全体がゲノム

★1 ゲノム（genome）は遺伝子（gene）と染色体（chromosome）からつくられた造語である。接尾辞(-ome)には「全体」「塊」という意味もある。

2 ゲノム解読

❶ヒトゲノムプロジェクト　1つの生物種のDNAの塩基配列をすべて明らかにする試みをゲノムプロジェクト（ゲノム計画）といい，1990年代から世界の研究機関で盛んに行われるようになった。実験で広く用いられている大腸菌のDNA全配列は1997年に決定され，1990年に始まっていたヒトゲノムプロジェクト（ヒトゲノム計画）も，分析装置や技術の進歩とアメリカ，日本，イギリス，フランスなどの国際協力によって2003年4月には約99％の塩基配列が決定し[1]，2022年に完了した。

❷ゲノムの塩基配列の解明によってわかること　ヒトのほかにも原核生物約40万種，真核生物4万種以上の塩基配列が解明された。ゲノムの塩基配列の解明によって，動物と植物の間で遺伝子の数があまり変わらないこと，ヒトの遺伝子の数は大腸菌の6倍程度でしかないこと，DNAには遺伝子以外の領域が多くあることなどがわかった。これらの知見は，次のようにさまざまな分野へ応用される。

① **医学研究への応用**　DNAの情報をヒトのゲノム・データベースに蓄積していくことで，遺伝子の配列や働き，染色体上の位置など膨大な情報を共有できるようになってきた。これは，これからの医学の研究に大きく貢献すると思われる。

② **DNA型鑑定**　DNAには縦列反復配列とよばれる同じ塩基配列のくり返しがあり，このくり返し回数が個人によって異なることから**犯罪捜査**や親子などの**血縁関係の調査**に利用される[2]。

③ **農業や畜産への応用**　DNA型鑑定は，農作物や食肉の偽装を見破る**品種鑑定**にも用いられている。このほかDNAの塩基配列から得られた遺伝子の情報により，寒さや乾燥，病気に強い作物や肉質のよい家畜の**品種改良**に応用されている。

❸ゲノムの情報によってこれから期待されること　塩基配列解明の次の段階として，塩基配列の遺伝情報としての役割やしくみを明らかにする研究が進められている。ヒトについては1塩基多型（SNP）の研究がさかんである。

> 補足　ゲノムの中の1塩基対の変異をSNPという（single nucleotide polymorphismの略。スニップと読む）。SNPはヒトのゲノムの中に平均して1000塩基対に1つ，数百万個存在する。

① **遺伝性疾患の解明**　特定の疾患によって発現する遺伝子や，逆に発現が制御されたりする遺伝子が見つかれば，その遺伝子やその遺伝子からつくられる産物を標的にして，診断や治療の方法・予防法を見い出せるようになると期待される。

② **オーダーメイド医療**　患者DNAから遺伝病発症の可能性を診断できるほか，ある治療薬の有効性や副作用，適切な投与量などが事前にわかり，**個人個人に最も適した医療を施すオーダーメイド医療**が可能になると考えられている。

---

[1] この巨大な国際チームによるヒトゲノムプロジェクトは，独自に塩基配列を解読しその成果を特許登録しようとした民間企業との競争となり，予定より2年早く塩基配列がほぼすべて解読されることとなった。

[2] DNA型鑑定では，ヒトゲノムのくり返し配列の回数の特徴のみを比較する。現在の技術では同じ型の別人が現れる確率は5.6×10^{18}人に1人程度といわれ，さらに年々精度が向上している。

③**生物の進化や系統の解明**　生物間でのDNA配列比較分析によって，進化の流れのなかで，いつ細胞小器官が出現したか，どの時点で胚発生から各種器官への発達，免疫系がいつ出現したか，などを分子レベルで関連付けできるようになる。また，統計的なSNPの比較による人類の進化，人種間の差異，人類の集団の歴史を通じた移動ルートなどの研究も進められている。

❹**ゲノム情報の扱いにおいて注意すべきこと**　個人個人で異なるゲノムの情報は究極の個人情報であり，病気のかかりやすさや寿命などにもかかわるものである。この情報が社会生活において，個人の差別につながらないように注意を払わなければならない。また，技術的にはゲノムを編集し親が望む形質をもつ赤ちゃん(デザイナーベビー)を産むことも可能である。社会における生命倫理の観点から，負の面にも目を向けて，ゲノムの情報の取り扱いに留意していかなければならない。

POINT!

ゲノムプロジェクト…ある生物種のゲノムの全塩基配列を解明する試み。⇨医学の研究のほか，DNA型鑑定や農業・畜産に貢献。

3│細胞の分化

1 細胞の分化

❶**細胞の分化とは**　多細胞生物のからだは，心臓・神経・筋肉・血球など，さまざまな細胞からなる。これらはもともと1個の受精卵が，体細胞分裂をくり返して数を増やし，特定の形や働きをもつ細胞に変化したものである。同じ起源の細胞が特定の形や働きをもつ細胞に変化することを細胞の分化(細胞分化)という。

❷**遺伝子の発現と細胞の分化**　ヒトのゲノムには約2万個の遺伝子が含まれているが，体細胞分裂ではDNAが正確に複製されて分配されるため，ヒトの体細胞にはすべて同じ遺伝子が存在する。例えば，眼の水晶体に含まれるクリスタリンというタンパク質の遺伝子は，ヒトのすべての体細胞に存在するが，水晶体の細胞だけで発現する。このように，多数の遺伝子のうち，その細胞や組織で必要な遺伝子だけが発現することで，細胞の分化が進み，各細胞の形や働きが変わるのである。

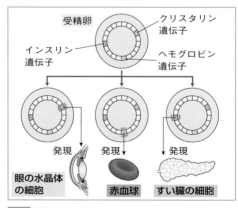

図76　分化した細胞での遺伝子の発現

第1編 生物の特徴

2 細胞の分化の要因

体細胞分裂ではすべての細胞が同じ遺伝子を受け継いでいるにもかかわらず，異なるさまざまな働きをもつ細胞に分化が起こるのは，2つの要因が考えられる。

❶細胞内の要因　発生の時期に応じて，その細胞内で特定の遺伝子が働き，特定のタンパク質が合成されることによって，各細胞に特有の性質が現れる。

❷細胞外の要因　胚の発生が進んでいく過程などにおいて，細胞どうしが互いに影響を及ぼし合ったり，ホルモンや成長因子などの影響を受けたり，同種の細胞どうしが接着したりして，特定の遺伝子が発現し，特定の組織や器官が構築される。

3 動物と植物の分化の違い

❶動物の細胞の分化　動物では，個体ができ上がるまでにほとんどの細胞が分化を終える。しかし，骨髄や上皮細胞の下部などには未分化な幹細胞とよばれる細胞が存在し，体細胞分裂と分化を行う能力をもつ。これにより骨髄で血球がつくられたり，皮膚で新しい細胞がつくられ古い細胞が脱落したりする。

❷植物の細胞の分化　植物では，常に未分化な細胞の集まりが存在する。未分化な細胞の集まりは茎頂や根端，形成層にあり，これを分裂組織とよぶ。分裂組織の細胞は盛んに体細胞分裂をくり返し，植物を成長させる。

4 だ腺染色体と遺伝子の発現

❶パフとは何か　キイロショウジョウバエやユスリカの幼虫のだ腺染色体(だ液を出す細胞に見られる染色体)を顕微鏡で観察すると，DNAが高密度に分布した横しまが見られる(図77)。さらによく観察すると，染色体のところどころに横しまがふくれて広がった部分があるのがわかる。この部分をパフという。

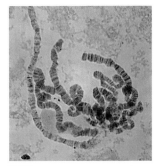

図77 キイロショウジョウバエの幼虫のだ腺染色体

❷パフで起こっていること　パフの部分では，凝縮したDNAがほどけて転写が起こり，盛んにmRNAが合成されている。

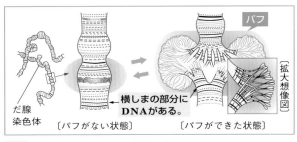

だ腺染色体　〔パフがない状態〕　横しまの部分にDNAがある。　〔パフができた状態〕　〔拡大想像図〕

図78 だ腺染色体のパフの形成(模式図)

★1 だ腺染色体は相同染色体どうしがくっつきDNA複製をくり返してできた巨大染色体で，ふつうの染色体の約100〜150倍もの大きさにもなり間期でも観察できる。だ腺以外にも消化管・神経細胞に見られる。

4 | 生物のからだのつくり

1 単細胞生物

❶単細胞生物のからだ　単細胞生物は，からだが 1 つの細胞でできている生物で，原核生物(⇨p.19)のほとんどは単細胞生物である。

真核細胞の単細胞生物には原生動物やミドリムシなどがあるが，これらの細胞内の構造は複雑で，**細胞小器官**(⇨p.23)が多細胞生物の器官に相当する働きをするように分化している。

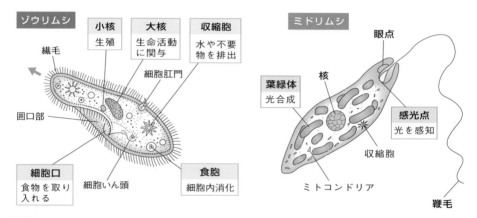

図79　ゾウリムシ(左)とミドリムシ(ユーグレナ：右)の細胞小器官とその働き

補足　ゾウリムシは体表の**繊毛**で，ミドリムシは**鞭毛**を使って水中で移動する。このほか同じく単細胞生物であるアメーバは，細胞の形を変えて**仮足**を伸ばしながら，細胞質が仮足の伸びる方向に流れるように動くアメーバ運動で移動する。

2 多細胞生物の個体のつくり

❶多細胞生物のからだと細胞　多細胞生物は，同一の細胞の集合体ではなく，形や働きの異なる分化した細胞が集まった生命共同体である。多細胞生物に見られるさまざまな細胞は，からだの中で集まって**組織**や**器官**を形成している。

❷組織と器官　発達した多細胞生物では，同じような形や働きをもつ細胞が集まって特定の働きをもつような組織を形成し，いくつかの異なる組織が集まって一定の働きをするような器官をつくっている。組織や器官が集まって個体のからだができている。

POINT!

[多細胞生物のからだをつくる階層構造]

細胞 が集まって ⟶ 組織 ⟶ 器官 ⟶ 個体 ができる

③ 動物の器官と器官系

多細胞生物では，複数の組織が集まって一定の形と働きをもった器官が形成される。さらに，動物では働きの関連した器官がまとまって器官系を形成する（⊃ p.75）。

補足 多細胞生物でも，海綿動物などには器官の分化が見られない。

④ 植物の組織と器官

❶植物の組織　植物では生活様式の違いに伴って，動物とは違った組織や器官の分化が見られる。動物では，組織は4種類（⊃ p.74）で，その組み合わせによって複雑な器官や器官系が形成されるが，植物の組織は未分化の分裂組織と分化した永久組織に大別される。永久組織はさらにまとまった働きをもつ組織系をつくる。

①分裂組織　細胞分裂を続ける未分化の細胞集団で，茎や根の先端付近（頂端）や形成層に存在している。

②永久組織　分裂組織でつくられた細胞が成長・分化してできる組織。永久組織はさらに表皮組織・柔組織・機械組織・通道組織の4種類に分けられる（⊃ p.76）。

❷植物の組織系　植物の永久組織は，関連あるものどうしが組み合わさって組織系を構成する。組織系は表皮系・基本組織系・維管束系に大別される（⊃ p.76）。

❸植物の器官　植物のなかで器官の分化が見られるのはシダ植物と種子植物だけで，コケ植物では器官の分化は見られない。植物の器官は栄養器官（根・茎・葉）と生殖器官（シダ植物の造精器・造卵器，種子植物の花）に大別される。

このSECTIONのまとめ　遺伝情報の発現

□ 遺伝情報とタンパク質の合成 ⊃ p.62	・遺伝子の情報はDNAの塩基配列→mRNAの塩基配列→アミノ酸配列と読みかえられ，必要なタンパク質を合成することで発現する。
□ DNAと遺伝子とゲノム ⊃ p.68	・ゲノムは生物の生存に必要な1組の遺伝情報（遺伝子領域以外も含めた染色体DNA全体の塩基配列）で，真核生物の体細胞には2つのゲノムが含まれている。
□ 細胞の分化 ⊃ p.70	・同じ起源の細胞が構造と働きの異なる細胞になることを細胞の分化という。
□ 生物のからだのつくり ⊃ p.72	・細胞→組織→組織系（植物）・器官→器官系（動物）→個体 ・植物の器官…栄養器官（根・茎・葉）と生殖器官

参考　動物の組織

●**上皮組織**　体表面や体腔・消化管などの内表面を覆う組織。細胞どうしは密着して
1層または多層の層構造をつくる。

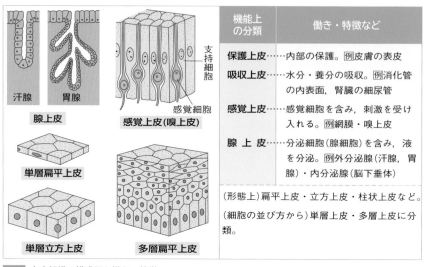

機能上の分類	働き・特徴など
保護上皮	内部の保護。例皮膚の表皮
吸収上皮	水分・養分の吸収。例消化管の内表面，腎臓の細尿管
感覚上皮	感覚細胞を含み，刺激を受け入れる。例網膜・嗅上皮
腺 上 皮	分泌細胞(腺細胞)を含み，液を分泌。例外分泌腺(汗腺，胃腺)・内分泌腺(脳下垂体)
(形態上)扁平上皮・立方上皮・柱状上皮など。(細胞の並び方から)単層上皮・多層上皮に分類。	

図80　上皮組織の模式図と働き・特徴

●**筋組織**　収縮性に富む筋細胞(筋繊維)からなり，からだや内臓の運動に関与する。

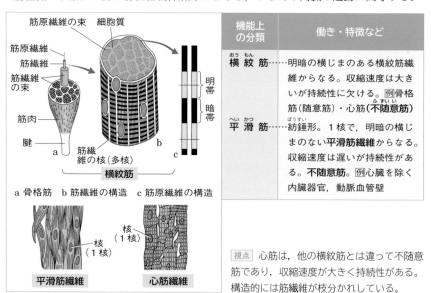

機能上の分類	働き・特徴など
横 紋 筋	明暗の横じまのある横紋筋繊維からなる。収縮速度は大きいが持続性に欠ける。例骨格筋(随意筋)・心筋(**不随意筋**)
平 滑 筋	紡錘形。1核で，明暗の横じまのない**平滑筋繊維**からなる。収縮速度は遅いが持続性がある。**不随意筋**。例心臓を除く内臓器官，動脈血管壁

視点　心筋は，他の横紋筋とは違って不随意筋であり，収縮速度が大きく持続性がある。構造的には筋繊維が枝分かれしている。

図81　筋組織の模式図と働き・特徴

●**神経組織**　多くの突起をもったニューロン（神経細胞）からなり，脳や脊髄などの中枢神経系と全身に分布する末梢神経系を構成する。

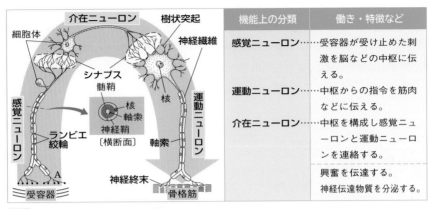

機能上の分類	働き・特徴など
感覚ニューロン……	受容器が受け止めた刺激を脳などの中枢に伝える。
運動ニューロン……	中枢からの指令を筋肉などに伝える。
介在ニューロン……	中枢を構成し感覚ニューロンと運動ニューロンを連絡する。
	興奮を伝達する。神経伝達物質を分泌する。

図82　神経組織の模式図と働き・特徴

●**結合組織**　組織と組織の間を満たし，組織の結合や支持に働く。

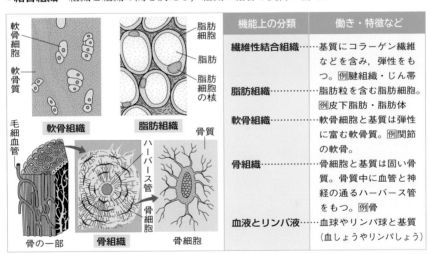

機能上の分類	働き・特徴など
繊維性結合組織……	基質にコラーゲン繊維などを含み，弾性をもつ。例腱組織・じん帯
脂肪組織…………	脂肪粒を含む脂肪細胞。例皮下脂肪・脂肪体
軟骨組織…………	軟骨細胞と基質は弾性に富む軟骨質。例関節の軟骨。
骨組織……………	骨細胞と基質は固い骨質。骨質中に血管と神経の通るハーバース管をもつ。例骨
血液とリンパ液……	血球やリンパ球と基質（血しょうやリンパしょう）

図83　結合組織の模式図と働き・特徴　基本となる細胞とその間を埋める細胞間物質からなる。

●多細胞の動物では，働きの関連した器官がまとまって器官系を形成する。

表14　器官系の例

消化系	（食物の消化と，栄養分の吸収を行う）　口・食道・胃・小腸・大腸・肝臓・すい臓
呼吸系	（ガス交換を行う）　肺・気管・えら
循環系	（体液循環による栄養分や老廃物の循環）　心臓・血管・リンパ管
排出系	（老廃物と余分な水の排出）　腎臓・輸尿管・ぼうこう・尿道

参考　植物の組織と器官

●**植物の組織**　植物の組織は未分化の**分裂組織**と分化した**永久組織**に大別される。分裂組織には茎や根の先端付近の細胞塊(茎と根の**頂端分裂組織**)や茎や根の中に輪状に並んだ細胞列からなる**形成層**が含まれる。また，永久組織はさらに，表皮組織・柔組織・機械組織および師部と木部からなる通道組織に分けられる。

表15　植物の組織の分類

分裂組織	頂端分裂組織(茎頂分裂組織・根端分裂組織)・形成層			細胞分裂を行う未分化の細胞からなる。限られた部分に存在する。
永久組織	表皮組織			表面を覆う細胞層。
	柔組織	同化組織	葉の柵状組織と海綿状組織	光合成を行う。
		貯蔵組織	根・茎の髄など	栄養分の貯蔵をする。
	機械組織			厚い細胞壁をもち，植物体を強固にする。
	通道組織	師管・道管・仮道管		管状細胞が縦に連なり水分や養分を運ぶ。

●**組織系**　組織は関連あるものどうしで組織系をつくる。

表16　植物の組織系の分類

組織系(機能上の分類)		構造上の分類
表皮系	表皮組織(毛・気孔・水孔など)	表皮
基本組織系	根・茎の皮層(柔組織・機械組織)	皮層
	葉の柵状組織と海綿状組織(柔組織)	
	根・茎の髄(柔組織・機械組織)	
維管束系	師部　師管(通道組織)・師部繊維(機械組織)・師部柔組織	中心柱
	木部　道管(通道組織)・仮道管(通道組織)・木部繊維(機械組織)・木部柔組織	

●組織は，構造の上から，表皮・皮層・中心柱に分類することもできる。

●**植物の器官**　器官の分化が見られるのはシダ植物と種子植物だけで，植物の器官は栄養器官と生殖器官に分けられる。栄養器官には**根・茎・葉**が含まれ，生殖器官には種子植物では葉から分化する**花**が含まれる。

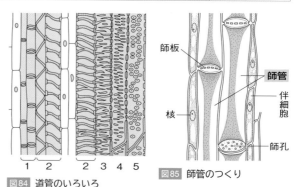

図84　道管のいろいろ
視点　1：環紋道管，2：らせん紋道管，3：階紋道管，4：網紋道管，5：孔紋道管

図85　師管のつくり
師板／師管／伴細胞／核／師孔

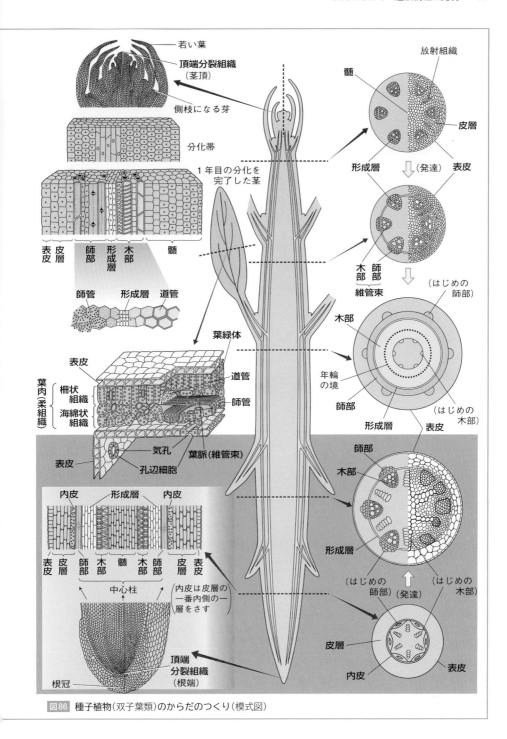

図86 種子植物（双子葉類）のからだのつくり（模式図）

重要用語

SECTION 1 遺伝子の本体とDNA

□ **遺伝子** いでんし ☞p.48, 62
遺伝の際に伝えられる形質の情報を担うもの。1つの遺伝子は1つのタンパク質(ポリペプチド)のアミノ酸配列を示すDNAの塩基配列。

□ **核酸** かくさん ☞p.48
おもに核内に存在するDNAとRNAのこと。

□ **DNA** ディーエヌエー ☞p.48
核酸の一種で遺伝子の本体。

□ **ヌクレオチド** ☞p.49
DNAの構成単位。塩基・糖(デオキシリボース)・リン酸が結合したもの。

□ **二重らせん構造** にじゅうらせんこうぞう ☞p.49
DNAのヌクレオチドが鎖状につながった2本のヌクレオチド鎖が、塩基どうしで結合してつくるらせん状の構造。

□ **塩基の相補性** えんきのそうほせい ☞p.49
DNAの塩基のA、T、G、Cの4種類のうち、AとT、GとCがそれぞれ対となって結合しやすいという性質。

□ **ヒストン** ☞p.51
真核細胞のDNAが巻きつきヌクレオソームを形成するタンパク質。

□ **半保存的複製** はんほぞんてきふくせい ☞p.52
細胞内におけるDNAの複製のしかた。二重らせんがほどけて1本ずつのヌクレオチド鎖となり、それぞれを鋳型として新たなヌクレオチド鎖が合成される。その結果、もとのヌクレオチド鎖と新しくつないだヌクレオチド鎖とで構成された二重らせん構造をもつDNAが2組できる。

□ **体細胞分裂** たいさいぼうぶんれつ ☞p.54
体細胞の細胞分裂。単細胞生物が個体を増やすときや多細胞生物が成長するときなどに行う。分裂の前後で染色体の数は変わらない。

□ **減数分裂** げんすうぶんれつ ☞p.54
卵、精子、花粉、胞子などの生殖細胞がつくられるときに行われる細胞分裂。分裂後の細胞は分裂前と比べ染色体数が半減している。

□ **間期** かんき ☞p.56
細胞分裂の前にDNAの合成などの分裂の準備を行う時期。

□ **分裂期** ぶんれつき ☞p.56
分裂が行われる時期。M期ともいう。前期・中期・後期・終期の4つの時期に分けられる。

□ **細胞板** さいぼうばん ☞p.57
植物細胞の体細胞分裂の終期に現れて細胞質を2分する構造。その後周囲の細胞壁と融合して細胞壁になる。

□ **染色体** せんしょくたい ☞p.58
核内に存在し、DNAとヒストンなどのタンパク質からなる。細胞分裂時に凝縮してはっきりと観察できる。

□ **核型** かくがた ☞p.59
体細胞に含まれる染色体の数と形・大きさなどの特徴。

□ **相同染色体** そうどうせんしょくたい ☞p.59
1つの核の中に見られる大きさと形がまったく同じ2本の染色体。一方は父親から、他方は母親から受け継いでいる。

□ **性染色体** せいせんしょくたい ☞p.59
性によって形、数や機能が異なる染色体。ヒトは女性がX染色体を2本、男性がX染色体とY染色体を1本ずつもつ。

□ **常染色体** じょうせんしょくたい ☞p.59
性染色体以外の男女ともに共通して見られる染色体。

□ **核相** かくそう ☞p.59
1つの細胞の核の中にある相同染色体の組の数。体細胞のように2本ずつ入っている場合を複相、卵や精子のように、1本ずつしか存在しない場合を単相という。

□ **細胞周期** さいぼうしゅうき ☞p.60
細胞分裂でできた細胞が次の分裂を経て新しい娘細胞になるまでの周期。

SECTION ② 遺伝情報の発現

□ **遺伝子の発現** いでんしのはつげん ☞p.62
遺伝子をもとにタンパク質が合成されること。

□ **トリプレット** ☞p.62
1つのアミノ酸を指定する3つの塩基の組。

□ **リボソーム** ☞p.63
タンパク質の合成に働く細胞小器官。

□ **RNA** アールエヌエー ☞p.63
核酸の一種。DNAの塩基配列を写し取ってつくられたもので相補的な塩基配列をもつ。mRNA, tRNAなどの種類がある。

□ **mRNA** エムアールエヌエー ☞p.63
伝令RNAともいう。DNAを鋳型として合成された, 相補的な塩基配列をもつRNA。

□ **転写** てんしゃ ☞p.63
遺伝情報をもつDNAと相補的な塩基対をもつmRNAをつくること。

□ **tRNA** ティーアールエヌエー ☞p.63
転移RNA, 運搬RNAともいう。mRNAと相補的な3塩基の配列をもち, 対応するアミノ酸をリボソームまで運ぶRNA。

□ **翻訳** ほんやく ☞p.63
mRNAの情報にしたがってtRNAが運んできたアミノ酸を結合させて, DNAの遺伝情報が指定するタンパク質を合成すること。

□ **セントラルドグマ** ☞p.63
遺伝情報はDNAからRNAを経てタンパク質へと一方向に流れるという生物共通のしくみ。

□ **選択的遺伝子発現** せんたくてきいでんしはつげん ☞p.64　必要な時期に必要な場所で遺伝子が発現すること。

□ **遺伝暗号表** いでんあんごうひょう ☞p.64
mRNAのトリプレットがどのアミノ酸を指定しているか示した表。

□ **コドン** ☞p.64
mRNAのトリプレットのこと。

□ **ゲノム** ☞p.68
ある生物が生存するために必要な1組の遺伝情報のことで, DNAの塩基配列で示される。

□ **ゲノムサイズ** ☞p.68
ゲノムの大きさ。含まれる塩基の数で表す。

□ **1塩基多型** いちえんきたけい ☞p.69
SNPともいう。ゲノムの塩基配列の個体差のうち1塩基だけ違いが見られるもの。

□ **オーダーメイド医療** ―いりょう ☞p.69
患者のDNAから得られる情報をもとに個人個人に最も適した医療を施すこと。

□ **細胞の分化** さいぼうのぶんか ☞p.70
同じ起源をもつ細胞が特定の形や働きをもつ細胞に変化すること。

□ **幹細胞** かんさいぼう ☞p.71
動物の体内に未分化な状態で残されている, 体細胞分裂と分化の能力をもつ細胞。

□ **分裂組織** ぶんれつそしき ☞p.71
植物の茎頂と根端, 形成層に存在する未分化な細胞の集まり。

□ **パフ** ☞p.71
ハエやカの仲間の幼虫のだ腺染色体に見られる, ふくれて広がった部分。転写が起こり, 盛んにmRNAが合成されている。

□ **単細胞生物** たんさいぼうせいぶつ ☞p.72
からだが1つの細胞でできている生物。

□ **多細胞生物** たさいぼうせいぶつ ☞p.72
からだが形や働きの異なる多数の細胞でできている生物。

□ **組織** そしき ☞p.72
多細胞生物に見られる, 同じような形や働きをもつ細胞の集まり。

□ **器官** きかん ☞p.72
いくつかの異なる組織が集まったもので, 一定の働きをもつ。

□ **永久組織** えいきゅうそしき ☞p.73
植物の分裂組織でつくられた細胞が成長・分化してできる組織。

□ **栄養器官** えいようきかん ☞p.73
植物の生殖器官以外の器官。シダ植物と種子植物では根, 茎, 葉のこと。

□ **生殖器官** せいしょくきかん ☞p.73
有性生殖を行うための器官。シダ植物の造精器, 造卵器や, 種子植物の花。

ゲノム編集技術

新しい品種改良の技術「ゲノム編集」

① 近年，同じ量のえさを与えても体重は通常のマダイの1.2倍，可食部は1.5倍になる「肉厚マダイ」，成長が速く約1年という従来の半分程度の期間で出荷できるトラフグ，血圧上昇を抑える栄養素を多く含むトマトといった，有益な形質をもつ動植物が作出されている。

② これらは**シャルパンティエ**と**ダウドナ**によって開発され，2020年にノーベル賞を受賞した**クリスパー・キャス9**とよばれる**ゲノム編集**の技術によって誕生したものである。

図87 エマニュエル・シャルパンティエ（左）とジェニファー・ダウドナ（右）

ゲノム編集の技術

① クリスパー・キャス9によるマダイのゲノム編集は次のように行われる。まずマダイの受精卵に，**キャス9**という酵素と，**ガイドRNA**というRNAを注入する。

② ガイドRNAは，20個の塩基からなる塩基配列をもち，この塩基配列と相補的な特定のDNAの部分と結合する。この箇所でキャス9がDNAを切断する。

③ 細胞には，DNAが壊れると自動的に修復するしくみがあるが，酵素であるキャス9はくり返し働くため，標的となったDNAの塩基配列はやがて一部が失われた状態でつながり，遺伝子としての働きを失う。

④ 4種類の塩基20個からなるガイドRNAの塩基配列は$4^{20} \fallingdotseq 1.1$兆通りの組み合わせがあるため，それが一致する目的の配列をゲノムの膨大な塩基の配列の中で1か所だけ特定して切断することができる。

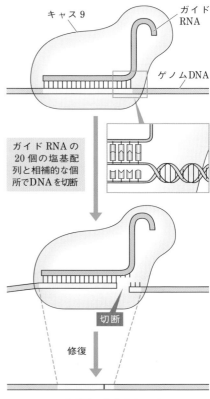

DNAは自動的に修復されるが配列の一部が欠けると遺伝子は働かなくなる

図88 ゲノム編集のしくみ

⑤ クリスパー・キャス9は，細菌がウイルスに感染されたときに侵入したウイルスの核酸を切断する**クリスパー**とよばれる働きを応用して開発された。

これまでの遺伝子操作技術との違い

① クリスパー・キャス9が開発される以前は、**遺伝子組換え技術**を用いた品種改良が行われ、除草剤に抵抗性のあるダイズなどがつくられてきた。遺伝子組換えで用いる酵素は数個分の塩基配列で切断個所を特定するため、遺伝子改変の精度は必ずしも高くはなかった。これに対してクリスパー・キャス9は、ガイドRNAをつくってキャス9とともに受精卵に注入すれば数時間後には目的の遺伝子を改変することができる。

② また、遺伝子組換えは、DNAを切断してその生物がもっていなかった遺伝子を新たに組み込む技術であるため、毒性やアレルゲンなどの安全性が試験で証明されても現在の科学で想定できない事態を心配する人のために、食品に使用された場合には成分表示で示すことが義務づけられている。

③ これに対し、ゲノム編集によって特定の遺伝子を切断して働きを制御する品種改良は、**自然に起こる突然変異と同じ現象**であるため安全性は高いと考えられている。

④ 肉厚のマダイは、筋肉の成長を抑えるタンパク質ミオスタチンをつくる遺伝子の発現を阻害することによって筋肉量が増加したもので、同様の変異が自然界の突然変異として起こることも知られている。例えば肉量の多いベルジアンブルーというウシの品種は、ミオスタチン遺伝子のうち、11個の塩基が欠失したものである。

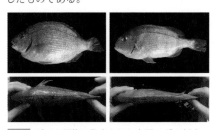

図89 ゲノム編集で作出された肉厚マダイ(左)

医療への応用

① ゲノム編集技術は、医療現場でも応用されている。患者から取り出した免疫細胞の遺伝子を改変してがんを攻撃できる免疫細胞として体内に戻す、という方法は、効果が高く拒絶反応も起こらないという利点がある。

② 筋ジストロフィーは骨格筋の構造を支えるタンパク質が合成されなくなる病気であるが、ゲノム編集で合成を阻害する配列を取り除いた患者のiPS細胞[*1]を培養し導入することで症状を改善する研究も進められている。

遺伝子を操作する技術と倫理

① ゲノム編集で用いられるRNAやはさみとして働く酵素は、時間がたてば分解され、遺伝子を外部から導入しないことから安全性は高いと考えられている。それでも、食品へ応用される場合にはアレルゲン(⊃ p.133)や毒性についての丁寧な分析が必要である。

② ゲノム編集技術によって作出された遺伝子改変個体は、他の個体と区別がつかない。ゲノム編集された養殖魚や農作物は生態系への配慮が不可欠である。また、消費者の安心のために、正確な情報の発信も重要である。

③ ゲノム編集はヒトの受精卵の内部のDNAに改変を加えることも可能な技術であるが、出生前の人間の形質を親などが望むように操作する「デザイナーベビー」は、人間の選別として現在世界的に研究が禁止されている。

④ 先天的病気の治療を目的とするとしても、その改変によって弊害が起こることを予見し防ぐことができない。能力や容姿を改善する目的での体細胞へのゲノム編集の応用も経済力による格差や差別につながらないかという問題をはらんでおり、技術の研究・実用化のためにはこれらを防ぐしくみが必要である。

★1 iPS細胞(人工多能性幹細胞)は動物の分化した細胞に複数の遺伝子を導入することで再びさまざまな細胞に分化する能力をもつようになった細胞で、2006年山中伸弥らがマウスで初めて作製に成功。

ヒトとチンパンジーのゲノムの共通性

①地球上で最もヒトに近い生物・チンパンジー 化石などの研究から，ヒトとチンパンジーは進化の過程でおよそ700万年前に共通の先祖から分かれたと考えられている。生物の進化は約40億年の歴史をもつことを考えれば，ヒトとチンパンジーは遺伝的にごく近縁だと考えられ，チンパンジーは知的にもきわめて優れている。

図90 チンパンジー

②ヒトとチンパンジーのゲノムの違い

ヒトゲノム計画（⇨p.69）の完成が近づいてきた2002年，日本の理化学研究所から，ヒトとチンパンジーのゲノムの違いは1.23 ％しかないことが明らかになったと発表された。

比較方法としてはまず，チンパンジーの血液や組織から採取したDNAを，機械（シーケンサー）で読み取りやすい長さに断片化して，チンパンジーゲノムの全領域を網羅したDNA断片を約64000ほど作成した。ゲノムの全領域を含むDNAの集団をライブラリとよぶ。このライブラリからヒトのゲノムと一致性が高く有意な相同性をもつものを，ヒトのゲノムの上に配置して詳しく塩基配列を比較した結果，一致の度合いは98.77 ％となった。実際にタンパク質をつくる遺伝子の共通性も高いと考えられる。

③「98.77 ％」は全塩基配列の比較ではない 前述の調査方法はヒトとチンパンジーで塩基配列の似ている部分どうしを比較したもので，比較の対象とならなかった遺伝子があることもわかっている。その後，研究はさらに進められて，ヒトの21番染色体上のゲノムとこれに相当するチンパンジーの22番染色体[★1]とを比較した結果が発表された。ヒトまたはチンパンジーの一方にしかないDNA断片があったり，塩基配列の向きが逆となっている部分が存在したりという違いがおよそ6800か所あることが明らかになった。このようなDNAの挿入や欠落まで含めると，ヒトとチンパンジーの塩基配列の違いは5.3 ％になる。

④塩基配列の違いと生物としての違い

ゲノムに挿入されたり，欠落したりしているこれらの部分に，ヒトとチンパンジーの「遺伝子がいつ・どの程度発現するかを制御する多数の配列」の違いがあると考えられる。ゲノムに存在する遺伝子は互いにかかわりながら，複雑なネットワークをつくって発現する。ヒトとチンパンジーのゲノムの一致性は高く，遺伝子に共通点は多いものの，それらをどのように用いているかに大きな違いがあるのだと考えられる。

このように近縁の生物どうしのゲノムを比較することで共通の祖先から進化する際に重要であった遺伝情報を知ることができたり，形質の違いや病気のかかりやすさなどとの比較によって遺伝子の働きを知り新たな治療法の開発などにも役立つことが期待されている。

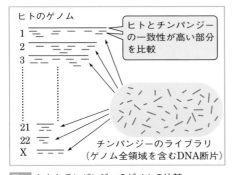

図91 ヒトとチンパンジーのゲノムの比較

★1 ヒトの染色体数が46本（23対）であるのに対しチンパンジーは48本（24対）である。これはヒトの2番染色体に相当する染色体がチンパンジーでは2本に分かれているため。

第 2 編

ヒトのからだの調節

CHAPTER

1 » 恒常性と神経系

SECTION 1 体液と体内環境

1 | 体内環境と恒常性

1 体外環境と体内環境

❶**体外環境(外部環境)** 北風の吹く寒い日,風が当たる鼻は冷たくなるが,頭の中まで冷えることはない。このように私たちは大きく変化する環境の中で生活していても体内の状態はほぼ一定に保たれている。このように私たち動物を取り巻く環境を**体外環境(外部環境)**といい,温度のほかに光や酸素濃度・二酸化炭素濃度などがある。

❷**体内環境(内部環境)** 私たちヒトを含め,多細胞動物の場合,体内の細胞を取り囲む環境を**体内環境(内部環境)**という。

細胞は,体外環境の影響を直接受けることは少なく,自らを取り巻く体液によって変動の小さい安定した環境(体内環境)中に

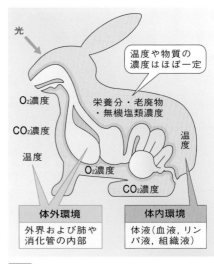

図1 体外環境と体内環境

生きている。体液はからだ全体を循環し,組織・器官の働きと密接な関係にある。

補足 単細胞生物では,体外環境の要因すべてが直接細胞内に影響を及ぼす。

❸**恒常性** 構造が複雑な多細胞動物ほど,**体外環境が変化しても体内環境を一定に保とうとするしくみ**がある。これを恒常性(ホメオスタシス)という。これには,体液,肝臓や腎臓などの臓器,自律神経系や内分泌系(⇨ p.99, 106)などが協調して働く。

第**2**編　ヒトのからだの調節

━\ COLUMN /━

恒常性の研究の歴史

●**恒常性の発見**　体内環境の恒常性の重
要性にはじめて気がついたのは，フラン
スのベルナール(1813〜1878年)である。[★1]
彼は，血液の組成が食物の種類によって
変化せず，常に一定であることを発見し
た。そしてこれは，細胞が安定して活動
し，生物が最も自由に生きるための条件
であると考えた(1859年)。

図2　ベルナール　　図3　キャノン

●**恒常性のしくみの説明**　その後，アメリカの生理学者キャノン(1871〜1945年)はベルナール
の考え方を一歩進め，「体内環境の状態は固定的に一定に保たれているのではなく，変化しな
がら相対的に安定するように保たれている」とした。そして，そのような状態を恒常性(ホメ
オスタシス)とよんだ(1932年)。彼はまた，恒常性が維持されるのは，自律神経系と内分泌系[★2]
の協調作用によると説明した。

2 | 体内環境をつくる体液

1 脊椎動物の体液

　脊椎動物の体液は，血管を流れる**血液**・リンパ管($\Rightarrow$p.93)を流れる**リンパ液**・
細胞を取り囲む**組織液**の3つの液体成分である。

❶**血液**　有形成分である血球と液体成分である血しょうからなる($\Rightarrow$p.86)。

❷**組織液とリンパ液**　血液中の血しょうが毛細血管から組織中へしみ出したもの
が組織液である。組織液は，細胞に酸素や栄養分をわたし，二酸化炭素や老廃物を
受け取ったあと，大部分は毛細血管内に戻って血しょうとなる。また，組織液の一
部は毛細リンパ管内に入ってリンパ液となる。

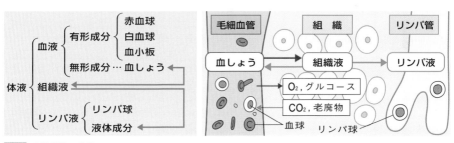

図4　脊椎動物の体液

★1 ベルナールは，パリ大学の実験医学の教授で，生理学の創始者と言われる。「実験医学序説」(1865年)
　を著し，医学研究における実験の重要性を説いた。
★2 homeostasis：同一の状態(homeo) ＋ 継続(stasis)を意味する古代ギリシャ語からの造語。

2 血液の組成と働き ①重要

　血液は，私たちの体重の約8％の重さを占めている。その組成と働きをまとめると，下の表1のようになる。この表からわかるように，血液のおもな働きは，①物質やガスの運搬，②生体防御（免疫機能），③血液凝固，④恒常性の維持（体温・血糖濃度・pHなどの調節）である。

表1 ヒトの血液成分とそのおもな働き

	種類	形状	大きさ〔直径 μm〕	数〔個／mm³〕	おもな特徴と働き
有形成分（細胞成分〔45％〕）	赤血球	無核	7〜8	約500万（男）約450万（女）	ヘモグロビンを含んでおり，酸素を運搬する（⟳p.88）
	白血球	有核	7〜25	4000〜8500	免疫に関係している。一部はアメーバ運動をして，異物（細菌など）を捕食（食作用；細胞内消化）する。また，血中の白血球の約30％はリンパ球である。
	血小板	無核不定形	1〜4	10万〜40万	血液凝固因子を含んでおり，出血時の血液凝固に働く。

		性状	おもな働き
無形成分（液体成分〔55％〕）	血しょう	●やや黄味をおびた中性の液体で，次のような成分を含んでいる。 水　　　　　約90％ タンパク質　7〜8％ 脂質　　　　1％ グルコース　約0.1％ 無機塩類　　約1％ ＊タンパク質は，アルブミン・フィブリノーゲン・免疫グロブリンなど。 ＊糖の大部分はグルコース（ブドウ糖；血糖）。	●血液の細胞成分の運搬…赤血球などの細胞成分を血管内で移動させる。 ●栄養分の運搬…小腸で吸収した栄養分を全身の組織に運ぶ。 ●ホルモンの運搬…分泌されたホルモン（⟳p.106）を運ぶ。 ●老廃物の運搬…細胞の呼吸の結果生じた二酸化炭素や，組織で生じた老廃物などを溶かして，肺や腎臓に運ぶ。 ●内部環境の恒常性の維持…一定濃度の無機塩類により，体内のpHや浸透圧（⟳p.142）を一定に保つ。また，水は比熱が大きく，暖まりにくくさめにくいことから，多量の水は体温の急変を防いでいる。 ●血液凝固…血液凝固に関係する血液凝固因子やフィブリノーゲンを含んでいる（⟳p.90）。[1] ●免疫…免疫に働く免疫グロブリン（抗体）を含む。

補足　1．有形成分である赤血球・白血球・血小板は，骨髄でつくられる。なお，血小板は，骨髄中の巨核球（巨核細胞）の破片である（そのため，無核で形が一定ではない）。
2．脊椎動物のうち，赤血球が無核なのは哺乳類だけで，他の脊椎動物の赤血球には核がある。

★1 血しょうからフィブリノーゲンを除いたものが血清である。したがって，血液＝血球＋フィブリノーゲン＋血清。採血した血液を放置しておくと，血餅と血清（上澄み）に分離する（⟳p.90）。

3 白血球

❶白血球の特徴 白血球はいろいろな種類があるが，**いずれも骨髄でつくられる。**ヒトでは，白血球は血液細胞の質量全体の1%弱しか占めていないが，赤血球よりも大きく，また，赤血球とは違って核をもつ。

補足 ヒトを含む哺乳類の赤血球は，成熟する過程で核を失い，無核の細胞となる。

❷白血球の働き 白血球は，**病原体や毒素からからだを守る免疫の役割**を担っている（⤴p.124）。免疫の役割を果たすためには，白血球が毛細血管の外に出て組織液やリンパ液中に移動できることが重要である。

❸いろいろな白血球 白血球には，細胞内に多くの顆粒（殺菌作用のある成分を含む）が見られるものと，顆粒が見られないものがある。

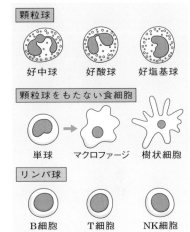

図5 いろいろな白血球

① **顆粒をもつ白血球** 顆粒をもつ白血球（顆粒球）は，染色に対する性質の違いで**好中球，好酸球，好塩基球**に分けられる。なかでも好中球は数が多く，体内に侵入した細菌などを細胞内に異物を直接取り込んで分解する食作用によって排除する。好酸球は呼吸器や腸管に分布し，寄生虫の処理にかかわっている。好塩基球はダニなどへの免疫を高めることが知られている。

② **顆粒をもたない食細胞** 食作用によって異物を排除する働きをもつ細胞を食細胞という。血管内に存在する**単球**が血管外に出て分化すると食細胞であるマクロファージになる。また，樹木の枝のような突起を周囲に伸ばす樹状細胞は，食作用によって取り込んだ異物の情報を，異物に対する攻撃部隊であるリンパ球に提示する（抗原提示⤴p.128）。

③ **リンパ球** リンパ管やリンパ節に存在する白血球をリンパ球という。リンパ球には，NK細胞，T細胞（ヘルパーT細胞やキラーT細胞など），B細胞などがある。B細胞は形質細胞に分化すると抗体というタンパク質をつくり，これによって異物を排除する。NK細胞，キラーT細胞は，病原体に感染した細胞を直接攻撃することで，病原体の増殖を抑える。[1]

POINT!

白血球…好中球・好酸球・好塩基球，マクロファージ・樹状細胞・リンパ球（NK細胞・T細胞・B細胞）などがある。

★1 NK細胞やキラーT細胞は，感染した細胞やがん細胞に対して，化学物質を放出して細胞死を誘発させる。

4 赤血球とヘモグロビン

❶赤血球　赤血球は，哺乳類では無核の非常に小さな細胞であり，骨髄でつくられる。赤血球の主要な働きは酸素O_2の運搬である。そのほか，二酸化炭素CO_2の運搬にも関係(⊃p.89)し，血管に傷ができたときに血ぺいをつくって出血を防ぐことにも関係(⊃p.90)している。

> 補足　赤血球の寿命は約120日であり，古くなった赤血球は肝臓やひ臓で破壊され，ビリルビンという黄色の物質となって，便とともに体外に排出される。便の色は，ビリルビンが混じった色である。

❷ヘモグロビンの働き　ヘモグロビン(**Hb**と略す)は，脊椎動物の赤血球に含まれる赤色のタンパク質であり，赤血球の乾燥質量の約94％を占めている。**ヘモグロビンは，酸素濃度の高いところでO_2と結合し，酸素濃度の低いところでO_2を離す性質がある。**このため，肺では酸素と結合して酸素ヘモグロビン(HbO_2)となり，全身の組織では酸素と解離してヘモグロビン(Hb)になる。赤血球の酸素運搬能力は，この性質によるものである。ヒトの体内の赤血球に含まれているヘモグロビンは約900 gで，1日あたり約600 Lの酸素を全身の組織に運んでいる。

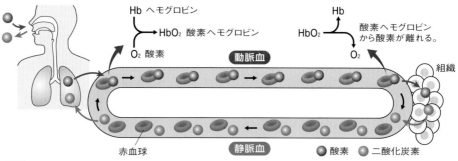

図6　ヒトの酸素と二酸化炭素の運搬

❸酸素解離曲線　血液中のヘモグロビンは，O_2濃度が高くなるほど酸素ヘモグロビンの割合も大きくなる。O_2濃度と酸素ヘモグロビンの割合をグラフで表したものが酸素解離曲線で，図7のようにS字形の曲線になる。

①**CO_2濃度と酸素解離曲線**　ヘモグロビンはCO_2濃度が高くなる(pHが低くなる)と酸素を離しやすくなる。そのためCO_2濃度が低い場合(肺に相当)は図7のa，高い場合(組織に相当)は図7のbのような曲線になる。

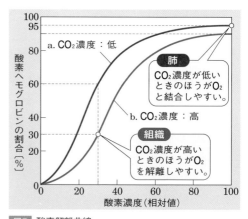

図7　酸素解離曲線

視点　CO_2濃度が高いとグラフは右下にずれる。

②**組織で放出される酸素量**　肺と組織での酸素ヘ
モグロビンの割合の差が，組織でヘモグロビン
が離す O_2 の量に相当する。肺では図7の曲線a
の O_2 濃度100（相対値）での値を読んで酸素ヘ

表2　肺と組織での O_2 濃度と CO_2 濃度

	O_2 濃度	CO_2 濃度
肺	100（相対値）	低い
組織	30（相対値）	高い

モグロビンの割合はおよそ95 ％とわかる。そして組織では曲線bの O_2 濃度30（相
対値）での値を読むと酸素ヘモグロビンの割合は30 ％程度で，肺と組織の差
95 − 30 ＝ 65 ％のヘモグロビンが酸素を離したことがわかる。

補足 酸素ヘモグロビンのうちの酸素を離した割合を求めるときには，$\frac{95-30}{95} \fallingdotseq 0.68$ と計算し，約
68 ％と求められる。

⊕発展ゼミ　ヘモグロビンの構造と性質の関係

●ヘモグロビンは，鉄(Fe)を中心に含む円盤状構造のヘ
ムという色素とグロビンというポリペプチド（⇨p.67）
が結合したサブユニットが4個，図8のように並んでで
きている。サブユニットはそれぞれ1分子の酸素と結合
する。
●酸素がヘモグロビンにまったく結合していないときに，
最初の酸素1分子がサブユニットに結合すると，他のサ
ブユニットに立体構造の変化が起こり，他のサブユニッ
トの酸素に対する結合力が高まる。
　一方，ヘモグロビンに4分子の酸素が結合していると
きには，1つのサブユニットが酸素を解離すると，他の
サブユニットに立体構造の変化が起こり，他のサブユニ
ットの酸素に対する結合力が弱まる。
　この結果，酸素解離曲線は図7のようなS字形曲線に
なる。

図8　ヘモグロビンの立体構造

視点 ヘムの鉄原子1個が酸素分
子1個と結合するので，ヘモグロ
ビン1分子あたり，4分子の酸素
と結合することができる。

❹**赤血球の二酸化炭素運搬への関与**　全身の各組織の体細胞で生じた二酸化炭素は，
赤血球に含まれる酵素によって炭酸水素イオン(HCO_3^-)になり，血しょうに溶ける。
血しょうに溶けて肺まで運ばれた二酸化炭素は，赤血球に含まれる酵素によって二
酸化炭素に変わり，肺胞中の空気を経て体外へと排出される。

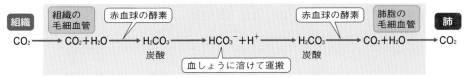

図9　二酸化炭素の運搬

5 血液凝固

❶**血液凝固**　小さな傷は，ほうっておいても自然に血液が固まり出血が止まる。このとき見られる一連の過程を血液凝固という。血液凝固は，体液の減少や病原体の侵入を防ぎ，体内環境を一定に保つ働きの1つである。

❷**止血のしくみ**　血管が傷つくと，まずその部分に**血小板が集まり，かたまりをつくる**。次に，フィブリンとよばれる**タンパク質の繊維ができて赤血球などの血球にからみつき，血ぺいとなって傷をふさぐ**（⇨図10）。

❸**血液凝固のしくみ**　血液凝固は，図11のように血小板から放出される凝固因子と血しょう中に含まれている凝固因子が働いて血中のフィブリノーゲンが水に溶けないフィブリンに変わることで起こる。

　血液の凝固は採血した血液を静置しておいても起こり，このとき血液は赤褐色の血ぺいとうす黄色の液体である血清とに分離する。

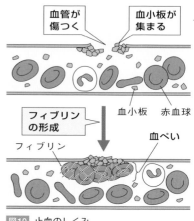

図10　止血のしくみ

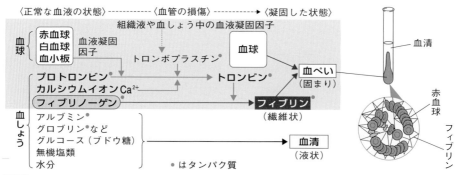

図11　血液凝固のしくみ

① 血管が損傷すると，血小板から血液凝固因子が，傷ついた組織の組織液から**トロンボプラスチン**が血しょう中に現れる。

② トロンボプラスチンは，血小板の凝固因子や，血しょう中に含まれる他の血液凝固因子と**カルシウムイオン**の働きで，血しょう中の**プロトロンビン**を**トロンビン**に変える。

③ トロンビンは，血しょう中に溶けている**フィブリノーゲン**に作用して，水に溶けない**フィブリン**に変える。

④傷口に生じた繊維状のフィブリンに多数の赤血球や白血球がからみついて血ぺいができることで，血液凝固が起こる。

❹線溶　血管に血ぺいが詰まると，血流が妨げられる。これを防ぐため，フィブリン分解酵素（プラスミン）によって血ぺいを溶かす線溶（フィブリン溶解）というしくみが存在する。

> 血液凝固…血小板や血ぺいの働きによって傷口がふさがれる一連の過程。

3 ｜ 循環系とそのつくり

1 循環系とその種類

❶循環系　単細胞の生物は体表で直接外界との物質のやりとりができるが，多細胞動物では，内部の細胞は多くの細胞に囲まれているためそれができない。そこで，からだじゅうのどの細胞にも酸素や栄養分が行きわたり，老廃物の回収が行われるように発達した器官系が循環系である。**循環系は，酸素や栄養分・代謝産物などを運搬し，内部環境を常に一定に保っている。** 循環系は，循環する体液の種類から血管系とリンパ系の2つに分けられる。

❷血管系　血液を循環させる器官系で，からだの細部での循環のしかたから**開放血管系**と**閉鎖血管系**がある（⌒ p.93）。両生類より高等な脊椎動物の血管系には，循環する器官の違いから，心臓を出た血液が肺を巡り心臓へと戻る**肺循環**と，心臓を出た血液が全身を巡り心臓へと戻る**体循環**とがある。肺循環では肺胞との間でガス（酸素・二酸化炭素）の交換が行われ，体循環では組織細胞との間で物質（栄養分・老廃物）やガスの交換が行われる。

❸リンパ系　リンパ液を循環させる器官系で，脊椎動物に見られる。組織液が毛細リンパ管に流れ込み，リンパ管を経て，胸管から再び静脈に入る（⌒ p.94）。

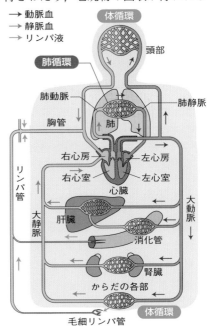

→ 動脈血
→ 静脈血
→ リンパ液

体循環
頭部
肺循環
肺動脈
肺静脈
肺
胸管
右心房　左心房
リンパ管
右心室　左心室
心臓
大静脈
肝臓
大動脈
消化管
腎臓
からだの各部
毛細リンパ管
体循環

図12 ヒトの循環系（閉鎖血管系）

2 心臓のつくりと働き

❶心臓とそのつくり　体液を循環させているのは，血液を送り出すポンプの働きをしている心臓である。

　ヒトの心臓は，**図13**（正面から見た図）のようなつくりをしており，成人で平均65回/分拍動し，血液を全身に送り出し循環させている。体重70 kgのヒトの安静時の心拍出量（心臓の拍動により心臓から送り出される血液の量）は平均5.8 L/分である。

❷心臓の拍動　心臓は**心筋**（横紋筋の一種 (⤴p.74)でできており，その拍動は筋肉の収縮によって起こる(⤴**図14**)。**心筋外部からの刺激なしで自動的に収縮をくり返す性質（心臓の自動性）が ある。**それは，右心房の上部にある**ペースメーカー**（洞房結節）の周期的な興奮によって引き起こされている。

　さらにこの洞房結節は，**自律神経系**(⤴p.99)と**ホルモン**(⤴p.106)によってたえず調整を受けている。

[補足]　4つの弁のうち，まず僧帽弁と三尖弁が，次に大動脈弁と肺動脈弁が同時に開閉し，4つの弁が同時に開くことはない。

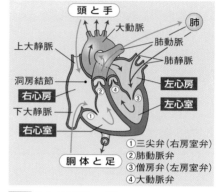

図13　ヒトの心臓のつくり

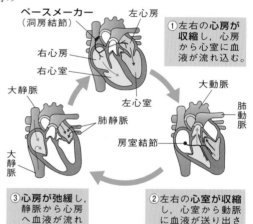

図14　ヒトの心臓の収縮

3 血管系

❶血管の種類　血液が通る通路が血管で，動脈，静脈，毛細血管の3種類に分けられる。いずれも，いちばん内側は内皮とよばれる細胞層で覆われている。

①**動脈**　筋層と繊維性の結合組織からなる壁が非常に発達しており，その厚さは静脈よりも厚く，高い血圧に耐えられるようになっている(⤴**図15**)。

[補足]　太い動脈には，血管壁内部にも毛細血管があり，動脈の細胞との間で物質のやりとりを行っている。

②**静脈**　血管をつくる壁は動脈と似た結合組織(⤴p.75)でできているが，その厚さは動脈より薄い。静脈のところどころには，**弁（静脈弁）**があり，血液の逆流を防いでいる。平滑筋(⤴p.74)の伸縮に伴う圧迫で血流を生じる働きもある。

③**毛細血管**　動脈と静脈をつなぐ血管で，その壁は非常に薄く，1層の内皮細胞層でできている。血液中の血しょうの一部は，おもに毛細血管の内皮細胞のすきまからにじみ出て組織液となる。毛細血管は閉鎖血管系にしかない。

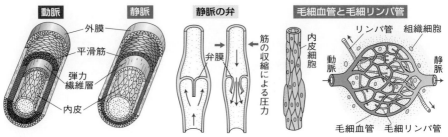

図15　ヒトの血管のつくり

❷**血管系の種類**　動物の血管系には，**開放血管系**と**閉鎖血管系**とがある。

①**開放血管系**　毛細血管がなく，血液は動脈の末端から組織へ流れ出て，細胞間を流れたのち，直接，または静脈やえらを経て，心臓へと戻る。　⑳　節足動物（昆虫やエビなど），貝の仲間

②**閉鎖血管系**　動脈と静脈が毛細血管でつながっている血管系（⟳p.91図12）。閉鎖血管系は大形の動物でもからだの内部まではりめぐらされた毛細血管で全身くまなく血液を送ることができ，動脈と静脈と心臓が閉じてつながっていることで，効率のよい血液循環が可能である。　⑳　脊椎動物，ミミズ，イカ

4　リンパ系

❶**リンパ系**　リンパ系では，リンパ管，リンパ節，骨髄，胸腺，ひ臓などがつながり，リンパ液が循環している。リンパ液は血しょうや組織液とほぼ同じ成分であり，うすい黄色をしている。リンパ系は，組織液の循環，免疫，脂肪の吸収に関与している。

❷**リンパ管**（⟳ **図16**の緑線部分）

①**リンパ管のつくり**　リンパ管は毛細血管とからみ合うように全身に分布している。末端のリンパ管の先端は開口している。リンパ管には静脈と同じように弁があり，筋肉の運動やリンパ管の収縮運動によりリンパ管内のリンパ液は一方向に流れる。

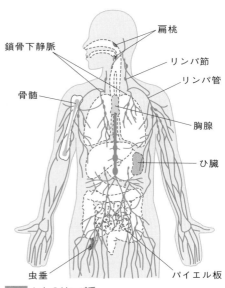

図16　ヒトのリンパ系

第2編　ヒトのからだの調節

②**リンパ管の役割**　リンパ管には，毛細血管に回収されなかった組織液が吸収されリンパ液となる。リンパ管はその後合流して太いリンパ管につながり，最終的には胸管などを経由して，鎖骨下静脈で血液と合流する。

❸リンパ節

①**リンパ節のつくり**　リンパ管が複数集合する部位がリンパ節である。リンパ節には血管が入り込み，内部は免疫機能をもつ白血球で満たされている。

②**リンパ節の役割**　リンパ節の内部にはマクロファージ，樹状細胞，リンパ球が見られる。リンパ節ではこれらの免疫細胞の増殖や活性化が行われ，組織から運ばれた病原体，がん細胞，損傷した細胞が処理される（免疫⤷p.124）。

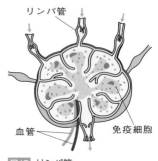

図17 リンパ節

鼻腔奥や口腔内奥にある**扁桃**，小腸の**パイエル板**，小腸と大腸の間の盲腸から伸びる**虫垂**もリンパ節の一種が分布するリンパ系の器官であり，免疫に関係している。[★1]

補足　リンパ節で免疫反応が活発化したり，がん細胞などがリンパ節に詰まると，リンパ節が腫れる。リンパ節が詰まると組織液が滞留することで浮腫（むくみ）が生じる。医師が診断するときに耳の下，あごの下などを指で触診するのは，このリンパ節の腫れの有無を確認するためである。

❹リンパ系に関するその他の器官

①**胸腺**　骨髄で生じたT細胞が集まり，自己と非自己を識別する能力（免疫寛容⤷p.127）を得るための器官。

②**ひ臓**　マクロファージ，ヘルパーT細胞，形質細胞が集まり，形質細胞により抗体を生産したり，マクロファージにより古くなった赤血球を破壊する器官。

このSECTIONの**まとめ**　**体液と体内環境**

□ 体内環境と恒常性 ⤷p.84	・**恒常性**…体外環境の変化に対して，体内環境（体液）を一定に保とうとするしくみ。
□ 体内環境をつくる体液 ⤷p.85	・**体液**…血液，組織液，リンパ液 ・**血液**…赤血球，白血球，血小板，血しょうからなる。
□ 循環系とそのつくり ⤷p.91	・**循環系**…酸素や栄養分，代謝産物などを運搬する。 ・**ペースメーカーが定期的に興奮**することで，**心臓が自動的に収縮をくり返す**ことができる。

★1 消化管の粘膜は体外環境と接しているため多くの免疫細胞が分布している。扁桃やパイエル板などは粘膜表面から侵入する病原体などに対して働く。

SECTION 2 神経系による調節

1 | ヒトの神経系

1 中枢神経系と末梢神経系

　神経系は神経組織（⤷p.75）によって構成されている器官系で，構造的に次の2つに分類される。

❶中枢神経系　脳および脊髄からなり，情報を判断・処理することで生命機能の中心として働く。

❷末梢神経系　感覚や骨格筋の運動を支配する体性神経と内臓や分泌腺を支配する自律神経に分けられる。体性神経は，情報を感覚器官（受容器）から中枢神経に伝える感覚神経と，中枢神経から筋肉などの効果器に伝える運動神経に分けられる。自律神経は交感神経と

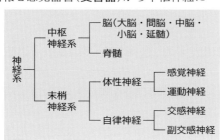

図18　神経系の分類

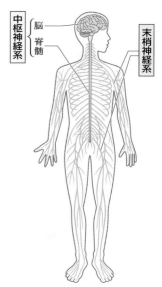

図19　ヒトの神経系

副交感神経に分けられ，脳からの情報を内臓などに伝える。

2 神経細胞による興奮の伝導と伝達

❶神経細胞（ニューロン）　神経系は神経細胞（ニューロンともよばれる）でできている。ニューロンは核をもつ細胞体とそこから長く伸びる軸索からなり，情報は電気的な信号の形で軸索を伝わり，軸索の末端から次の細胞へ伝えられる。

❷興奮の伝導　ニューロンの細胞膜に電位変化が生じている状態を興奮という。興奮は細胞膜のごく狭い1点に生じ，この電位変化が軸索を伝わっていくことを興奮の伝導という。

❸興奮の伝達　ニューロンが他のニューロンや筋肉などの効果器と接続する部分をシナプスという。興奮していたニューロンは軸索の末端から神経伝達物質を分泌し，物質を受け取った細胞は興奮する。この伝達物質によって情報が伝えられる現象を興奮の伝達という。

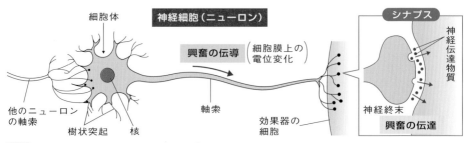

図20　神経細胞(ニューロン)のつくりとシナプス

POINT!

情報は神経細胞(ニューロン)を**電気的な信号**の形で伝わり(伝導)，
細胞間を**伝達物質**によって伝えられる(伝達)。

2 | 中枢神経系とその働き

1 情報の流れと中枢

❶**感覚器官(受容器)から中枢神経系**　動物では，眼や耳などの**感覚器官(受容器)**が光や音などの情報(刺激)を受け取り，興奮が生じる。**感覚器官の興奮は感覚神経を通じて脳に伝えられ，脳が伝えられた情報を処理することで，視覚や聴覚などの感覚が生じる。**

❷**中枢神経系から効果器**　脳はからだの各部から送られてきた情報をもとに，筋肉や分泌腺(⤵p.106)などの**効果器**に命令を送る。筋肉などの運動器官に対しては運動神経を通じて命令を送るほか，自律神経を通じて心臓や消化器などの器官の働きを調節したりもする。

補足 脳だけでなく，意識を伴わない一部の行動(反射)などの命令は脊髄からも出される。

❸**中枢**　末梢神経から送られてきた情報を処理して感覚を生じたり，記憶や判断を行ったりからだの各部への命令を出したりする部位を中枢という。これらの情報の処理はそれぞれ中枢神経系の異なる決まった部位で行われ，それぞれ感覚中枢，運動中枢などとよばれる。

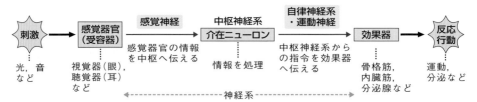

図21　末梢神経と中枢神経との間の情報の流れ

2 ヒトの中枢神経系

　ヒトの中枢神経系は，脳と脊髄からなる。ヒトの脳は，大きく大脳，小脳，脳幹の3つに分けることができる。さらに脳幹は，間脳，中脳，橋，延髄からなる。

　図22は，ヒトの脳の各部の名称をまとめたものである。

補足　小脳は随意運動の調節や反射的にからだの平衡を保つ。脳梁は，大脳の右側と左側(右脳と左脳)を連絡し，情報を交換して処理する。

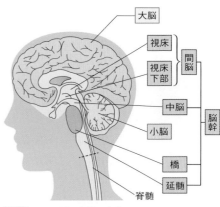

図22 ヒトの脳の各部の名称

3 ヒトの大脳の構造と働き

❶大脳のつくり　大脳は，多くのニューロンが複雑に接続してできており，中央部より左右の大脳半球(右脳と左脳)に分けることができる。大脳の内部は，次の2つの部分からできている。

①大脳皮質　複雑に入りくんだ大

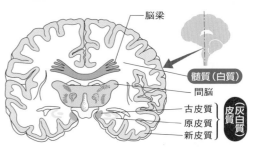

図23 大脳の内部構造(左右方向の垂直断面)

脳の表面から2～5mmの厚さの部分は，灰色に見える。この部分が**大脳皮質**で，ニューロンの**細胞体**が集まっている部分である。その色から，灰白質ともいう。

②髄質　大脳皮質の内側の部分で，**神経繊維が束になって走っている**。白っぽく見えることから，白質ともいう。

❷大脳の働き　大脳には，感覚・随意運動・言語・記憶・感情・判断などの中枢があるが，これらはすべて大脳皮質の特定の位置に分布している(⇨図24)。

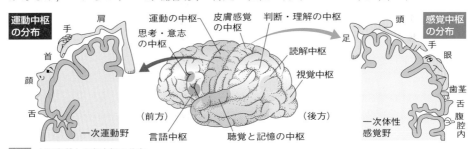

図24 大脳皮質上の各中枢の分布

★1大脳皮質はその働きから，さらに新皮質と辺縁皮質に分けられる。ヒトでは大脳皮質の90％を新皮質が占める。新皮質は位置により前頭葉，頭頂葉，側頭葉，後頭葉とに分けられる。また，大脳皮質の下側に位置する辺縁皮質には，大脳辺縁系や大脳基底核とよばれる部位がある。

第2編　ヒトのからだの調節

4 脳幹

①ヒトの脳幹の構造と働き　脳幹は，生存上欠かせない多種類の生命維持機能を担当している。また，大脳皮質で処理した情報を脊髄に伝達して，からだ全体の反応につなげている。

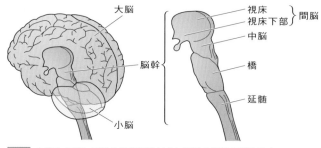

図25 大脳や小脳と脳幹の位置関係（左）と脳幹の各部の構造（右）

① **間脳**　視床や視床下部よりなる。視床下部は**自律神経系および内分泌系の中枢**であり，体温，血糖濃度，血圧，体液濃度，血液中のチロキシンなどの情報を感覚神経から，または血液から直接感知して，調節をする。

② **中脳**　姿勢の保持，眼球運動や瞳孔の大きさを調節する。

③ **橋**　感覚や運動の情報伝達経路として働く。

④ **延髄**　呼吸運動，心臓の拍動を調節する。

②脳死と植物状態　脳死は，脳幹を含めたすべての脳の機能が不可逆的に停止した状態で，人工呼吸器などの生命維持装置を用いなければやがて心臓も停止して死を迎えることになる。これに対して植物状態は，大脳の機能が停止して意識がなくなる一方で脳幹は機能しており，自力での呼吸が可能で，心臓の拍動も維持されている状態をいう。

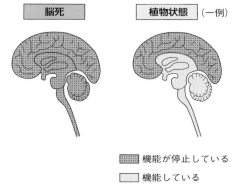

図26 脳死と植物状態の違い

┤ COLUMN ├

一般的な死の判定と脳死の違い

●回復する可能性のある植物状態に対して，脳死は多くの国で人の死とされており，日本では脳死での臓器提供を前提とした場合に限り，脳死は人の死として扱われる。

●通常の医学的な死の判定は①自発的呼吸の停止，②心拍の停止，③瞳孔の固定と散大（直径4 mm以上で変化しない），の3つの状態が認められることが基準である。しかし，脳死の判定は次の5項目すべてを満たし，かつ，6時間後にも同じ症状を示すことが必要となる。脳死判定の5項目：①深いこん睡（痛みに反応しない），②瞳孔の固定と散大，③脳幹反射の消失（せきやまばたきが起こるような刺激に反応しない），④平たんな脳波，⑤自発的呼吸の停止

3 | 自律神経系

1 自律神経系

　自律神経系は末梢神経の1つで，その末端はおもに内臓に分布しており，内臓の働きを無意識のうちに自律的に調節している。自律神経系の働きは，間脳の視床下部によって調節されている。自律神経系には，交感神経と副交感神経の2種類があり，多くの器官ではその両方が分布している。

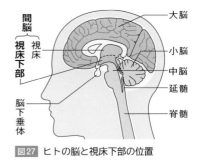

図27 ヒトの脳と視床下部の位置

（間脳　視床下部／視床）（大脳／小脳／中脳／延髄／脊髄／脳下垂体）

POINT!

自律神経系は，大脳の影響を受けない間脳(視床下部)の支配下にある末梢神経系で，意思とは無関係に自律的に働く。

2 自律神経の働き合い

❶拮抗作用　交感神経と副交感神経は，ふつう同一器官に分布しており，互いに[1]ほぼ正反対の働きを行い，各器官の活動状態と休息状態を速やかに切り替えている。このような互いを打ち消し合うような正反対の働きを拮抗作用という。

❷自律神経の拮抗作用の例　例えば，運動前と直後，休憩後の脈拍数(心臓の拍動数)を測定し比較してみると，運動中は交感神経が活発化するので，運動直後の脈拍数は運動前より50％程度増加する。しかし，運動後に5〜10分程度安静にして脈を計測すると，副交感神経の活発化により，脈拍数は安静時の数値に戻る。

補足　激しく運動した直後に急に静止すると，副交感神経が急激に活発化し，血圧や脈拍数が低下し過ぎて気持ち悪くなることがある。そのため，激しい運動の後は軽い歩行などでクールダウンするとよい。

❸自律神経の働きの特徴　交感神経と副交感神経のおもな働きをまとめると，表3のようになる。交感神経は，敵と戦ったり緊張したりするとき(興奮状態)に優位となり，副交感神経は，交感神経の反応をやわらげ休息するとき(安静状態)に優位となる。

表3　自律神経の働き

種類＼作用	瞳孔	心臓拍動	血圧	気管支	消化作用	尿量	皮膚の血管	立毛筋
交感神経	拡大	促進	上昇	拡張	抑制	抑制	収縮	収縮
副交感神経	縮小	抑制	下降	収縮	促進	促進	(分布せず)	(分布せず)

★1 皮膚の血管や汗腺，立毛筋には交感神経のみが接続されている。

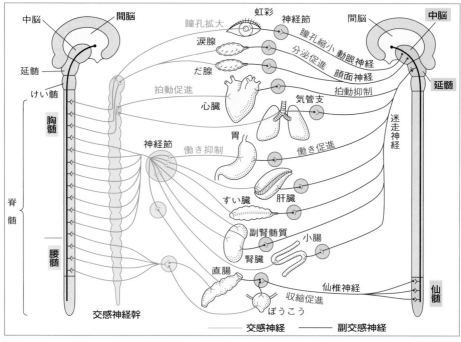

図28 自律神経とその働き（模式図）

POINT!

> 交感神経と副交感神経は，同一器官で拮抗的に作用することが多い。
> （心臓の拍動の場合，交感神経は促進し，副交感神経は抑制する。）

3 交感神経と副交感神経のつくり

❶**節前ニューロンと節後ニューロン**　中枢から出た自律神経（**節前ニューロン**）は，いったん**神経節**とよばれる部分に入り，ここで，次の神経（**節後ニューロン**）の細胞体とシナプスで接続する。このように，自律神経は節前・節後の2本のニューロン（神経細胞）を経て内臓などの器官につながる。

❷**交感神経**

①**交感神経の出発点と接続**　交感神経は**脊髄**（胸髄・腰髄）から出ており，脊髄を出た節前ニューロンは，脊髄のすぐ近くの両側にある**交感神経節**（交感神経節は交感神経幹として縦に鎖状につながっている）に入る（⇨図28）。そして，多くの節前ニューロンはここで節後ニューロンと接続する。一部の神経は，ここで接続せず，腹腔や腸間膜にある交感神経節で節後ニューロンと接続するものもある。

補足　副腎髄質につながる交感神経は，（シナプスを経ないので）節前ニューロンである。

② **神経伝達物質**　交感神経が興奮すると，節前ニューロンの末端からは**アセチル
コリン**が，節後ニューロンの末端からは**ノルアドレナリン**が分泌される。[1]（例外；
汗腺支配の交感神経の節後ニューロンからは，アセチルコリンが分泌される）

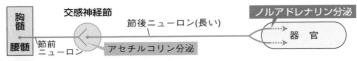

図29　交感神経の接続のしかた（模式図）

❸ **副交感神経**

① **副交感神経の出発点と種類**　副交感神経には，中脳から出る**動眼神経**，延髄か
ら出る**迷走神経**，**顔面神経**，脊髄の下の端の仙髄から出る**仙椎神経**がある。

② **副交感神経の接続**　中枢を出た副交感神経の節前ニューロンは，各器官の近く
または中にある神経節へ伸び，そこで次の短い節後ニューロンと接続する。

図30　副交感神経の接続のしかた（模式図）

③ **神経伝達物質**　副交感神経が興奮すると，節前ニューロンの末端からも節後ニュー
ロンの末端からも**アセチルコリン**が分泌される。

このSECTIONの**まとめ**　**神経系による調節**

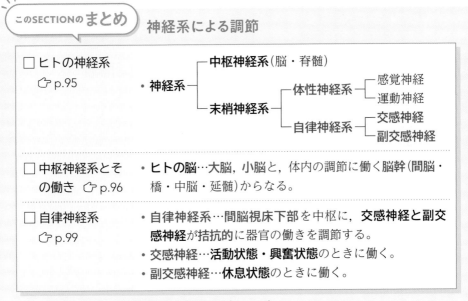

□ ヒトの神経系
　　🔗 p.95
・神経系 ┬ **中枢神経系**（脳・脊髄）
　　　　 └ **末梢神経系** ┬ **体性神経系** ┬ 感覚神経
　　　　　　　　　　　　 │　　　　　　　 └ 運動神経
　　　　　　　　　　　　 └ **自律神経系** ┬ 交感神経
　　　　　　　　　　　　　　　　　　　　 └ 副交感神経

□ 中枢神経系とそ
　の働き 🔗p.96
・ヒトの脳…大脳，小脳と，体内の調節に働く脳幹（間脳・
　橋・中脳・延髄）からなる。

□ 自律神経系
　　🔗 p.99
・自律神経系…間脳視床下部を中枢に，**交感神経と副交
　感神経**が拮抗的に器官の働きを調節する。
・交感神経…**活動状態・興奮状態**のときに働く。
・副交感神経…**休息状態**のときに働く。

★1 ノルアドレナリンは副腎髄質からも分泌される（🔗p.109）。

重要用語

SECTION 1 体液と体内環境

□ **体内環境(内部環境)** たいないかんきょう(ないぶかんきょう) ⌕p.84　組織液など体液の状態。体内の細胞を取り巻く環境。

□ **恒常性** こうじょうせい ⌕p.84
生物体内の状態が一定の範囲に保たれている状態。ホメオスタシスともいう。

□ **体液** たいえき ⌕p.85
動物体内の細胞の外側の液体。血しょう(血液)，組織液，リンパ液をいう。

□ **血しょう** けっしょう ⌕p.85
血液の液体成分で，水が90％を占め，タンパク質，無機塩類，グルコースなどを溶かしている。物質の運搬などに関与する。

□ **組織液** そしきえき ⌕p.85
全身の組織で細胞のまわりを満たしている液体。血液中の血しょうが毛細血管から組織中にしみ出したもので，細胞は酸素や二酸化炭素，栄養分や排出物などを組織液を介して出し入れする。

□ **赤血球** せっけっきゅう ⌕p.86, 88
呼吸色素のヘモグロビンを含み，呼吸器(肺)から組織に酸素を運ぶ血球。

□ **白血球** はっけっきゅう ⌕p.86, 87
血液中の呼吸色素をもたない有核細胞。好中球，樹状細胞，マクロファージ(単球)，リンパ球などがあり，免疫に関与する。

□ **血小板** けっしょうばん ⌕p.86
血液中の有形成分の1つ。ヒトの場合，無核で不定形。出血時に，血液凝固因子を放出することで血液凝固を起こす。

□ **ヘモグロビン** ⌕p.88
脊椎動物の赤血球内にある呼吸色素。ヘム(鉄を含む色素)とグロビンが結合したタンパク質で，酸素を運搬する。

□ **リンパ球** ―きゅう ⌕p.87
血液中やリンパ管，リンパ節などに存在し免疫に働く白血球。骨髄の幹細胞から分化し，B細胞，T細胞，NK細胞といった種類がある。

□ **酸素解離曲線** さんそかいりきょくせん ⌕p.88
ヘモグロビンなどの呼吸色素が酸素と結合する割合と酸素濃度(または割合)との関係を表した曲線。一般にS字型曲線となる。

□ **血液凝固** けつえきぎょうこ ⌕p.90
血管外に出た血液や血管内壁の損傷により血液が固まること。血しょう中のフィブリノーゲンが繊維状のフィブリンに変化し，血球を絡めてかたまり(血ぺい)となる反応。止血時に起こる。

□ **血管系** けっかんけい ⌕p.91
心臓と血管からなり，血液を循環させる器官系。動物の種類により開放血管系と閉鎖血管系がある。

□ **ペースメーカー** ⌕p.92
哺乳類や鳥類の右心房入口にある部位で，洞房結節ともいう。外部からの刺激がなくても周期的に興奮し，心臓拍動の自発的リズムをつくる。

SECTION 2 神経系による調節

□ **神経系** しんけいけい ⌕p.95
複数の神経細胞から構成されるネットワーク(相互作用により一定の働きを行う神経細胞の集合体)。中枢神経系と末梢神経系に分けられる。

□ **中枢神経系** ちゅうすうしんけいけい ⌕p.95
脳と脊髄からなる神経系。感覚中枢や運動中枢などさまざまな中枢が分布している。

□ **中枢** ちゅうすう ⌕p.95
体内や体外からの情報を処理し，感覚を生じたり，判断やからだの各部への命令などを行う部位。

□**末梢神経系** まっしょうしんけいけい ☞p.95
中枢神経系から出て，全身に伸びる神経系。

□**脊髄** せきずい ☞p.95, 97
背骨に沿って位置する中枢神経系の器官。脊髄反射の中枢。

□**感覚神経** かんかくしんけい ☞p.95, 96
受容器からの情報を中枢神経系に伝える神経。

□**運動神経** うんどうしんけい ☞p.95, 96
中枢神経系からの情報を効果器に伝える神経。

□**神経細胞** しんけいさいぼう ☞p.95
神経系を構成する細胞。ニューロンともよばれる。核のある細胞体から長い軸索が伸びている。情報は軸索を電気的な信号（興奮）として伝わり，次の細胞へは神経伝達物質によって伝えられる。

□**軸索** じくさく ☞p.95
神経細胞の細胞体から出る長い突起。情報を離れた部位に伝える。

□**シナプス** ☞p.95
神経細胞の軸索の末端と，他の細胞の接続部分。狭い隙間があり，神経伝達物質で情報を伝達する。

□**受容器** じゅようき ☞p.96
動物が外界や体内からの刺激を受け取る器官や細胞。眼，耳，皮膚，筋紡錘など。

□**効果器** こうかき ☞p.96
動物が外界や体内に直接反応を起こす器官や細胞。筋肉，鞭毛や繊毛をもつ細胞，分泌腺，発光器など。

□**大脳** だいのう ☞p.97
情報を処理する中枢神経系の器官。運動，感覚，記憶，思考などの活動を行う。

□**小脳** しょうのう ☞p.97
ヒトでは後頭部に位置する脳で，運動を調節し，からだの平衡を保つ。

□**間脳** かんのう ☞p.97, 98
視床と視床下部から構成される脳の一部で，自律神経の中枢である。

□**脳幹** のうかん ☞p.98
間脳，中脳，橋，延髄からなる。おもに生命維持に関与する脳。

□**植物状態** しょくぶつじょうたい ☞p.98
大脳の機能が停止して意識，感覚，運動調節が失われているが，脳幹の機能によって自発的な呼吸や心臓の拍動が維持された状態。

□**脳死** のうし ☞p.98
大脳，小脳，脳幹のすべての機能が不可逆的に消失した状態（脳幹のみの機能喪失を脳死とする国もある）。

□**視床下部** ししょうかぶ ☞p.97, 99
体温や血糖濃度，ホルモン濃度などの変化を感知し，自律神経を通じてからだの各部の働きを調節する間脳の部位。自律神経系および内分泌系の中枢。

□**自律神経系** じりつしんけいけい ☞p.95, 99
おもに内臓や分泌腺を調節する末梢神経系。意識とは関係なく働く。

□**交感神経** こうかんしんけい ☞p.95, 99, 100
興奮状態のときに働く自律神経。中枢は間脳視床下部で脊髄から各器官に伸びている。

□**副交感神経** ふくこうかんしんけい ☞p.95, 99, 101
休息時や摂食時に働く自律神経。中枢は間脳視床下部で中脳や延髄，仙髄（脊髄の末端に近い部分）から各器官に伸びている。

□**拮抗作用** きっこうさよう ☞p.99
互いに打ち消し合うような反対の働き。からだの器官の多くは，交感神経と副交感神経の両方から，その器官の活動を促進または抑制する拮抗的な支配を受けている。

□**神経伝達物質** しんけいでんたつぶっしつ ☞p.95, 101　神経細胞の軸索末端から分泌される化学物質。情報を他の細胞に伝える。

□**アセチルコリン** ☞p.101
神経伝達物質の1つで，副交感神経や体性神経（運動神経，感覚神経）の終末，交感神経の節前ニューロンの終末などから分泌される。

□**ノルアドレナリン** ☞p.101
神経伝達物質の1つで，交感神経の節後ニューロンの終末から分泌される。

記憶と脳の働き

記憶とは

① 記憶とは，過去の体験，物や出来事を覚えてそれを保持し，必要なときに再現する（思い出す）ことができる働きをいう。

② 体験に伴う視覚や聴覚などさまざまな感覚にかかわるニューロンはそれぞれ大脳の特定の部位に分布している（⇨p.97）。記憶が形成される際にはその体験に関連した異なる部位のニューロンどうしが結びつけられる。この結びつけられたニューロンどうしが再び同時に興奮することで過去の体験が再現される，つまり思い出される。これを想起という。

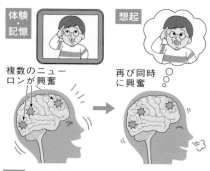

図31 記憶と想起

記憶の種類 ①短期記憶と長期記憶

① 記憶は，その保持する時間から，短期記憶と長期記憶に分けられる。

② また，記憶の内容や目的の違いにより，短期記憶は作業記憶，長期記憶はエピソード記憶，意味記憶，手続き記憶，潜在記憶といった種類に分類される。

③ 短期記憶は，数秒から数分間保持される記憶で，教えられた電話番号をメモするときなどに一瞬覚えておくような記憶をいう。

④ 短期記憶は，作業記憶（ワーキングメモリ）というしくみで，前頭葉の中央実行系という部位と感覚の種類に応じた記憶のメモ帳となる部位との間で情報をループし続ける間維持される。

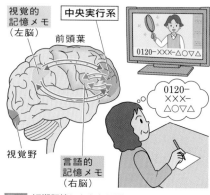

図32 短期記憶にかかわる脳のしくみ

⑤ 長期記憶は数年〜数十年後にも思い出すことのできる記憶で，子どもの頃の思い出の記憶などはこれにあたる。人の名前と顔，自宅のどこに何があるかなど数か月〜数年維持される記憶を中期記憶とよぶ。短期記憶が中期記憶や長期記憶になるためには，経験を記憶に変換する海馬が重要な役割をもつ。

記憶の種類 ②陳述記憶

① 記憶のうちエピソード記憶と意味記憶は内容を言葉で表現できることから，まとめて陳述記憶とよばれる。

② エピソード記憶は，思い出など，自分が経験した一連の出来事で，記憶内容には映像，音声やにおいなども含まれる。例えば，自転車で転んだときの記憶は，そのときのからだの動きの感覚や恐怖感，ケガを手当てしてくれた医者の顔などが記憶に残る。出来事は海

馬で記憶に変換され，視覚的な体験を思い出す際には視覚をつかさどる領域が，人の声を思い出す際には聴覚の領域が活性化される。

③エピソード記憶は現実と混同しないよう前頭葉によってコントロールされる。初めての場所や体験を過去に経験したように感じる現象をデジャヴ(既視感)というが，これは，疲れなどによって前頭葉の働きが損なわれ，過去と現在の経験を混同するためと考えられている。

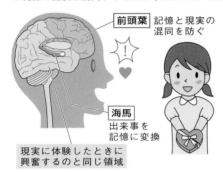

前頭葉 記憶と現実の混同を防ぐ

海馬 出来事を記憶に変換

現実に体験したときに興奮するのと同じ領域

図33 エピソード記憶にかかわる脳のしくみ

④意味記憶は個人的な体験から単純な情報として切り分けられた記憶で，いわゆる「知識」とよばれるもの。フランスの首都がパリであること，レモンが黄色くて酸っぱい少し長い球形の果物であることなど。意味記憶は側頭葉に保存され，前頭葉によって活性化され引き出される。大きな事件やニュースなど，自分のこととして感情を伴って経験したような出来事も長い時間が経った後には意味記憶へと整理されたりもする。

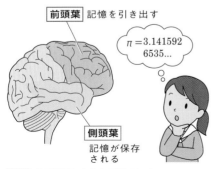

前頭葉 記憶を引き出す

$\pi = 3.1415926535...$

側頭葉 記憶が保存される

図34 意味記憶にかかわる脳のしくみ

記憶の種類 ③非陳述記憶

①言葉で表現できない，いわゆる「体で覚える」「習慣で覚える」ような記憶を非陳述記憶といい，手続き記憶と潜在記憶がある。非陳述記憶に関与するのは，大脳の内側のほうにある大脳基底核や小脳であるといわれている。

②手続き記憶は身体の運動にかかわる記憶で，自転車の乗り方，ピアノの演奏などがあげられる。くり返し練習を重ねることによって成立したこれらの記憶は実際に行動で見せることはできるが，バランスのとり方や指の運びを言葉では説明できず，意識して行おうとすると逆に動きがぎこちなくなってしまう。手続き記憶では小脳がからだの各部分をどう連動させるかタイミングと協調を担う。

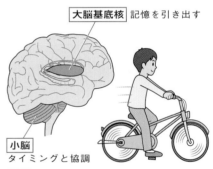

大脳基底核 記憶を引き出す

小脳 タイミングと協調

図35 手続き記憶にかかわる脳のしくみ

③潜在記憶は，先に取り入れた情報が無意識に記憶され，後の行動に影響を及ぼすように働く記憶で，好意や嫌悪感，危険察知の"呼び水"となるような記憶をいう。

④脳の各部位の働きは，脳を部分的に損傷した患者の機能を調べた医学的知見によって古くから研究されてきた。現在ではfMRI(機能的磁気共鳴画像法)やfNIRS(光脳機能イメージング装置)など，脳の活性化する部位を血流量の変化などを計測してリアルタイムで調べる装置が発達してより詳しい研究が進められるようになっている。

CHAPTER

2 » 内分泌系による調節

SECTION 1 ホルモンとその働き

1 | ホルモンと内分泌系

1 ホルモン

❶内分泌系とホルモン 動物のホルモンは，自律神経系（⤵ p.99）と協同して，個体のいろいろな生理作用を調節することで，恒常性の維持に働いている。このようなホルモンによる調節のしくみ全般を内分泌系という。

　自律神経系は，用件を一方的にすばやく伝えることから電子メール機能に，内分泌系は，若干時間はかかるが周期的な情報や細かな情報を送ることができることから郵便に例えることができる。

　ホルモンという用語は，イギリスのベイリスとスターリングによって1905年に提唱され，次のように定義された。「**動物体内の特定の分泌腺（内分泌腺）でつくられ，血液中に分泌されて遠く離れた体内の他の器官（標的器官とよぶ）に運ばれ，そこで，微量で特殊な影響を及ぼす物質**」

❷内分泌腺と外分泌腺 ホルモンを分泌する**内分泌腺**は，消化液や汗などを分泌する**外分泌腺**と異なり排出管がなく，分泌物は腺細胞を取り巻く血管内に分泌され，血流によって体内の諸器官に運ばれる。これに対して，汗や消化液などを分泌する外分泌腺には排出管があり，分泌物は排出管を通って一定の場所へ分泌される。

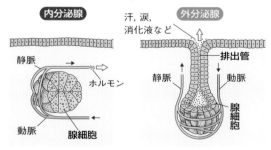

図36 内分泌腺と外分泌腺

➕発展ゼミ　ホルモンの発見

●1902年，ベイリスとスターリングは，十二指腸から血中に分泌され，すい臓に働くホルモンを発見し，セクレチンと名付けた。

●食物とともに胃酸が十二指腸に送られると，刺激を受けて十二指腸はセクレチンを血液中に分泌する。セクレチンがすい臓に達すると，すい液の分泌が促進される。

●すい臓につながる神経を切断してもすい液が分泌されることから，血液中を流れるセクレチンによってすい液が分泌されることがわかった。

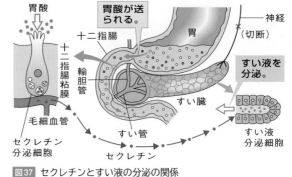

図37　セクレチンとすい液の分泌の関係

❷**標的器官と標的細胞**　内分泌腺から血液中に放出されたホルモンは，それぞれ決まった器官や組織の細胞に受け取られて作用する。このように，作用が及ぼされる器官を標的器官といい，標的器官内にあって特定のホルモンを受容する細胞を標的細胞という。

❸**ホルモンの受容体**　ホルモンが標的細胞にだけ作用するのは，標的細胞が特定のホルモンを受け取る受容体をもっているからである（受容体により，受け取るホルモンは決まっている）。あるホルモンに対してその受容体をもたない細

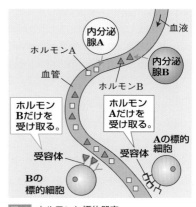

図38　ホルモンと標的器官

胞は，ホルモンを受け取ることができず，したがって，その作用を受けない。

❹**標的器官とホルモンの作用**　ホルモンの作用は，標的となる器官や細胞ごとに決まっている。例えばアドレナリンは心臓の拍動数を増やしたり収縮を強くするが，筋肉の血管に対しては収縮，皮膚の血管は拡張と逆の作用を示す。

2　ホルモンの種類と働き

❶**ホルモンの種類**　ホルモンは，化学成分によって次の3つに大別される。

①**ペプチドホルモン**　アミノ酸がペプチド結合したホルモン。水溶性。

　例　脳下垂体・すい臓・副甲状腺・神経分泌細胞などでつくられるホルモン

② **アミノ酸誘導体型ホルモン**　アミノ酸から酵素作用によって合成される小分子
のホルモン。　**例**　アドレナリン，チロキシン
③ **ステロイドホルモン**　脂質の一種のステロイドからなるホルモン。脂溶性。
　例　糖質コルチコイド，鉱質コルチコイド，エストロゲン，アンドロゲン

❶発展ゼミ　ホルモンの作用のしくみ

●ホルモンは，水に対する溶けやすさの違いから，水
溶性ホルモンと脂溶性ホルモンに分けられる。水溶性
ホルモンには，インスリンなどのペプチドホルモン，
アドレナリンなどのアミノ酸誘導体型ホルモンがあり，
脂溶性ホルモンには，糖質コルチコイドなどのステロ
イドホルモンがある。
●水溶性ホルモンと脂溶性ホルモンは，その性質の違
いから，細胞に対する作用のしくみに大きな違いがあ
る。水溶性ホルモンは，細胞膜を通過できず，標的細
胞の細胞膜上にあるホルモン受容体に結合する。受容
体は，細胞内の酵素を活性化して，標的細胞内に情報
が伝えられる。これに対し，脂溶性ホルモンは，細胞
膜を通過しやすく，細胞質や核内にあるホルモン受容
体に直接結合する。脂溶性ホルモンの受容体は，核内
の遺伝子の発現を調節する因子として働いている。

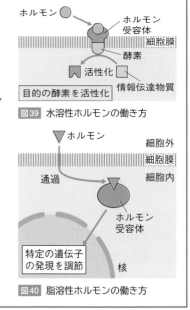

図39　水溶性ホルモンの働き方

図40　脂溶性ホルモンの働き方

❷ホルモンの働き　ホルモンの働きをまとめると，次のようになる（個々のホルモ
ンの働きについては，表4のとおり）。
① **成長・発生の促進**　体内のタンパク質合成を高め，成長・分化・変態を促進する。
　例　成長ホルモン（脳下垂体前葉），チロキシン（甲状腺）
② **性周期・出産の調節**　二次性徴を発現させたり，子宮の収縮を調節したりする。
　例　生殖腺のホルモン（テストステロン，エストロゲン，プロゲステロンなど）
③ **代謝の調節**　肝臓や骨格筋でのグリコーゲンの糖化や糖のグリコーゲン化
（⇨p.114～117）を促す。　**例**　アドレナリン，グルカゴン，インスリン
④ **他のホルモン分泌の調節**　**例**　脳下垂体前葉の各刺激ホルモン
⑤ **血圧・体温の調節**　内臓諸器官や動脈の壁をつくる平滑筋の収縮や弛緩を支配
することで，血圧や体温を調節する。　**例**　アドレナリン，バソプレシン

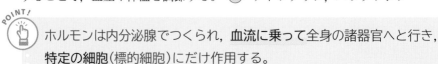

POINT!　ホルモンは内分泌腺でつくられ，**血流に乗って全身の諸器官へと行き，
特定の細胞（標的細胞）にだけ作用する。**

表4 ヒトを中心とした脊椎動物のおもな内分泌腺とホルモン（＋は過剰時，－は不足時の影響）

※系欄：⊘＝ペプチドホルモン，⊘＝ステロイドホルモン　＊視床下部でつくられる神経ホルモン

●血糖濃度上昇に働くホルモン　●血糖濃度下降に働くホルモン　●体温上昇に働くホルモン

内分泌腺			ホルモン	系	おもな働き	分泌異常
視床下部			ホルモン放出因子	⊘	脳下垂体前葉ホルモンの分泌を促進	
			脳下垂体後葉ホルモン*	⊘	脳下垂体後葉に運ばれて後葉ホルモンになる	
脳下垂体	前葉		成長ホルモン●	⊘	細胞の代謝を高め，成長を促進。血糖濃度上昇	(+)巨人症 (+)末端肥大症 (-)小人症
			甲状腺刺激ホルモン	⊘	チロキシンの分泌を促進	
			副腎皮質刺激ホルモン	⊘	糖質コルチコイドの分泌を促進	
			生殖腺刺激ホルモン		精巣・卵巣の成熟を促進	
			｛ろ胞刺激ホルモン	⊘	…エストロゲンの分泌を促進	
			黄体形成ホルモン	⊘	…排卵を促進。黄体の形成を促進	
			プロラクチン（黄体刺激ホルモン）	⊘	プロゲステロンの分泌と乳腺の乳汁分泌を促進	
	中葉		黒色素胞刺激ホルモン	⊘	（魚類など）黒色素胞中の黒色素顆粒の拡散を促進	
	後葉		バソプレシン*（血圧上昇ホルモン）	⊘	集合管での水分再吸収を促進し尿量を減らす 毛細血管を収縮させ，血圧を上昇させる	(-)尿崩症 (-)尿量増加
			オキシトシン*	⊘	子宮の収縮を促進。乳汁を射出させる	
甲状腺			チロキシン●		代謝（特に異化作用；呼吸）を促進 甲状腺刺激ホルモンの分泌を抑制 両生類では変態，鳥類では換毛を促進	(+)バセドウ病 (-)クレチン症 (-)粘液水腫
			カルシトニン	⊘	骨にカルシウムを蓄積させて血液中のカルシウム濃度を低下	
副甲状腺			パラトルモン	⊘	骨からカルシウムを放出させて血液中のカルシウム濃度を上昇させ，リン酸濃度を下降させる	(-)筋けいれん (+)骨折
すい臓〔ランゲルハンス島〕	B細胞		インスリン●	⊘	血糖濃度の低下を促進（血糖の異化を促し，血糖からのグリコーゲン合成を促進）	(-)インスリン依存性糖尿病
	A細胞		グルカゴン●	⊘	血糖濃度の上昇を促進（グリコーゲン→グルコース）	
副腎	髄質		アドレナリン● ● ノルアドレナリン	⊘	血糖濃度の上昇を促進（肝臓中のグリコーゲン分解を促進する），交感神経と同じ働き	(+)アドレナリン依存性糖尿病
	皮質	コルチコイド	鉱質コルチコイド	⊘	無機イオン量の調節（細尿管におけるナトリウムの再吸収促進やカリウムの排出促進など）細胞内の水分量や透過性を調節。炎症促進	(+)アルドステロン症 (-)アジソン病
			糖質コルチコイド● ●	⊘	血糖濃度の上昇を促進（タンパク質・脂肪からのグルコース新生を促す）副腎皮質刺激ホルモンの分泌を抑制。炎症抑制	(+)クッシング病 (-)アジソン病
生殖腺	精巣		アンドロゲン（雄性ホルモン）	⊘	雄の性活動の発現を促進。雄の二次性徴の発現を促進。生殖腺刺激ホルモンの分泌を抑制	(-)精巣萎縮 (-)性徴消失
	卵巣	ろ胞 雌性ホルモン	エストロゲン（ろ胞ホルモン）	⊘	雌の性活動の発現を促進。雌の二次性徴の発現を促進。生殖腺刺激ホルモンの分泌を抑制	(-)卵巣萎縮 (-)性徴消失
		黄体	プロゲステロン（黄体ホルモン）	⊘	排卵を抑制し，妊娠を持続させる 乳腺の発育促進	(-)性周期異常 (-)流産

補足 このほか，松果体からメラトニン（黒色素顆粒の凝集・光周性），十二指腸からはセクレチン（すい液消化酵素や胆汁分泌の促進）が，胃からはガストリン（胃の塩酸の分泌促進）が，それぞれ分泌される。

❸ヒトのおもな内分泌腺とホルモン ヒトの内分泌腺には，下の**図41**に示したようなものがあり，p.109の**表4**のようなホルモンを分泌している。

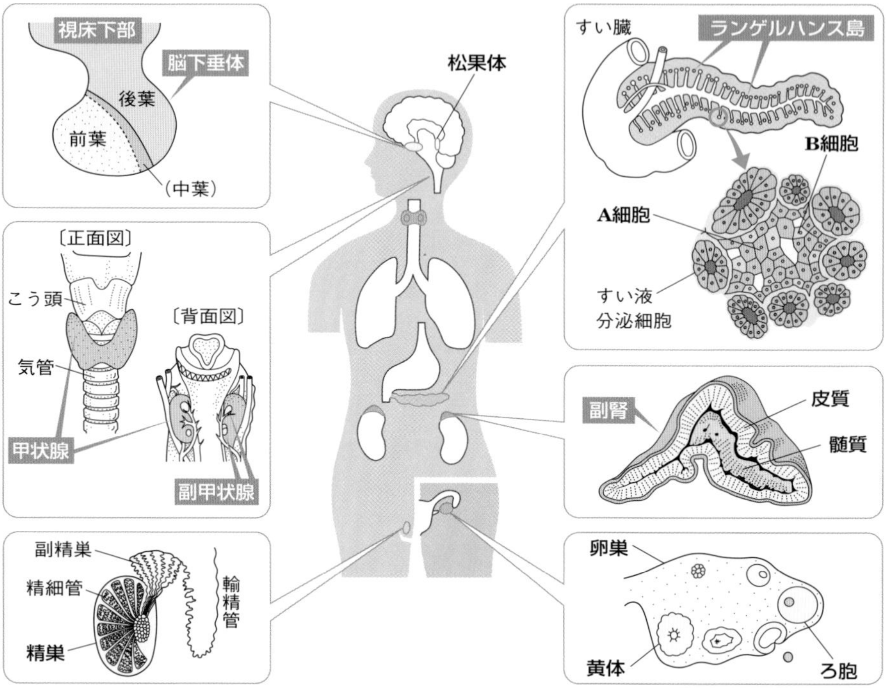

図41 ヒトのおもな内分泌腺

2 | 間脳の視床下部と脳下垂体

1 視床下部とその働き

視床下部は**間脳**(視床と視床下部よりなる)**の腹側部分**で，次のような働きをする。

①内臓諸器官の働きを調節する**自律神経系の中枢**である(☞p.99)。

②視床下部の**神経分泌細胞**が合成するホルモンには，**脳下垂体前葉ホルモンの放出を促進・抑制**するもの(☞図42のⓐ；甲状腺刺激ホルモン放出因子など)と，脳下垂体後葉に運ばれて**後葉ホルモン**になるもの(☞図42のⓑ)がある。

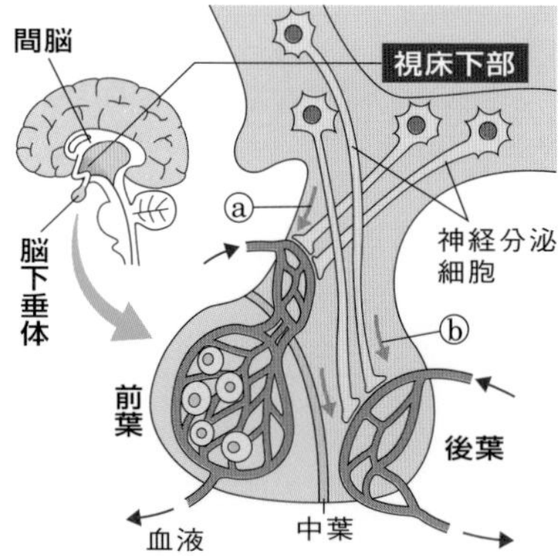

図42 間脳の視床下部と脳下垂体

３ 脳下垂体 ①重要

❶脳下垂体の構造　脳下垂体（下垂体）は視床下部にぶら下がった位置にある小さな内分泌腺で，前葉・中葉・後葉の３つの部分からできている。

❷脳下垂体前葉の働き　脳下垂体前葉は，成長ホルモンのように各器官に直接作用するホルモンのほか，各種刺激ホルモンのように他の内分泌腺に作用することで間接的に諸器官に働くホルモンを生産・分泌するのが特徴である（⇨図43）。

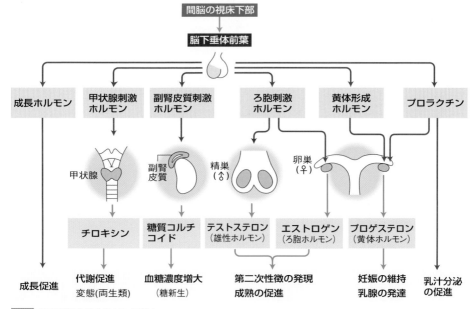

図43　脳下垂体前葉ホルモンの働き

❸脳下垂体後葉の働き　脳下垂体後葉からはバソプレシン（血圧上昇ホルモン，抗利尿ホルモン）とオキシトシン（子宮筋収縮ホルモン）が放出される（⇨p.109 表4）が，これらのホルモンは脳下垂体後葉でつくられたものではなく，視床下部の神経分泌細胞がつくった神経ホルモンを脳下垂体後葉で貯蔵したものである。

補足　脳下垂体の中葉はヒトでは発達していない。魚類・両生類・ハ虫類では，脳下垂体の中葉から分泌された黒色素胞刺激ホルモンが黒色素胞にある黒色素（メラニン）顆粒を拡散させ，体色を暗くする。

POINT!

脳下垂体前葉…成長ホルモンのほか，他の内分泌腺に作用して間接的に諸器官に働く各種刺激ホルモンを生産・分泌する。

脳下垂体後葉…視床下部の神経分泌細胞がつくったバソプレシンなどの神経ホルモンを貯蔵・分泌する。

③ | ホルモンの相互作用

１ 甲状腺から分泌されるホルモン

❶甲状腺　甲状腺は，p.110の**図41**のように，のどの気管を取り囲むように存在する重さ約20gの器官で，1層の上皮細胞がつくる**分泌上皮**に囲まれた**ろ胞**(卵巣に生じるろ胞とは別)が多数集まってできている。

❷甲状腺から分泌されるホルモン
　ろ胞上皮では**チロキシン**や**カルシトニン**というホルモン(⤴p.109)がつくられる。

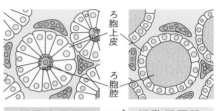

| 活 動 上 昇 時 | ⇄ | 活 動 低 下 時 |

図44 甲状腺のろ胞上皮の変化のようす

視点 ろ胞上皮でつくられたホルモンは，ろ胞腔内にためておき，甲状腺刺激ホルモンを受容すると周囲の血管に放出される。

２ フィードバックによるホルモン分泌の調節

❶脳下垂体と甲状腺の働き合い　甲状腺でのチロキシンの分泌は，次のようなしくみで調節されている。

① 間脳の視床下部の毛細血管内のチロキシン濃度が低下すると，視床下部の神経分泌細胞が興奮し，**甲状腺刺激ホルモン放出ホルモン**が分泌され，脳下垂体前葉を刺激する。また，チロキシン濃度の情報は，脳下垂体前葉にも直接届けられる。

② **脳下垂体前葉**から，**甲状腺刺激ホルモン**が分泌される。

③ **甲状腺刺激ホルモン**の働きによって，**甲状腺**のろ胞腔にたまっていた**チロキシン**が血中に分泌される。

④ 血液中のチロキシン濃度が高まると，それが刺激となって，視床下部からの甲状腺刺激ホルモン放出ホルモンの分泌や，脳下垂体前葉からの甲状腺刺激ホルモンの分泌が抑制される。これによって，チロキシン濃度が適当な範囲に保たれる。

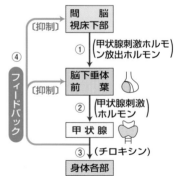

図45 脳下垂体と甲状腺との相互作用

❷フィードバック　上記の①～④のように，調節されるものが，前の段階にさかのぼって調節するものに作用するしくみを**フィードバック**という。調節されるものの増加が調節するものを抑制する(逆の変化を促す)場合は**負のフィードバック**，促進的に作用する場合は**正のフィードバック**という。

POINT!
　ホルモン分泌作用は，ホルモンの血中濃度が，調節する側の脳下垂体前葉などに作用するフィードバックによって調節されている。

❸**性周期に関するホルモンの調節**　女性の性周期は，脳下垂体前葉から分泌される**ろ胞刺激ホルモン**（卵巣でのろ胞の発達を促す）・**黄体形成ホルモン**（排卵促進，ろ胞の壁から黄体をつくる）と，それらの作用で分泌される**エストロゲン**（ろ胞ホルモン：子宮壁の発達促進），**プロゲステロン**（黄体ホルモン：排卵抑制，妊娠維持）のフィードバックによって調節されている。

❹**水分量・塩類濃度の調節**　塩分をとり過ぎて体液の浸透圧（⊂ァ p.142）が上がると，脳下垂体後葉から**バソプレシン**が放出され，集合管での水分再吸収（⊂ァ p.141）が促進される。逆に体液の浸透圧が下がると，副腎皮質より**鉱質コルチコイド**が分泌され，細尿管のNa^+の再吸収が促進される。

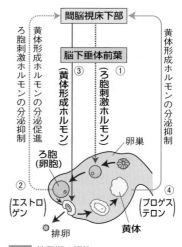

図46　性周期の調節

視点　受精卵が子宮壁に着床すると，黄体がさらに子宮壁の発達を促す。着床が起こらないと黄体は退化し子宮粘膜が脱落する（月経）。

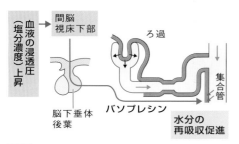 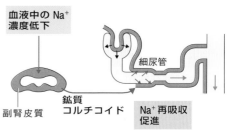

図47　ホルモンと腎臓による浸透圧の調節

このSECTIONの**まとめ**　**ホルモンとその働き**

□ **ホルモン**　⊂ァ p.106	・おもに**内分泌腺**でつくられ，血液で運ばれる。 ・特定の細胞（**標的細胞**）にだけ作用する。
□ **間脳の視床下部と脳下垂体**　⊂ァ p.110	・視床下部は自律神経系の中枢であり，脳下垂体の前葉と後葉はそれぞれ**内分泌系の調節において重要な働き**をしている。
□ **ホルモンの相互作用**　⊂ァ p.112	・ホルモンの分泌は**フィードバック**によって調節されている。

第**2**編　ヒトのからだの調節

SECTION 2 自律神経系とホルモンの協調

1 | 血糖濃度の調節

これまで，内分泌系による調節と自律神経系による調節について，それぞれ別々に見てきたが，血糖濃度の調節のような実際の個体の生理作用では，**これらが協同して働き，個体の恒常性が保たれることが多い。**そして，これまでも説明してきたように，内分泌系と自律神経系の調節作用の中枢となるのが間脳の視床下部であり，視床下部の支配のもとに私たちの内部環境は維持されている。

1 血糖濃度とその変化

❶血糖と血糖濃度　血液中のグルコース(ブドウ糖)のことを血糖という。ヒトの**血糖濃度**は，食後などに一時的に変化するが，やがて**血液100 mLあたり約100 mg（約0.1 %）になるように調節されている。**

> 補足　血しょう中のグルコースを最も多く利用するのは脳である。血糖濃度が60 mg/100 mL以下になると，脳の機能が低下し，痙攣したり意識を失ったりすることがある。逆に，血糖濃度が160 mg/100 mLを超えると，腎臓の細尿管でのグルコースの再吸収(⇨p.141)の限度を超え，糖尿となる。

❷血糖が増減する直接のしくみ　ヒトを含む多くの動物では，**生命活動のエネルギー源としてグルコースを利用**している。食物中のデンプンは，消化管中で消化され，多数のグルコースに分解される。グルコースは小腸で吸収され，肝門脈を経て肝臓に入る。肝臓では，多数のグルコースが結合してグリコーゲンとなり，貯蔵養分として蓄積される。グリコーゲンは必要なときに分解され，再びグルコースとなり，血液によってからだの各細胞に運ばれ，エネルギー源として消費されたり，細胞を形づくる物質の材料として使われる。

> ヒトの血糖濃度は，食後などに一時的に変化するが，やがて正常な値(約100 mg/100 mL)に戻るように調節されている。

2 血糖濃度の調節 ①重要

❶高血糖のときの調節のしくみ　私たちが食べた炭水化物は消化されてグルコースとなり，小腸の柔毛で毛細血管に吸収される。そのため，**食後は血糖濃度が一時的に上昇するが，やがて血糖濃度は正常な値に戻る。**高血糖になると次のようなしくみでインスリンというホルモンが働き(⇨図48，50)，血糖濃度を低下させる。

①血糖濃度が上昇すると，**間脳の視床下部**がこれを感知する。

②すると，視床下部が興奮し，その興奮が副交感神経の一種である**迷走神経**を介して，すい臓のランゲルハンス島（⤷図49）の**B細胞**に伝えられる。

③また，これとは独立に，高血糖の血液がすい臓の**B細胞**を直接刺激する。

④B細胞から血液中に，**インスリン**が分泌される。[★1]

⑤**インスリン**は，肝臓や筋肉による血糖の取り込みとグリコーゲン合成を促進する一方，組織でのグルコースの消費（呼吸）を促進して，血糖濃度を低下させる。

❷**低血糖のときの調節のしくみ**　逆に，血糖濃度が低下し過ぎると，次のようにして血糖濃度を上昇させる。

①血糖濃度が低下すると，**間脳の視床下部**がこれを感知する。

②すると，視床下部が興奮し，その興奮が**交感神経**を介して**副腎髄質**に伝えられる。

③副腎髄質から血液中に，**アドレナリン**が分泌される。

④また，これとは独立に，血中の低血糖が**すい臓のランゲルハンス島のA細胞**を直接刺激したり，交感神経の興奮が同じくランゲルハンス島の**A細胞**に伝えられたりすると，A細胞から**グルカゴン**が血液中に分泌される。

⑤アドレナリンやグルカゴンの働きで，肝臓や筋肉中にたくわえられていた**グリコーゲン**が分解されてグルコースに戻り，その結果，血糖濃度が上昇する。

⑥さらに**脳下垂体前葉**より**副腎皮質刺激ホルモン**が分泌され，次いで**副腎皮質**からは**糖質コルチコイド**が血液中に分泌される。このホルモンは，**筋肉などのタンパク質を分解してグルコースを生成する働き（糖新生）**がある。

補足　このほかにも脳下垂体前葉から分泌される**成長ホルモン**なども働いて血糖濃度が上昇する。

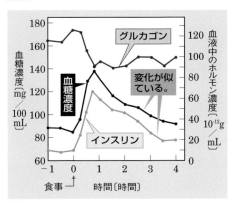

図48　糖を多く含む食事の前後の血糖濃度とホルモン（インスリン・グルカゴン）濃度の変化

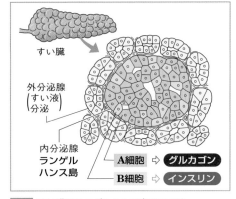

図49　すい臓のランゲルハンス島のつくり

視点　ランゲルハンス島はすい臓の中に島状に点在する細胞の集まり。

★1　インスリンは，イギリスのサンガーらによって51個のアミノ酸からなるタンパク質であることが解明された（1953年⤷p.123）。

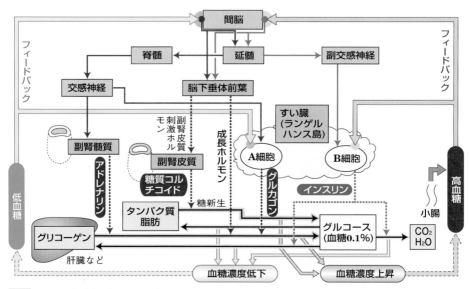

図50 ヒトの血糖濃度調節に関する内分泌系と自律神経系によるフィードバック

視点 血糖濃度が上昇し過ぎると血糖濃度を低下させるようなフィードバックが働き，血糖濃度が低下し過ぎると血糖濃度を上昇させるようなフィードバックが働く。

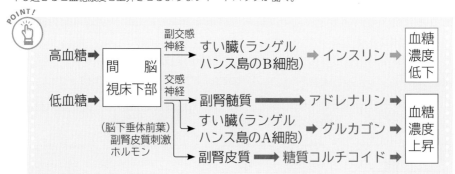

③ 糖尿病

❶糖尿病とは　本来，腎臓では，血液中の尿素やグルコースなどがろ過された後，グルコースなどの必要な成分は血液中に再吸収される（⤴ p.141）。しかし，糖尿病では，血糖濃度が高すぎて腎臓の再吸収能力を超えてしまうため，グルコースが尿中に含まれた状態で排出されてしまう。

❷糖尿病とインスリン　糖尿病には，インスリンの分泌が減少するⅠ型（日本では全患者の３％以下）と，インスリンに対する反応性が低下するⅡ型が知られており，Ⅱ型は生活習慣病とされる。Ⅰ型はインスリン依存型ともよばれ，インスリンの注射で血糖濃度の上昇を抑えることができる。Ⅱ型の場合は，食事療法が治療に役立つ。

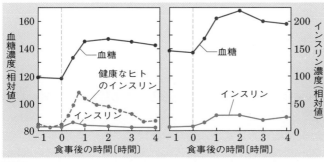

図51　Ⅰ型(左)とⅡ型(右)の糖尿病患者の食事後のインスリン濃度と血糖濃度変化

視点　Ⅰ型糖尿病ではインスリンがほとんど分泌されないため，食事後に時間がたっても血糖濃度がなかなか低下しない。
　Ⅱ型糖尿病ではインスリンの標的細胞に何らかの異常が生じていることが多く，血糖濃度が常に高い状態となる。

❸糖尿病の症状　低血糖は意識障害など命にかかわる異常を伴うが，高血糖の場合自覚症状がほとんどなく糖尿病となっても多尿によるのどの渇きや手足のしびれ程度で軽視されがちである。しかし，この状態が長期間続くと血管が傷ついて，網膜が傷害を受けて失明する，腎臓の機能が障害を受ける，手足など各部が壊死する★1，動脈硬化によって心筋梗塞や脳梗塞が引き起こされるなどの，さまざまな合併症を引き起こす。

┤ COLUMN ├

藤原道長と糖尿病

　藤原道長(966〜1028)は，平安時代の政治家で，『源氏物語』の主人公である光源氏のモデルの１人ともされている。道長は，娘３人を相次いで宮中に送り込んで３代の天皇の外祖父となり政権を手中におさめた。その権力の絶頂期に祝宴の場で詠んだとされる「この世をばわが世とぞ思う望月の欠けたることのなしと思へば」(訳：この世は自分(道長)のためにあるようなものだ，望月(満月)のように何も足りないものはない)という和歌でも有名である。

　同時に彼は，記録の残るうちで日本最古の糖尿病患者としてもその名が知られている。同時代の藤原実資の日記『小右記』には，道長の病状について「のどが渇いて水を多量に飲む。背中に腫れ物ができた。目が見えなくなった」と記されている。のどの渇きと水を多量に飲む＝糖尿病による水分排出の増加，背中に腫れ物＝糖尿病に起因する免疫機能低下，目が見えなくなった＝高血糖による網膜血管の損傷と視力低下・失明…と，あらゆる糖尿病合併症を一身に集めたような有様だったことがうかがえる。

　道長が糖尿病になった原因として，遺伝的体質，運動不足，塩分の多い食事，政治抗争によるストレスなどが指摘されている。連日の宴会など華やかに見える生活や頂点を極めた地位も，彼の心身の健康にとっては過酷なものだったのかも知れない。

図52　藤原道長とインスリンの結晶が描かれた国際糖尿病会議記念切手(1994年)

★1 壊死とは，血液が供給されなくなるなどの理由でからだの一部の組織が死ぬこと。

2 | 体温の調節

1 体温を調節するしくみ

❶熱の発生と放熱 動物の体内では，肝臓での代謝や筋肉での運動などによって，常に熱が発生している。しかし，これとは逆に，発生した熱の約8割が体表から放熱され，また約1割が肺からの呼気で放熱されている。

❷体温調節 われわれヒトをはじめとする哺乳類や鳥類などの恒温動物では，常にほぼ一定の体温を保っている。これは，**間脳の視床下部を中枢とする自律神経系と内分泌系による体温調節作用**が働いているからである。

❸刺激の受け取り 外界の寒暑の刺激は，皮膚にある**温点・冷点**という**感覚点**[★1]で受け取られ，感覚神経を介して大脳の感覚中枢へ伝えられ，そこから**視床下部の体温調節中枢**へと伝えられる。

2 寒いときの調節のしくみ

寒いときには，次のようにして放熱量を減少させ，発熱量を増加させることで，体温の低下を防ぐ(⇨図54)。

①低温の刺激を受け取ると視床下部が興奮し，その興奮が交感神経を介して皮膚に伝えられる。すると，**皮膚の血管が収縮し，また，立毛筋が収縮して，体表からの放熱量が減少**する。

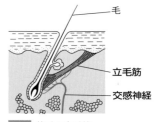

図53 体毛と立毛筋

毛
立毛筋
交感神経

補足 皮膚の血管が収縮すると，皮膚を流れる血液量が少なくなる。また，立毛筋が収縮すると毛と毛の間に空気が蓄えられ断熱の働きをするため，皮膚からの放熱量が減少する。

②同様に，視床下部からの指令が交感神経を介して副腎髄質に伝えられる。すると，副腎髄質からアドレナリンが分泌されて，その結果，**血糖濃度が上昇して**(⇨p.115)代謝が盛んになり，**発熱量が増加**する。

③また，視床下部の興奮は脳下垂体前葉にも伝えられ，そこから**副腎皮質刺激ホルモン**や**甲状腺刺激ホルモン，成長ホルモン**などが分泌される。刺激ホルモンによって副腎皮質からは糖質コルチコイドが，甲状腺からは**チロキシン**が分泌され，**肝臓や骨格筋，褐色脂肪組織**[★2]での代謝が促進されて発熱量が増加する。

④汗腺を支配する交感神経は，寒いときには働かない。

★1 皮膚には，温点・冷点・圧点・痛点とよばれる4種類の感覚点があり，それぞれ，温かさ・冷たさ・圧力・痛みの刺激をとらえている。

★2 褐色脂肪組織は首や心臓などに分布する組織で皮下脂肪などを蓄える白色脂肪細胞と異なり脂肪を分解して熱を発生する働きをもつ。

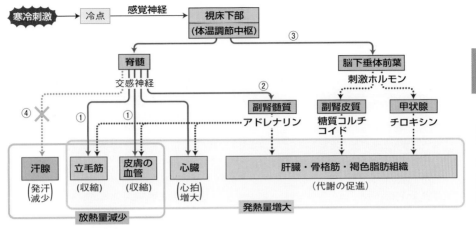

図54 寒いときの体温調節のしくみ(ヒトの場合)

③ 暑いときの調節のしくみ

暑いときには，発熱量を減少させたり，放熱量を増加させることで，体温の上昇を防ぐ。この場合の調節の中枢も視床下部で，視床下部からの指令により，汗腺を支配する交感神経が働くので発汗は盛んになり，また，皮膚の血管や立毛筋を支配する交感神経が働かないので皮膚の血管は拡張し，立毛筋はゆるんで，放熱量は増加する。

このSECTIONの まとめ 　自律神経系とホルモンの協調

□ 血糖濃度の調節 ↪ p.114	・血糖濃度調節の最高位の中枢…**間脳の視床下部** ・[高血糖のとき]**視床下部➡副交感神経➡すい臓(ランゲルハンス島のB細胞)➡インスリン➡血糖濃度低下** ・[低血糖のとき]**視床下部➡交感神経や脳下垂体前葉 ➡すい臓(ランゲルハンス島のA細胞)，副腎(髄質，皮質) ➡グルカゴン，アドレナリン，糖質コルチコイド ➡血糖濃度上昇**
□ 体温の調節 ↪ p.118	・体温調節の最高位の中枢…**間脳の視床下部** ・[寒いとき]**視床下部➡交感神経➡皮膚の血管・立毛筋収縮** さらに，**視床下部➡交感神経や脳下垂体前葉 ➡副腎(髄質，皮質)，甲状腺➡アドレナリン，糖質コルチコイド，チロキシン➡代謝の促進➡発熱量増加**

重要用語

SECTION 1 ホルモンとその働き

□ **内分泌系** ないぶんぴけい ☞p.106
体内の情報伝達に働く器官系の1つ。ホルモンによって全身の器官に情報を伝達し，体内環境を維持する。

□ **ホルモン** ☞p.106
内分泌腺で合成され，他の器官の働きを調節する物質。

□ **内分泌腺** ないぶんぴせん ☞p.106
ホルモンを合成し，分泌する器官。外分泌腺と異なり，排出管がなく，合成されたホルモンは血液中に放出される。

□ **外分泌腺** がいぶんぴせん ☞p.106
汗や消化液などの分泌液を排出管を通して体表や消化管内へ分泌する器官。

□ **標的器官** ひょうてきかん ☞p.107
ホルモンが作用する器官。

□ **標的細胞** ひょうてきさいぼう ☞p.107
標的器官に存在する，特定のホルモンを受け取る細胞。

□ **受容体** じゅようたい ☞p.107, 108
標的細胞にあり，特定のホルモンと結合して特定の反応を引き起こすもの。

□ **成長ホルモン** せいちょう— ☞p.108, 109
脳下垂体前葉から分泌されるホルモン。からだの成長，タンパク質の合成，血糖濃度の上昇などを促進する。

□ **甲状腺刺激ホルモン** こうじょうせんしげき—
☞p.109, 111　脳下垂体前葉から分泌されるホルモン。甲状腺に働きチロキシンの合成，分泌を促進する。

□ **副腎皮質刺激ホルモン** ふくじんひしつしげき—
☞p.109, 111　脳下垂体前葉から分泌されるホルモン。副腎皮質に働き糖質コルチコイドの合成，分泌を促進する。

□ **パラトルモン** ☞p.109
副甲状腺から分泌されるホルモン。血中カルシウム濃度を上昇させる。

□ **鉱質コルチコイド** こうしつ— ☞p.109
副腎皮質から分泌されるホルモン。体液中のナトリウムイオンやカリウムイオンの濃度の調節に働く。

□ **視床下部** ししょうかぶ ☞p.110 (p.97, 99)
間脳に位置し，内分泌系や自律神経系の調節を行う中枢。体温調節やストレス応答，摂食行動や睡眠の覚醒など多様な生理機能を協調して管理している。ホルモンを分泌する特殊な神経細胞(神経分泌細胞)があり，脳下垂体後葉では，視床下部から後葉内の毛細血管まで，神経分泌細胞の先端が伸びており，後葉内の毛細血管に直接ホルモンが分泌される。

□ **脳下垂体** のうかすいたい ☞p.111
内分泌腺の1つ。ヒトでは前葉と後葉からなる。前葉は成長ホルモンや他の内分泌腺を刺激するホルモンを分泌し，後葉はオキシトシンやバソプレシンを分泌する。

□ **甲状腺** こうじょうせん ☞p.112
のどの前面にある内分泌腺。チロキシンを分泌する。

□ **チロキシン** ☞p.112
甲状腺から分泌されるホルモン。細胞や組織での代謝の促進に働く。

□ **副甲状腺** ふくこうじょうせん ☞p.109, 110
甲状腺の表面(からだの背中側)に存在する内分泌腺。パラトルモンを分泌する。

□ **フィードバック** ☞p.112
反応系の最終生産物が，調節のしくみの初期段階に戻って調節するしくみ。

□ **負のフィードバック** ふの— ☞p.112
最終生産物の増加が抑制的に働き，最終生産物が減少するしくみ。逆に，最終生産物が増加するとさらに生成が促進される場合を正のフィードバックという。

□ **バソプレシン** ☞p.113
脳下垂体後葉から分泌されるホルモン。腎臓からの水の排出を抑制する。

質からグルコースを産生する糖新生を促進する。

□**糖尿病** とうにょうびょう ☞p.116

血糖濃度が高い状態が慢性的に続くことにより尿中にグルコースが排出される病気。長期間続くと、血管がもろくなり、腎臓や網膜の血管障害などの合併症が引き起こされ、腎不全や失明などの重篤な症状につながることが多い。

②自律神経系とホルモンの協調

□**グルコース** ☞p.114

糖類(単糖)の一種。生物にとって呼吸基質となり、エネルギー源として最も重要かつ基本的な物質。ブドウ糖ともよばれる。

□**肝臓** かんぞう ☞p.114 (p.138)

右の腹部に位置し、グリコーゲンの合成・貯蔵、解毒作用、胆汁の生成などの働きをもつ臓器。

□**グリコーゲン** ☞p.114

多数のグルコースが結合した物質。肝臓、筋肉中に貯蔵養分として蓄えられている。

□**血糖** けっとう ☞p.114

血液中のグルコースを血糖といい、その濃度を血糖濃度という。ヒトの血糖濃度は約0.1%である。

□**すい臓** すいぞう ☞p.115

消化液であるすい液を分泌する外分泌腺であり、同時に血糖濃度を調節するホルモンを分泌する内分泌腺でもある臓器。

□**ランゲルハンス島** —とう ☞p.115

すい臓内にある内分泌細胞の集まり。すい臓の大部分を占める外分泌細胞の中に小さな塊として島のように点在しており、それぞれ異なるホルモンを分泌するA細胞とB細胞がある。

□**インスリン** ☞p.115

ランゲルハンス島のB細胞から分泌される、血糖濃度を低下させる作用をもつホルモン。

□**グルカゴン** ☞p.115

ランゲルハンス島のA細胞から分泌される、血糖濃度を上昇させる作用をもつホルモン。

□**アドレナリン** ☞p.115

副腎髄質から分泌される、血糖濃度を上昇させる作用をもつホルモン。

□**副腎** ふくじん ☞p.115 (p.109, 110)

腎臓の上側にある内分泌腺。周辺部の副腎皮質と、中心部の副腎髄質からなる。

□**糖質コルチコイド** とうしつ— ☞p.115

副腎皮質から分泌されるホルモン。タンパク

インスリンの研究の歴史

ランゲルハンス島の発見と未知の物質

① 1869年，ドイツの科学者ランゲルハンスは，ベルリン大学在学中に，「すい臓の顕微鏡的解剖」という論文を発表した。彼はその論文中で，「すい臓には外分泌腺中に島状に分布する直径0.12～0.24 mmの独立した細胞の塊がある。そこは周囲より豊富に神経が集まっている。その働きはわからない。リンパ節かもしれない。」と記した。後の1893年，フランスの組織学者ラグッセが，この細胞塊を血糖調節にかかわる細胞と推察し，発見者の名前を取り「ランゲルハンス島」と命名した。

② 1889年に，ドイツのミンコフスキーとメーリングは，すい臓を摘出すると糖尿病が発症することを確認した。

図55 ミンコフスキー

彼らは，すい臓の酵素が脂肪の消化に必要かどうかを調べるために，イヌのすい臓を手術により摘出した。すると，そのイヌは著しく排尿をするようになった。そこで彼らは，糖尿病の症状を疑い，尿中の糖濃度を測定したところ，重篤な糖尿病が発症していることを発見した。この「偶然」の発見が，すい臓と糖尿病の関係の解明につながったのである。

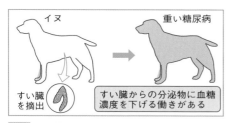

図56 すい臓と糖尿病の関係

③ 1909年にベルギーのメイヤー，1916年にイギリスのシェーファーが，ランゲルハンス島から内分泌される未知のホルモンが糖尿病の原因になるとの推論を発表し，ラテン語の「島」を表すインスーラ（insula）に由来してインスリン（insuline）と命名した。

インスリンの抽出と特定

① 1920年，カナダの整形外科医だったバンティングは，医学雑誌で「すい管（すい臓から小腸にすい液を分泌する管）が詰まると消化液が出なくなる」ことを知り，実験動物のすい管をしばって，すい臓の消化液を分泌する細胞を退化させてしまえば，残りの細胞から血糖濃度を下げる物質が取り出せると考えた。1921年，バンティングはトロント大学の生理学教授で糖尿病の権威であったマクラウドに，この実験許可を申し入れた。交渉の末，マクラウドの夏休みの8週間だけ研究室を使うことが許可され，実験用のイヌ数匹を与えられ，19歳の医学生ベストを助手として紹介された。

図57 バンティング（右）とベスト（左）

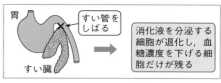

図58 バンティングとベストの実験の概要

② 8週間の期限が経っても実験は成功しなかったが，さらに1週間ねばって研究を続け

たバンティングとベストは，ついに糖尿病のイヌの血糖濃度を下げる効果のある抽出液を得た。その後，2匹のイヌでも血糖濃度降下作用を確認し，彼らはその抽出物を英語の「島（island）」に由来してアイレチン（isletin）と名付けた。2人の研究成果を認めたマクラウドは，研究チームを編成し，マクラウドの指揮の下で，研究体制が整えられた。

③ 1922年1月11日，トロント総合大学に入院していた14歳のⅠ型糖尿病患者レオナルド・トンプソン少年の両方の尻にウシのすい臓から得られた抽出液が注射されたが，血糖濃度は少ししか下がらず，注射部位が腫れ上がったため，投与は中断された。そこで，アルバート大学の生化学者コリップが招かれ，抽出物の精製と臨床応用が試みられた。コリップがつくった抽出液を再度注射したところ，血糖濃度は520 mg/dLから120 mg/dLまで低下し，尿中の糖はほとんど消失した。これがインスリン抽出液を糖尿病患者に臨床応用した初成功例となった。その後，さらに他の患者に投与が行われ，良好な結果が得られた。

④ マクラウドは1922年にアメリカ内科学会で糖尿病患者の治療に有効なすい臓抽出物をバンティングとベストが名付けたアイレチンではなく，インスリンと命名して発表した。メイヤーらが提案していた「インスリン」とは異なり，英文の綴りでは語尾のeが除かれていた（insuline→insulin）。

⑤ 1923年のノーベル生理学・医学賞は，インスリン発見の功績により，バンティングとマクラウドに与えられた。インスリンの発見が1921年だった事を考えると，いかにこの発見が注目されていたかがわかる。しかし，マクラウドとの共同受賞と聞いたバンティングは激怒し，「マクラウドよりもベストが受賞にふさわしい」として賞金の半分をベストに分け与えた。その2週間後，マクラウドも反論するかのように，賞金の半分をコリップに渡した。カナダ初のノーベル賞の2人であったが，終生和解することはなかったという。

インスリンの構造決定と合成

① インスリンの発見後も，インスリンはノーベル賞の歴史にたびたび登場した。イギリスのサンガーは，インスリンのアミノ酸配列を決定し，タンパク質が決まったアミノ酸配列からなる構造をもつことを解明した功績で1958年のノーベル化学賞を受賞した。インスリン分子の立体構造は，1964年にノーベル化学賞を受賞したイギリスの女性X線結晶学者ホジキンにより解明され，インスリンは構造が確定した最初のタンパク質となった。

② インスリンのアミノ酸配列が明らかになると，人工的にインスリンを合成する研究が盛んに行われた。アメリカのメリフィールドは1963年に発表したペプチド合成法でインスリ

図59 メリフィールド

ンをはじめとする生体内で働く数々の物質を世界ではじめて合成し，1984年にノーベル化学賞を受賞した。

③ 家畜由来のインスリンは抽出量が少なく，大量生産が難しかった。また，精製が十分でなくアレルギーを起こしたり，効き過ぎて低血糖になるなどの副作用が見られた。その後，ヒトインスリンの遺伝子配列がわかり（1980年），それを大腸菌に組み込んで，ヒトインスリンを生産させることが可能となった（1982年）。

④ 日本では1981年，患者自身によるインスリンの自己注射が認められるとともに保険の適用が実現し，治療法の改善や医療費の軽減など，患者の負担軽減が進んだ。90年代以降は超速効型など効き目の速さや持続の異なる多様な製剤が製品化された。近年は1日の血糖濃度の変動を持続的に測定する機器も開発され，きめ細かな血糖管理ができるようになっている。

CHAPTER

3 » 生体防御と体液の恒常性

SECTION 1 生体防御

1 | 自然免疫と適応免疫（獲得免疫）

1 自然免疫と適応免疫（獲得免疫）

❶**生体防御** 微生物や異物の侵入を食い止めたり，体内に侵入した微生物の増殖を抑え，異物を排除したりして自分自身を守ろうとするしくみを生体防御という。生体防御のうち，さまざまな防御をすり抜けて体内に侵入した**病原体などの異物を，自分以外の物質（非自己）として認識し除去するしくみを免疫という。ウイルスに感染した細胞やがん細胞，移植された他人の細胞なども非自己として認識され除去される。**

❷**防御のしくみ** 生体防御のしくみには**物理的・化学的防御**，自然免疫，適応免疫（獲得免疫）がある。物理的・化学的防御を自然免疫に含める場合もある。

① **物理的防御** 皮膚や粘膜によって，体内への異物の侵入を食い止める。皮膚は，**表皮**と**真皮**からなり，表面は死細胞からなる**角質層**が病原体などの侵入を防ぐ。粘膜は，鼻や口，消化管，気管支などの内壁を占め，その**表面が粘液**に覆われている。

表5 生体防御のしくみ

物理的・化学的防御	（物理的防御）皮膚，粘膜
	（化学的防御）粘液，リゾチーム
自然免疫	食細胞による食作用，炎症，NK細胞による感染細胞などの排除
適応免疫（獲得免疫）	体液性免疫，細胞性免疫

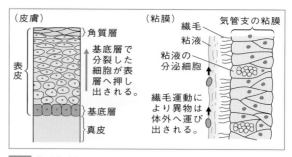

図60 物理的防御をする皮膚と粘膜

② **化学的防御**　涙・だ液・気管支の粘液中に多く含まれる**酵素であるリゾチーム**は，微生物の細胞壁を溶かし，活動できなくする。また，皮膚にある**皮脂腺**や**汗腺**などからの分泌物は，皮膚の表面を弱酸性（pH4.5〜6.5）に保っており，多くの病原体の繁殖を抑制する。

③ **自然免疫**　自然免疫には，**食細胞による食作用**（⤴ p.87），**炎症**，**NK細胞**（ナチュラルキラー細胞）による感染細胞などの排除がある。

④ **適応免疫（獲得免疫）**　特定の物質を認識した免疫細胞が特異的に病原体などを排除する免疫。特にリンパ球とよばれる白血球が，血管内やリンパ管内で微生物を処理する。その方法は，**抗体**とよばれる“飛び道具”を放出して細菌などの異物を処理するもの（**体液性免疫**⤴ p.128）や，直接細胞を攻撃して破壊するやり方（**細胞性免疫**⤴ p.130）などがある。

生体防御 ⎧ 物理的・化学的防御…皮膚，粘膜，粘液，リゾチームなど
　　　　 ⎨ 自然免疫…**食作用，炎症，NK細胞の働き**
　　　　 ⎩ 適応免疫（獲得免疫）…**体液性免疫・細胞性免疫**

2 自然免疫

❶ **食作用**　白血球の一種である好中球や，樹状細胞，マクロファージなどの細胞は，病原体などの異物を取り込んで分解し排除する。この働きを食作用といい，食作用を行う白血球を食細胞とよぶ。

❷ **炎症**　病原体などの異物を取り込んだ**マクロファージ**は，**サイトカイン**とよばれる情報伝達物質を放出する[★1]。これによって毛細血管の血管壁が拡張して透過性が高まり，白血球が血管から組織内へ出てきやすくなって**異物の排除が促進**される。血流量が増えて血しょうが多く組織内へしみ出すと，痛みや高熱を伴う腫れ，すなわち炎症が生じる。

❸ **NK細胞の働き**　NK細胞（ナチュラルキラー細胞）は，ウイルスに感染した細胞を見つけ次第，感染細胞の細胞膜に穴を開け破壊する物質を分泌し，**感染細胞を直接攻撃**する。NK細胞は，がん細胞や移植された他人の細胞も排除する。

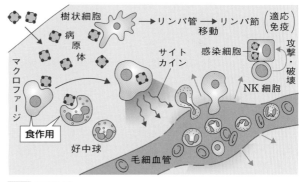

図61 自然免疫

★1 サイトカインの1つインターロイキンは脳の血管に働いてプロスタグランジンという物質の分泌を促し，プロスタグランジンが視床下部に働くことで全身の体温上昇を促す。

2 | 適応免疫（獲得免疫）

1 リンパ系の器官とリンパ球

❶免疫に関係する器官（リンパ系器官）

① **リンパ節**　リンパ管の途中にあり，リンパ液を濾して異物を除去する働きをもつ（⇨p.94）。マクロファージやリンパ球が特に多く存在し[★1]，食作用や抗体の産生（⇨p.128）など，免疫にかかわる作用や反応が行われる。

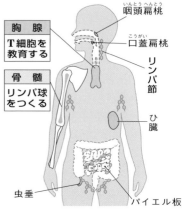

図62 免疫において重要な器官など

補足 このほか，のどの奥や鼻の奥の扁桃，腸管の組織であるパイエル板，盲腸の虫垂も同様の働きをもつ。

② **骨髄**　リンパ球は，他の血球と同様に骨髄でつくられる。ただし，分化が完了するのは，血流にのって他の器官で成熟したり，侵入した微生物や異物の情報を受けて活性化してからである。

③ **胸腺**　T細胞の分化と成熟の場で，正常なT細胞だけを選択的に増殖させる。

④ **ひ臓**　リンパ管の途中ではなく，血管系の途中にある。ひ臓中のマクロファージやリンパ球によって血流中の感染源を防御する。また，古い赤血球を破壊する。

❷適応免疫に関係するリンパ球

① **T細胞**　骨髄でつくられた未熟なリンパ球が胸腺で分化・成熟し血流や末梢組織に移行するため，胸腺（thymus）のtをとってT細胞とよばれる。ヘルパーT細胞，キラーT細胞などの種類がある。

② **B細胞**　骨髄（bone marrow）でつくられ[★2]，胸腺を通過せず，直接ひ臓やリンパ節に行く。T細胞によって活性化されると，形質細胞（抗体産生細胞）に分化する。

⎯⎱ COLUMN ⎰⎯

胸腺は思春期が働きのピーク

　胸腺は心臓の少し上に位置する20～30gの臓器で，この大きさは10代前半でピークを迎えると，その後は萎縮し脂肪に置き換わるといわれている。胸腺はT細胞に抗原の情報を教育する学校に例えられる。この学校は，抗原が自己か非自己かの見分け方をT細胞に教える。つまり人生において思春期までの時期にはさまざまな抗原と出会い，胸腺という学校で厳しく教育されたT細胞たちが全身をめぐり免疫機能を担う。しかし，この時期を過ぎると，その役割は新たに生じた免疫記憶細胞に徐々に委ねられていくのである。

★1 マクロファージは全身のいたる所に存在するが，リンパ系器官（リンパ節，胸腺，ひ臓など）に特に多い。
★2 B細胞の名称は，もとは鳥類がもつファブリキウス嚢（bursa of Fabricius）という器官で成熟することからつけられた。

❸**リンパ球の特異性と多様性** 適応免疫で働くB細胞およびT細胞は，1つのリンパ球につき1種類の異物しか認識できない（**リンパ球の特異性**）。個々のリンパ球が認識する異物は1種類だが，認識する異物の異なる多種類のリンパ球が存在するので，体内にあるリンパ球全体としてはさまざまな異物に対応することができる（**リンパ球の多様性**）。

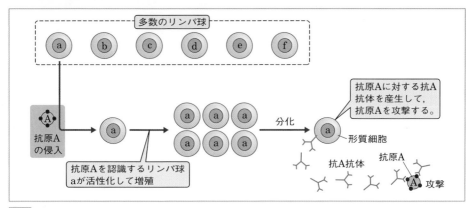

図63 **リンパ球の特異性と多様性**（例としてB細胞を示している）

視点 体内には非常に多様なリンパ球が存在し，どのような抗原に対してもそれを認識するリンパ球が存在する。

❹**免疫寛容** T細胞やB細胞がつくられる過程では，自分自身の成分（自己）を異物として認識するものもつくられ，このような細胞が働くと自分自身も攻撃されてしまう。そのため，T細胞やB細胞が成熟する過程で，免疫寛容とよばれる，自己を認識する細胞を選別（負の選択）し，死滅させたり，働きを抑えたりして，自分自身に免疫が働かない状態がつくられる。胸腺は，自己を認識する細胞が選別される場であり，細胞の選別にはMHC分子（⟳p.132）が関係している。

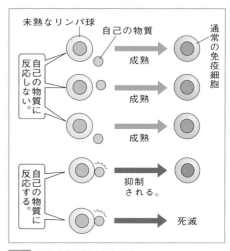

図64 **免疫寛容が起こるしくみ**

POINT!

免疫寛容…**自分自身に免疫が働かないこと**。自分自身の成分に反応するリンパ球が成熟する過程で排除・抑制される。

2 抗原抗体反応と体液性免疫 ①重要

❶抗原と抗体

① **抗原** 免疫をつかさどる免疫系によって異物として認識される物質が**抗原**で，タンパク質・多糖類など，分子量1000以上の比較的大きな分子が抗原となる。

② **抗体** 体内に入ってきた抗原に対して免疫系でつくられるタンパク質(免疫グロブリン)で，抗原と特異的に結合し，抗原による害を抑える。

❷抗原抗体反応

体内に抗原が侵入すると，やがて抗体がつくられ，抗原と結合してその感染性や毒性を抑える。これを抗原抗体反応という。

❸体液性免疫

抗原抗体反応によって抗原を無害化し排除する生体防御のしくみを体液性免疫という。抗体生産(産生)のしくみは以下のとおりである。

① 抗原が侵入すると，組織中やリンパ節などに存在するマクロファージや樹状細胞(⊃ p.87)が異物として認識し，細胞内に取り込んで分解する(**食作用**)。

② 樹状細胞は分解した抗原の断片を細胞の表面に出し，抗原の情報をヘルパーT細胞に伝える(抗原提示)。また，B細胞はT細胞と異なり，樹状細胞の抗原提示なしに抗原の特定の成分を直接認識する。

③ 抗原提示を受けた**ヘルパーT細胞は活性化**し，B細胞から同じ型の抗原を抗原提示されると**活性因子(サイトカインとよばれる)**を出して，B細胞を活性化させる。

④ 活性化された B 細胞は分裂して増え，形質細胞(抗体産生細胞)に**分化**する。活性化した一部のB細胞は，**記憶細胞(記憶B細胞)**として長期にわたり体内に残る。

⑤ 分化した形質細胞は，その抗原に対応した**抗体**を産生し，**体液中に分泌**する。

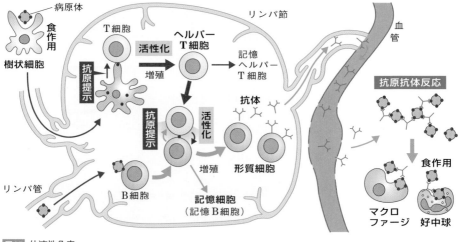

図65 体液性免疫

⑥抗原抗体反応によって抗体と結合した抗原は，マクロファージや好中球の食作用などによって除去される。

[体液性免疫]

樹状細胞　　　　　抗原提示←B細胞→形質細胞

異物 ⇨ 食作用→抗原提示→活性因子　　　　　　　　抗体産生

ヘルパーT細胞

⊕発展ゼミ　抗体の構造と多様性

●抗体は，免疫グロブリンというY字型をしたタンパク質であり，H鎖とL鎖というポリペプチド(アミノ酸が多数つながったもの)が2本ずつ，計4本のポリペプチドからできている(H鎖はHeavy，L鎖はLightに由来し，長いほうがH鎖である)。抗体が抗原と結合する部分を可変部といい，他の部分は定常部という。可変部の形は抗体をつくるB細胞ごとに異なっていて，可変部の形に合った特定の抗原と特異的に結合する。

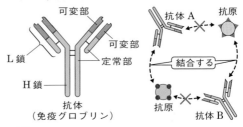

図66 抗体の構造と特異性

●抗体は特定の抗原としか結合しない。そしてタンパク質をつくるための遺伝子はヒトの場合全部で約2万しかないのに，どのようにして膨大な種類の異物に対応する抗体をつくることができるのだろうか。可変部の構造を決める遺伝子の領域は，H鎖が3つ，L鎖が2つの領域に分かれていて，それぞれの領域には，塩基配列の異なる遺伝子の断片がいくつか並んでいる。それらの断片を選んでつなぎ合わせること(遺伝子の再編成)により多様な遺伝子の組み合わせができ，多様な抗体がつくられる。その種類は，

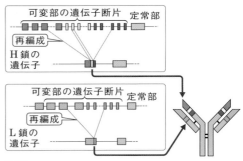

図67 多様な抗体と遺伝子の再編成

視点 B細胞が成熟する前に，DNAのそれぞれの領域から1つずつ遺伝子の断片が選ばれてつなぎ合わされる(それ以外の領域は除かれる)。

H鎖 5520種×L鎖 295種 ≒ 1,600,000種類にも及び，さらに多様性を生む別の機構もあるため，事実上ほとんどの抗原と結合できる抗体を産生することが可能となる。

●日本の利根川進は，遺伝子・分子レベルでこのしくみを明らかにし，「多様な抗体を生成する遺伝的原理の解明」により，1987年に日本初のノーベル生理学・医学賞を受賞した。

❹**免疫記憶**　同じ抗原が再び侵入した場合，大量の抗体が速やかにつくられる。これは，その抗原に対する抗体の情報が記憶細胞にすでにあり，再侵入した抗原と出会うと，速やかに増殖して抗体を産生するためである。

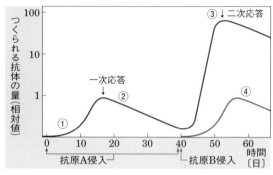

図68　免疫記憶と二次応答

① 抗原Aが体内に侵入すると，先に述べた ❸ のような過程によって抗原Aに対する抗体(抗A抗体)がつくられる(**一次応答**)。

② 抗原Aが体内から除去されると抗A抗体の量も減少するが，抗原刺激を受けたB細胞の一部は記憶細胞として体内に残る(**免疫記憶**)。

③ 再び抗原Aが体内に侵入すると，**抗原Aに対する記憶細胞から形質細胞が速やかに分化・増殖し，抗A抗体が①のときよりも短時間で大量につくられる**(**二次応答**)。

④ ②の後に抗原Aとは異なる抗原(抗原B)が侵入した場合は，これに対する生体防御の反応は新たな一次応答であり，抗B抗体がつくられる速さ・量は①と同等となる(↪**図68の青い曲線**)。

3 細胞性免疫

❶**細胞性免疫**　T細胞やマクロファージなどが標的細胞を直接攻撃する免疫を細胞性免疫といい，抗体が主役となる体液性免疫と対比される。他人の臓器を移植したときに起こる**拒絶反応**は，その例である。

① 樹状細胞が，標的細胞(異物)の情報を**ヘルパーT細胞とキラーT細胞に抗原提示**する。この後ヘルパーT細胞は活性化し，キラーT細胞を活性化する。ヘルパーT細胞とキラーT細胞は増殖し，一部は記憶細胞として体内に残る。

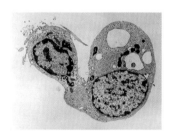

図69　がん細胞(右)を攻撃するキラーT細胞(左)

② 増殖したキラーT細胞は，表面に非自己物質をもつ**標的細胞**(ウイルスに感染された細胞や他個体からの移植細胞，がん細胞など)を**直接攻撃**し，**破壊**する。

③ 死滅した細胞はヘルパーT細胞に活性化されたマクロファージの食作用で処理される。

補足 キラーT細胞による攻撃は，NK細胞(ナチュラルキラー細胞)と同様に，標的細胞の細胞膜に穴を開ける物質を分泌し，さらに細胞を破壊する酵素を注入して標的細胞を破壊する。

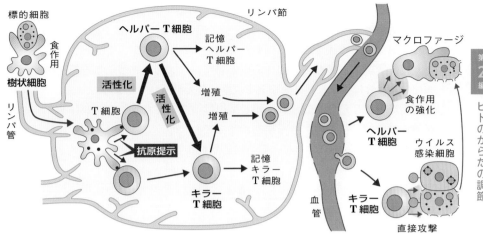

図70 細胞性免疫

⊣ COLUMN ⊢

ツベルクリンとBCGワクチン

　結核は非常に感染力が強く重症化すると肺や神経系，消化器系や骨などに影響が及ぶ感染症である。20世紀前半の日本では死因の1位を占めて「国民病」「亡国病」とよばれ，2020年現在でも世界で年間150万人が死亡している。

●**ツベルクリン**　細胞性免疫による反応の例として，移植拒絶反応のほかにツベルクリン反応がある。ツベルクリン反応は，結核菌の培養液から得たタンパク質成分を皮内注射して，結核菌に対する細胞性免疫の有無を判定するものである。ツベルクリンタンパク質が注射されると，結核菌に感染したことのある人の体内に残っていた記憶ヘルパーT細胞が認識し，そのT細胞が注射された場所にマクロファージを集め，活性化して炎症を起こさせるため赤く腫れる。

●**BCGワクチン**　ツベルクリンで炎症が起こらない場合(陰性)は結核菌に対する免疫記憶をもっていないということなので，無毒化した生きた結核菌(BCGワクチン)を接種して結核菌に対する適応免疫をつける必要がある(⇨p.135)。

---

❷細胞性免疫の特徴と体液性免疫の違い

細胞性免疫	体液性免疫
①キラーT細胞そのものが標的細胞を攻撃する。 ②標的細胞(異物)は，T細胞が出す物質で攻撃され，破壊される。	①形質細胞によって抗体がつくられる。 ②抗体は血液中にあり，全身で抗原抗体反応が起こる。 ③抗原の種類に応じて異なる抗体がつくられ，抗原と特異的に結合して抗原の感染性や毒性を抑える。

❸拒絶反応　他人の臓器や組織片を移植すると，移植片はやがて変質して脱落してしまう。これを拒絶反応といい，おもに細胞性免疫によって起こる現象である。そのしくみは次のとおり。

①細胞表面には，自分と他人を識別する標識であるMHC分子[1]があり，マクロファージ，樹状細胞，ヘルパーT細胞，キラーT細胞は，この標識を区別できる。

②自己と異なった標識をもった細胞が移植されると，**マクロファージや樹状細胞が異物と認識**し，おもに細胞性免疫のしくみによって**キラーT細胞が増殖**，移植片のまわりに集まり，移植細胞を攻撃して死滅させてしまう。

③一度拒絶反応を示した個体に，同じ型の標識をもった細胞を再び移植すると，移植片は最初の移植時よりも早く脱落してしまう。これは，初回の移植によりつくられた記憶細胞によって，**二次応答が起こる**ためである。

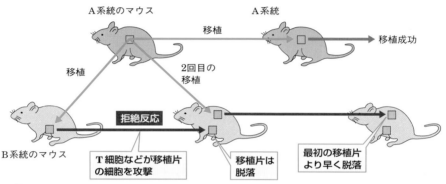

図71　異系統間移植の拒絶反応

❹**MHC分子と抗原提示**　MHC分子[1]（主要組織適合遺伝子複合体 Major Histo-compatibility Complex がつくる分子）は細胞の表面に存在するタンパク質で，樹状細胞やB細胞は異物を抗原提示する際にこの物質と結合させて提示する。個体ごとに分子構造が少しずつ異なるため，細胞表面上のMHC分子自体の違いによって，自己の細胞と非自己の細胞を区別することができる。

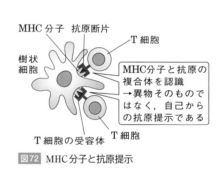

図72　MHC分子と抗原提示

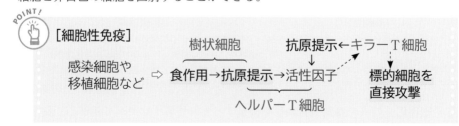

[細胞性免疫]

感染細胞や移植細胞など　⇨　食作用→抗原提示→活性因子

樹状細胞

抗原提示←キラーT細胞
↓
標的細胞を直接攻撃

ヘルパーT細胞

★1 MHC抗原（主要組織適合抗原）ともよばれる。

3 | 免疫と病気

1 有害な免疫反応

❶アレルギー　免疫反応が過敏に起こり，じんましんや粘膜の炎症(くしゃみや鼻水，涙，かゆみ)などの生体に不利益な症状が生じることをアレルギーという。また，花粉やほこり，動物のタンパク質などアレルギーの原因となる物質をアレルゲンという。

アレルギーは，免疫の記憶をもった(IgEという抗体を細胞表面に結合した)マスト細胞[★1](肥満細胞)が，**抗原(アレルゲン)の侵入によって刺激され，ヒスタミンなどの化学物質を放出することで起こる。**ヒスタミンには，血管壁を拡張させる働きや気管支や気管を収縮させる働きがあり，これによってアレルギー症状が出る。

補足　アレルゲンには，気管に吸い込んだほこり，花粉，カビ，ダニ，動物の毛や，摂取したサバ・サンマなどの魚介類，たけのこ，大豆，そば，小麦粉，卵，牛乳や，注射されたワクチン，抗生物質(細菌などの生育を阻害する微生物由来の物質。ペニシリンなど)などがある。

❷アナフィラキシー　アナフィラキシーはアレルゲンの侵入によって，即時的に生じる激しい全身性のアレルギー反応である。これは皮膚や粘膜の炎症を伴い，急激な血圧低下から呼吸困難，意識障害など命にかかわるショック症状(アナフィラキシーショック)に至ることがある。

❸花粉症　花粉症は花粉成分をアレルゲン(抗原)とするアレルギーの一種である。花粉の侵入により，**マスト細胞の表面にIgEという抗体が結合する。再び侵入した花粉の成分がIgEに結合すると，マスト細胞が刺激され，細胞内からヒスタミンが放出されてアレルギー症状を引き起こす。**

そこで花粉症に対しては，さまざまな薬が用いられているが，大きく2つに分けることができる。1つは**抗アレルギー薬**で，マスト細胞表面の抗体への抗原の結合を妨げるものである。もう1つは，放出されたヒスタミンが鼻などの粘膜の受容体に結合しないようにする**抗ヒスタミン薬**である。

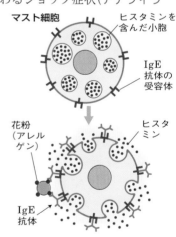

図73　花粉症のしくみ

アレルギー…**過敏な免疫反応によって生体に不利益な症状が出ること。**

アレルゲン…**アレルギーの原因となる物質(抗原)。**

★1 マスト細胞は骨髄の造血幹細胞に由来する細胞で，全身の各組織で成熟すると考えられている。

❹自己免疫疾患　何らかの原因で，**免疫系が自分自身のからだを攻撃することで起こる病気**を自己免疫疾患という。自己免疫疾患は，特定の臓器に病変を起こす臓器特定的自己免疫疾患と，体内のさまざまな組織に炎症が広がる全身性自己免疫疾患がある（⇨ 表6）。

　臓器特定的自己免疫疾患の 1 つである I 型糖尿病（⇨ p.116）は，すい臓のランゲルハンス島のB細胞が，抗体やキラーT細胞によって破壊され，インスリンの分泌が欠乏する。全身性自己免疫疾患の 1 つである**関節リウマチ**は，関節の細胞や組織が抗原として認識され，関節の炎症，変形が起きる。

表6　自己免疫疾患の例

臓器特異的自己免疫疾患（病変の起こる臓器）	全身性自己免疫疾患（病変する組織）
I 型糖尿病（ランゲルハンス島） バセドウ病（甲状腺） 橋本病（甲状腺）	関節リウマチ（関節の細胞・組織）

視点　バセドウ病…体内でつくられた抗体によって甲状腺刺激ホルモン受容体が刺激し続けられ，チロキシンが過剰に産生・分泌されることで起こる。動悸，体重減少，指の震え，暑がり，多汗などの症状や，疲れやすい，筋力低下，精神的なイライラや落ち着きのなさが生じることもある。

橋本病…甲状腺を免疫細胞が攻撃する。甲状腺機能が低下することにより，悪寒，便秘，体重増加，からだのむくみ，関節痛などの症状が現れる。

2 免疫不全

❶エイズ　エイズ（後天性免疫不全症候群，AIDS）[1]は，ヒト免疫不全ウイルス（HIV）[2]が免疫細胞に感染し，免疫細胞を破壊して起こす疾患である。HIVは，おもに適応免疫の中心である**ヘルパーT細胞**に感染して増殖し，破壊してしまう。ヘルパーT細胞は，B細胞やキラーT細胞の活性化にかかわるため，エイズを発症すると**体液性免疫や細胞性免疫の機能が低下**し，適応免疫全体の機能が低下する。

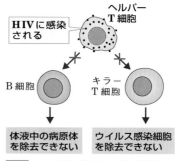

図74　AIDS（後天性免疫不全症候群）

補足　HIVは，感染者の血液や精液，膣分泌液などに多く含まれ，性的接触，注射器の使い回し，輸血や出産時などの母子間の経路などで感染する。普通の接触や空気を通しての感染はしない。エイズの完全な治療法はまだ確立されていないが，現在では，HIVの増殖を抑える薬剤が開発され，発症を大幅に遅らせることが可能になった。

★1 AIDSは，acquired immunodeficiency syndrome の略称。
★2 HIVは，human immunodeficiency virus の略称。

❷**日和見感染**　エイズが発症したときや，抗がん剤や免疫抑制剤の使用時，臓器移植や放射線治療時などに，免疫の機能が極端に低下すると，健康時には感染しないような病原体にも感染するようになり，発熱，肺炎などのさまざまな症状が現れる。このような感染を**日和見感染**という。例えば，皮膚に常在し，通常は病原性の低いカビの一種であるカンジダ菌は，免疫の働きが低下すると，内臓に入り込んでその機能を低下させることがある。

┤ COLUMN ├

症候群

　症候群とは「同時に起こる一連の症状」という意味である。エイズ(後天性免疫不全症候群)はその原因がHIVと突き止められるまで，原因不明の免疫不全によってカンジダ症や特殊な肺炎などの日和見感染や腫瘍が発生する病気として発見され，そのさまざまな症状の総称として名付けられた病名である。いわゆるかぜ(風邪)も，正式には**かぜ症候群**といい，のどの炎症，せきやくしゃみ，鼻水，発熱などの一連の症状をまとめて1つの病気としてよんでいる。

---

3 免疫と医療

❶**ワクチン**　病原体を不活性化または弱毒化した製剤を**ワクチン**といい，これを体内に入れること(**予防接種**)で免疫記憶をもたせ，病気を予防する方法を**ワクチン療法**という。インフルエンザ，日本脳炎，狂犬病，A型肝炎，B型肝炎，ポリオ，麻疹(はしか)，風疹などさまざまな感染症の予防接種として活用されている。

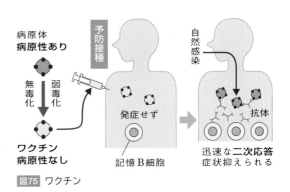

図75 ワクチン

❷**血清療法**　動物に抗原を注射して体内に抗体をつくらせ，この抗体を多く含んだ血清を治療に用いることを**血清療法**という。血清療法はヘビ毒や，細菌が出す毒素によって症状が発生するジフテリア，破傷風などの治療に用いられる。近年では動物の体内でつくらせるのではなく1種類の抗体を産生する形質細胞を培養し，純粋な抗体(**モノクローナル抗体**)だけを投与する治療法が開発されている。

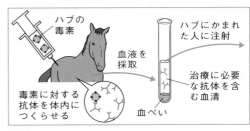

図76 血清療法

⊕発展ゼミ　新型コロナウイルス感染症（COVID-19）とmRNAワクチン

●コロナウイルスは一般的なかぜなどの原因となるウイルスであるが，変異により肺炎など
の重い症状を引き起こすことがあり，SARS★1（2002年），MERS★2（2012年）などの世界的な感染
拡大を引き起こしてきた。

●2019年に発見・報告されたコロナウイルス（SARSコロナウイ
ルス2型，SARS-CoV-2）が原因となる「**新型コロナウイルス感
染症**（coronavirus disease 19 = COVID-19）」は全世界に広まり，
3年間で約6億人が感染し600万人以上の死亡者を出してなお終
息が見えない**パンデミック**（国や大陸を越えて世界中に伝染病が
広がること）を引き起こした。

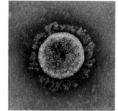

図77 **新型コロナウイルス**
（SARS-CoV-2）

視点　コロナウイルスの名
はまわりに突起をつけた球
形の形状を王冠（corona）
に見立ててつけられた。

●そうした中で，新型コロナウイルス感染症の発症と重症化を防
ぐ手段として広く使用されたワクチンの1つが**mRNAワクチン**
である。これは，ウイルスがもつmRNAという遺伝情報そのも
のを接種し，私たちの体内でウイルスの構成タンパクの一部とそ
れに対する抗体をつくり出すという，全く新しいタイプのワクチ
ンである。

●ウイルスの表面には，ヒトの細胞に感染する際に細胞膜上の受容体に結合する**スパイクタ
ンパク質**というタンパク質が存在している。ウイルスがもつ遺伝情報からこのスパイクタン
パク質をつくるmRNAを取り出し，ヒトの体内に入れても壊れないような処理をしてヒトに
注射すると，ヒトの体内でウイルスのスパイクタンパク質がつくられ，そのスパイクタンパ
ク質に対する**抗体（中和抗体）**が産生され，細胞へのウイルスの侵入を阻止する。ウイルスや
ウイルスのゲノムそのものを注射するのではないので，感染の危険性はない。

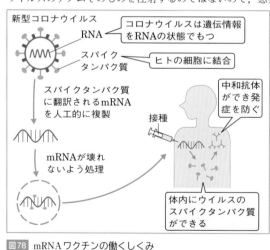

図78 mRNAワクチンの働くしくみ

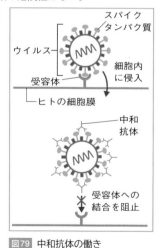

図79 中和抗体の働き

★1 SARSは，severe acute respiratory syndrome（重症急性呼吸器症候群）の略称。
★2 MERSは，Middle East respiratory syndrome（中東呼吸器症候群）の略称。

❸免疫療法　免疫の機能を利用して病気を治療することを免疫療法という。がんは，遺伝子に異常をもち無秩序に増殖するようになった細胞(がん細胞)が体内に広がっていく病気である。がん細胞は免疫の対象であるが，一部のがん細胞は，T細胞の表面に存在し，その働きを抑制するタンパク質PD-1に結合する物質PD-L1をもち，免疫反応から逃れていることがわかってきた。

そこで，PD-1に結合することでがん細胞のPD-L1との結合を阻害し，T細胞によるがん細胞への攻撃を回復させる，抗PD-1抗体とよばれるがん免疫治療薬(免疫チェックポイント阻害剤)が開発された。PD-1による免疫調整のしくみおよび抗PD-1抗体によるがんの免疫療法は本庶佑によって確立され，この功績によって本庶は2018年にノーベル生理学・医学賞を受賞した。

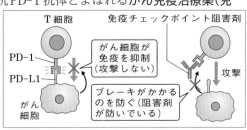

図80　がんが免疫を回避するしくみと免疫療法

このSECTIONの **まとめ**　**生体防御**

□ 自然免疫と適応免疫 ⤷p.124	• **自然免疫**…生得的にもっている防御のしくみ。**食作用**など。 • **適応免疫**…特定の異物を攻撃。**体液性免疫，細胞性免疫**
□ 適応免疫（獲得免疫） ⤷p.126	• **体液性免疫**…リンパ球(**形質細胞**)が抗体を放出，抗原と結合(**抗原抗体反応**)して除去する。 • **細胞性免疫**…細胞を直接攻撃，破壊する。
□ 免疫と病気 ⤷p.133	• **アレルギー**…**免疫反応が過敏**に起こり，じんましんや粘膜の炎症などの症状が生じる。 • **エイズ**…**HIV**がヘルパーT細胞に感染して増殖・破壊することで**免疫不全**となり，**日和見感染**を発症。 • **自己免疫疾患**…**免疫系が自分自身のからだを攻撃**することで起こる病気。**Ⅰ型糖尿病，関節リウマチ**など。
□ 免疫と医療 ⤷p.135	• **ワクチン**…不活化した病原体や毒素を注射し，あらかじめ**免疫記憶**をもたせる。インフルエンザ，日本脳炎，ポリオ，麻疹，風疹など。 • **血清療法**…動物に抗原を注射してその体内にできた**抗体**を投与する。ヘビ毒，ジフテリア，破傷風など。 • **免疫療法**…免疫のしくみを利用した治療法。

2 体液の恒常性

1 | 肝臓のつくりと働き

1 肝臓のつくり

　肝臓は，一般に肝とよばれ，日本では古くから重要な存在とされてきた。「肝心」（または「肝腎」）という言葉もあるように，人体にとって生命維持に直結する重要な器官である。

❶肝臓のつくり　肝臓は赤褐色をしており，重さは成人で1200～1400 gで，人体最大の器官である。
肝臓は，肝細胞が約50万個集まった**肝小葉**という構造単位からなる。肝小葉は，直径1～2 mmの多面体で，典型的なものでは，横断面は六角形となる。

> [補足] 肝臓の大部分は横隔膜の右下にあり，左右の肋骨の腹側の中央付近で，腹の上から手でさわることができる。

❷肝臓での血液の流れ
　肝臓には，心臓からきた酸素に富む血液が**肝動脈**より，また，小腸で吸収された養分を多く含む血液が**肝門脈**[*1]より入る。これらの血液は，肝小葉に並んだ肝細胞の列の間を流れ，中心静脈から肝静脈を経て心臓に行き，全身に送られる。

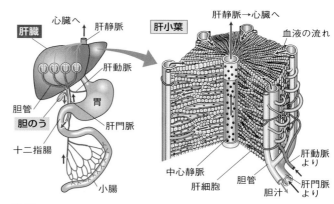

図81 ヒトの肝臓のつくりと血液の流れ

> [視点] 肝細胞でつくられた胆汁は，血液の流れと逆に流れ，胆管を通って胆のう，十二指腸へと送られる。

2 肝臓の働き

❶グリコーゲンの合成と貯蔵　小腸で消化・吸収されたグルコースは，肝門脈から肝臓に運ばれ，肝細胞でグリコーゲンにつくり変えられて貯蔵される。グリコーゲンは血糖濃度が低下すると，グルコースに分解されて，血液中に送り出される。また，肝臓ではアミノ酸や脂質の代謝も行われる。

[*1] 門脈は，静脈のうちある器官（毛細血管網）から別の器官（毛細血管網）へ血液が流れる血管のこと。

❷尿素の合成　タンパク質がアミノ酸を経て分解されると，有毒なアンモニア（NH_3）が生じる。軟骨魚類，両生類，哺乳類は，体内で生じたアンモニアを，次のような回路反応で肝臓で毒性のほとんどない尿素につくり変えて，腎臓から排出する。

➕発展ゼミ　**アンモニアを尿素に変えるオルニチン回路**

●おもに肝細胞内でアミノ酸が分解されて生じたアンモニアNH_3と二酸化炭素CO_2は，ATPと各種の酵素の働きによって，オルニチンと結合し，シトルリンになる（➪図82①）。

●シトルリンは，さらに1 ATPを消費してアスパラギン酸と反応し，アミノ基（$-NH_2$）の転移を受けてアルギニンになる（➪図82②）。

●アルギニンは，アルギナーゼという酵素の働きによって分解し，オルニチンと尿素$CO(NH_2)_2$になる。オルニチンは，再び①の反応に使われる（➪図82③）。

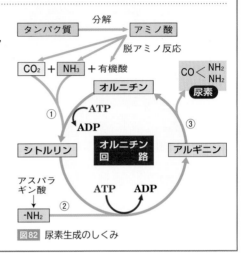

図82　尿素生成のしくみ

❸その他の働き

①**解毒作用**　体外から取り込まれた有害物質であるアルコールや薬物は，肝細胞で無毒な物質に変えられ，尿中や胆汁中に排出される。

②**血液成分の調節**　血液中のアルブミン，フィブリノーゲン（➪p.90）などを合成する。また，古くなった赤血球を破壊する。

③**胆汁の合成**　胆汁をつくって，胆管より十二指腸へ分泌する。1日につくられる胆汁の量は，成人で約1500 mLである。胆汁には消化酵素は含まれておらず，脂肪を水となじみやすい細かな粒にして（これを乳化という）消化を助ける。

補足　胆汁中にあるビリルビンという黄色い色素は，肝臓やひ臓などで古い赤血球が破壊された後のヘモグロビンに由来する（➪p.88）。ビリルビンが血液中に増加すると，黄疸になる。

④**発熱**　代謝に伴って熱が発生し，体温の保持に使われる。肝臓での発熱量は，からだ全体での発熱量の約20 %にもなる。

[肝臓の働き]

①養分の代謝と貯蔵　②尿素の合成

③解毒作用　　　　　④血しょうタンパク質の合成と古い赤血球の破壊

⑤胆汁の合成　　　　⑥発熱による体温の保持

2 │ 老廃物の排出

1 老廃物の排出

　養分からエネルギーを取り出すときの呼吸や，生体内のさまざまな代謝の結果，いろいろな不要物が生じる。これらを**老廃物**という。老廃物のなかには有害な物質があり，これらは早急に体外に排出しないと内部環境が悪化し，恒常性が保たれず生命の維持が困難になる。

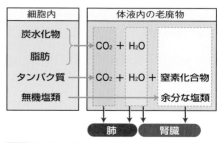

細胞内	体液内の老廃物		
炭水化物			
脂肪	CO_2 + H_2O		
タンパク質	CO_2 + H_2O +	窒素化合物	
無機塩類			余分な塩類

肺　腎臓

図83 老廃物の排出の2経路

　ヒトの場合，二酸化炭素（CO_2）は肺から排出し，アンモニアのような有害な窒素化合物は，**肝臓**で無害な**尿素**につくり変えて**腎臓**から排出している。

2 腎臓のつくりと働き

❶腎臓のつくり　ヒトの腎臓は，腹腔の背側★1に1対あり，それぞれの腎臓からは1本の輸尿管がぼうこうと連絡している。ヒトの腎臓は図84のようなつくりをしている。腎臓の皮質には腎小体があり，これは糸球体（毛細血管が集まって小球状になったもの）とそれを包むボーマンのうよりなる。腎小体は細尿管（腎細管）につながっている。腎小体と細尿管は，腎臓の構造上・機能上の単位なので，あわせて**腎単位（ネフロン）**とよばれ，1つの腎臓中に約100万個ある。

❷腎臓の働き―尿の生成

①腎動脈から流れてきた血液は，腎小体中の**糸球体**に流れ込む。

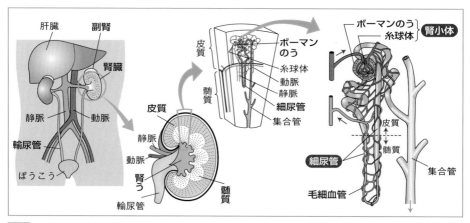

図84 ヒトの腎臓のつくり（模式図）

★1 腹腔は哺乳類の体内の空間で，横隔膜より下の部分。

②血しょう中のタンパク質を除く成分が，糸球体から**ボーマンのう中にろ過される**。このろ液を原尿といい，ヒトでは1日に約170Lの原尿がつくられる。

③原尿中のすべてのグルコースと，約95％の水と必要な無機塩類が，**細尿管を流れる間に毛細血管へと再吸収される**。さらに約4％の水が集合管で再吸収される。

④細尿管や集合管で毛細血管に再吸収されなかった成分が**腎う**に集まって**尿**となる。尿量は，ヒトでは1日に約1.5Lである。

⑤塩類や水の再吸収は鉱質コルチコイドやバソプレシンなどの**ホルモン**によって調節され，体液の浸透圧維持に働く。

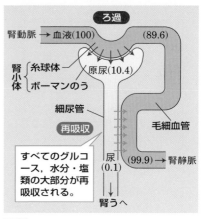

図85　尿生成のしくみ（模式図）──（　）内の数字は，糸球体に入ってくる血液を100としたときのそれぞれの割合を示す。

表7　ヒトの血液（血しょう）と尿の成分

成分	血しょう〔%〕	原尿〔%〕	尿〔%〕	濃縮率
タンパク質	7〜9	0	0	─
グルコース	0.1	0.1	0	0
尿素	0.03	0.03	2	67
尿酸	0.004	0.004	0.05	12.5
クレアチニン	0.001	0.001	0.075	75
アンモニア	0.001	0.001	0.04	40
ナトリウム	0.32	0.32	0.35	1.1
塩素	0.37	0.37	0.6	1.6
カリウム	0.02	0.02	0.15	7.5

血しょう成分のろ過⇨原尿の生成（170L／日）

原尿からの再吸収⇨尿の生成（1.5L／日）＝原尿の約1％

例題　**腎臓での再吸収量の計算**

イヌリン（キクイモの塊茎に含まれる多糖類）は，すべてボーマンのうへろ過され，細尿管ではまったく再吸収されない。イヌリンを人工的に血しょうに加え，原尿から尿への濃縮率を調べたところ120倍であった。いま，1時間に100mLの尿が排出されたとすると，その間に再吸収された液体の量は何mLか。

着眼　イヌリンの濃縮率と尿量から，生成された原尿量をまず求める。原尿量と尿量の差が再吸収量である。

解説　再吸収されない物質の濃縮率は，原尿がどれだけ濃縮されて尿が生成されたのかを示している。したがって，

原尿量＝尿量×イヌリンの濃縮率＝100mL×120倍＝12000mL

再吸収量＝原尿量－尿量＝12000mL－100mL＝11900mL　答 11900mL

⊕発展ゼミ　体液の浸透圧（濃度の調節）

①浸透圧

●**拡散と浸透**　スクロース（ショ糖）溶液と水とを，まったく何も通さない膜で仕切っておく。その仕切りを取ると，スクロース分子および水分子がそれぞれゆっくり移動して，全体が均一になる（⇨図86）。このような現象を拡散という。

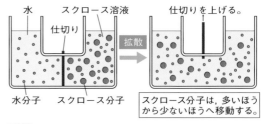

図86　拡散

水分子　スクロース分子

スクロース分子は，多いほうから少ないほうへ移動する。

次に，溶媒も溶質も自由に通す膜を全透膜という。図87のように，スクロース溶液と水とを全透膜で仕切っておくと，スクロース分子と水分子は膜を自由に通って拡散し，やがて，膜がないときと同じように全体が均一な濃度になる。

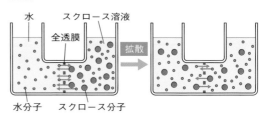

図87　全透膜で仕切ったときの物質の移動

全透膜に対して，**溶媒としての水や一部の溶質は通すが，他の溶質を通さない膜を半透膜**という。全透膜や半透膜を通って溶媒や溶質の粒子が移動する現象は，浸透とよばれる。**生物の細胞膜は，半透膜に近い性質を示す。**[1]

図88のように，スクロース分子を通さない半透膜で仕切ると，水がスクロース溶液のほうへ浸透し，溶液側の液面が上昇する。このとき，水がスクロース溶液側へと浸透していくときに生じる力を，スクロース溶液の浸透圧という。

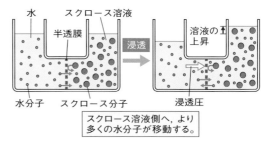

スクロース溶液側へ，より多くの水分子が移動する。

図88　半透膜を介した浸透

●**高張と低張**　半透膜を介して浸透が起こるとき，濃度が高く水が入ってくる側を**高張（液）**，水が出ていく側を**低張（液）**であるという。また，両方の水溶液の浸透圧が等しく，見た目，水の出入りのない状態を**等張（液）**という。

②海産無脊椎動物の浸透圧

海産無脊椎動物の多くは，体液の浸透圧を一定に保つ能力をもっていないが，なかには調節能力をもつものもいる（⇨図89）。

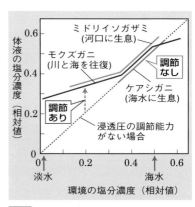

図89　カニの体液と外液の関係

★1　細胞膜は完全な半透膜ではなく，特定の物質を出し入れすることもできる。

●**外洋域に生息する無脊椎動物**　浸透圧を調節するしくみが未発達なため，体液は外液と等張になる。塩分濃度が低い水域では生きられない。　例　ケアシガニ

●**河口域(汽水域)に生息する無脊椎動物**　浸透圧調節のしくみが備わっているため，川の流量の増減によって外液の浸透圧がある程度変動しても，調節が可能。　例　ガザミ(ワタリガニ)

●**川と海を往復する無脊椎動物**　浸透圧調節のしくみがよく発達している。　例　モクズガニ(川で生活し海で産卵)

[3] **硬骨魚類の浸透圧調節**

　同じ硬骨魚類でも，海産と淡水産とでは浸透圧調整のしくみが次のように異なる。

●**海産硬骨魚類の浸透圧調節**　海産硬骨魚類の体液の浸透圧は，外液(海水)より低張なため，体内の水が海水へと出ていく。そこで，**多量の海水を飲んで腸から水を吸収**し，**余分な塩類をえらから積極的に排出**したり，**尿の排出による水の喪失を少量に抑えて**，体液の浸透圧が上がらないようにしている。

●**淡水産硬骨魚類の浸透圧調節**　淡水産硬骨魚類の体液の浸透圧は，外液(淡水)より高張なため，水が体内に浸透してくる。そこで，**腎臓での塩分の再吸収を盛んにして水分の多い体液より低張な尿を多く排出**したり，**えらから積極的に塩類を吸収**して，体液の浸透圧が下がらないようにしている。

●**海水と淡水を行き来する魚類**　サケ(成魚は海で生活するが，産卵のため川を遡り，稚魚は川で育つ)やウナギ(成魚は川で生活するが，産卵は深海で行う)のように海と川を行き来する魚は，塩類調節の働きを切り替えて両方の環境に対応することができる。

[4] **陸上動物の浸透圧調節**

●**塩類腺**　海産のハ虫類(ウミガメやウミヘビなど)や鳥類(カモメやアホウドリなど)には塩類腺という外分泌腺(⟳p.106)があり，海水よりも濃度の高いNaCl溶液を体外に排出し，浸透圧を保っている。

●**腎臓での調節**　ヒトなどの高等な動物では，バソプレシンや鉱質コルチコイドといったホルモンが腎臓に作用して浸透圧が調節される(⟳p.109, 113)。

海産硬骨魚類 …体液のほうが低張なため，**多量の水が出ていきやすい環境。**

淡水産硬骨魚類 …体液のほうが高張なため，**多量の水が入ってくる環境。**

図90 硬骨魚類の浸透圧調節

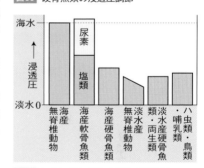

図91 いろいろな動物の体液の浸透圧

視点 サメやエイなどの海産軟骨魚類は，尿素を体内に蓄積することで，体液を海水とほぼ等張に保っている。そのため，えらから塩類を排出したり，尿量を減らす必要はない。それでも浸入した塩類は直腸から排出する。

⊕発展ゼミ　アンモニアの排出のしかた

●アミノ酸の分解で生じるアンモニアは有害なので，早急に体外に排出しなければならない。アンモニアの排出のしかたには次の3つがあり，動物によって決まっている。

①アンモニアのままで排出…多くの水生無脊椎動物，多くの硬骨魚類，両生類の幼生。➡排出に使える水が豊富で体内にため込む必要がないため，毒性の高いアンモニアNH_3のままで排出できる。

②尿素に変えて排出…軟骨魚類，両生類の成体，哺乳類。➡肝臓で，アンモニアを毒性のほとんどない尿素$CO(NH_2)_2$に変える（⇨p.139）。軟骨魚類は尿素を体内にため，浸透圧の調節を行う（⇨p.143）。

③尿酸に変えて排出…昆虫類，ハ虫類，鳥類。➡アンモニアを毒性の低い尿酸につくり変えてから排出する。鳥の(糞)尿中の白いものが尿酸である。尿酸は水に溶けない。また，ヒトでも，核酸(塩基の部分がいわゆるプリン体とよばれる)の分解物は尿酸として排出される。もし，尿酸が体内にたまると，痛風という病気になる。

表8　アンモニアの排出のしかた

生活形態	水中生活	陸上生活	
	毒性高く，水に溶ける。	毒性ほとんどなく，水に溶ける。	毒性低く，水に溶けない。
排出形態	アンモニア	尿素	尿酸
動物	無脊椎動物，硬骨魚類，両生類の幼生	軟骨魚類，両生類の成体，哺乳類	昆虫類，ハ虫類，鳥類

このSECTIONの まとめ　体液の浸透圧と老廃物の排出

☐ 肝臓の働き　⇨p.138	・アンモニアを尿素に変える。 ・養分の代謝と貯蔵，解毒作用，古くなった赤血球の破壊，胆汁の合成，発熱による体温保持など。
☐ 老廃物の排出　⇨p.140	・腎臓で，ろ過と再吸収により，血しょう中の老廃物・水分・塩類などから尿をつくる。

重要用語

SECTION ① 生体防御

□ **免疫** めんえき ☞p.124
病原体などの異物が体内に侵入するのを防いだり，体内に侵入した異物を排除するしくみ。

□ **物理的防御** ぶつりてきぼうぎょ ☞p.124
皮膚や粘膜などにより異物の侵入を防ぐしくみ。

□ **化学的防御** かがくてきぼうぎょ ☞p.124
皮膚や粘膜から分泌される物質に含まれる酵素などにより異物の侵入を防ぐしくみ。

□ **自然免疫** しぜんめんえき ☞p.124, 125
食細胞による食作用や炎症，NK細胞の攻撃などによって病原体などの異物を排除するしくみ。物理的・化学的防御を含める場合もある。

□ **適応免疫(獲得免疫)** てきおうめんえき(かくとくめんえき) ☞p.124, 126　特定の物質を認識したリンパ球などが特異的に異物を排除するしくみ。細胞性免疫と体液性免疫からなる。

□ **角質層** かくしつそう ☞p.124
表皮の最外層で，角質化した死細胞からなり，内部を保護している。表面ははげ落ちてふけやあかとなりウイルスなどの侵入から表皮を保護するほか，水分のむだな蒸散を防ぐ。

□ **粘膜** ねんまく ☞p.124
消化器や呼吸器，泌尿器，生殖器などの内側の表面にある膜。粘膜からは粘性の高い液体(粘液)が分泌され，微生物などの外敵の侵入を防いでいる。

□ **好中球** こうちゅうきゅう ☞p.87, 125
白血球の一種。食作用をもち自然免疫に働く。白血球全体の約60％を占める。

□ **マクロファージ** ☞p.125
白血球の一種で，単球から分化する。食作用をもつ。

□ **樹状細胞** じゅじょうさいぼう ☞p.125, 128
白血球の一種で，単球などから分化する。食作用によって取り込んだ抗原の情報を，他の免疫系の細胞に伝える，抗原提示を行う細胞として働く。

□ **食作用** しょくさよう ☞p.125
細胞内に病原体などのさまざまな異物を取り込んで分解し，排除する働き。

□ **食細胞** しょくさいぼう ☞p.125
好中球やマクロファージ，樹状細胞など，食作用を行う細胞の総称。

□ **炎症** えんしょう ☞p.125
自然免疫の反応により，局所が赤く腫れ，熱や痛みを伴うこと。マクロファージの働きにより毛細血管の血管壁がゆるみ，血液中の好中球，NK細胞などが血管外に移動しやすくなった結果生じる。

□ **NK細胞(ナチュラルキラー細胞)** エヌケーさいぼう ☞p.125　リンパ球の一種。病原体に感染した細胞やがん細胞を攻撃し排除する。

□ **T細胞** ティーさいぼう ☞p.126
リンパ球の一種。骨髄でつくられた後，胸腺(thymus)で分化・成熟するので，この名がある。

□ **B細胞** ビーさいぼう ☞p.126
リンパ球の一種。哺乳類では骨髄(bone marrow)でつくられ成熟する。ヘルパーT細胞によって活性化され，形質細胞(抗体産生細胞)に分化する。

□ **免疫寛容** めんえきかんよう ☞p.127
多様なリンパ球がつくられる過程で，自分自身の細胞や成分を認識するリンパ球を排除した結果，自分自身を免疫が攻撃しないようになった状態。

□ **抗原** こうげん ☞p.128
病原体などの異物で，適応免疫(獲得免疫)で排除の対象となるもの。

□ **抗体** こうたい ☞p.128
抗原に対抗する物質で，免疫グロブリンというタンパク質。特定の抗原に特異的に反応し，抗原を無毒化する(抗原抗体反応)。

□**体液性免疫** たいえきせいめんえき ☞p.128
適応免疫(獲得免疫)の1つで、B細胞が中心
となって起こる、抗体による免疫反応。

□**抗原提示** こうげんていじ ☞p.128
樹状細胞などが抗原を認識し、取り込んだ抗
原の断片を細胞表面に提示する働き。

□**ヘルパーT細胞** —ティーさいぼう ☞p.128, 130
リンパ球の一種。B細胞やマクロファージを
活性化する。

□**形質細胞(抗体産生細胞)** けいしつさいぼう(こ
うたいさんせいさいぼう) ☞p.128　活性化したB
細胞から分化した細胞で、抗体をつくって、
体液中に放出する。

□**免疫記憶** めんえきききおく ☞p.128, 130
抗原の侵入によって活性化したT細胞やB細
胞の一部が体内に残り(記憶細胞という)、同
じ抗原が再び体内に侵入した際、記憶細胞が
すぐに活性化、増殖し、適応免疫(獲得免疫)
が迅速に働くしくみ。

□**一次応答** いちじおうとう ☞p.130
はじめて侵入した抗原に対する免疫反応。

□**二次応答** にじおうとう ☞p.130
同じ抗原の2回目以降の侵入に対する免疫反
応。一次応答に比べて、すばやく、かつ強力
な免疫反応である。

□**細胞性免疫** さいぼうせいめんえき ☞p.130
適応免疫(獲得免疫)の1つで、T細胞が中心
となって起こる、食作用の増強や感染細胞へ
の攻撃などの免疫反応。

□**キラーT細胞** —ティーさいぼう ☞p.130
リンパ球の一種。細胞性免疫において、病原
体に感染した細胞を直接攻撃する。

□**拒絶反応** きょぜつはんのう ☞p.131
臓器移植の際、おもにキラーT細胞によって
移植組織が攻撃される反応。

□**MHC分子** エムエイチシーぶんし ☞p.132
主要組織適合性複合体分子。細胞表面にある、
自己の細胞であることを示すタンパク質の「標
識」で、ヒトの場合、ヒト白血球抗原(HLA)
ともいう。抗原提示の際、T細胞はMHC分
子を認識し、自己のものでないMHCをもつ

細胞を攻撃する。

□**アレルギー** ☞p.133
異物に対し免疫が過剰に働き、からだに不都
合な症状が現れること。

□**アレルゲン** ☞p.133
アレルギーを引き起こす抗原となる物質。

□**アナフィラキシーショック** ☞p.133
急性のアレルギーによる、血圧低下、意識不
明、心拍減少など、生命にかかわる重篤な一
連の症状。

□**自己免疫疾患** じこめんえきしっかん ☞p.134
リンパ球が自己の正常な細胞や物質を抗原と
して認識し攻撃してしまうことによって起こ
る病気。I型糖尿病、関節リウマチなどがある。

□**エイズ(AIDS)** ☞p.134
後天性免疫不全症候群の略称。HIVによる感
染症。ヒトのヘルパーT細胞に感染し破壊す
るため、適応免疫(獲得免疫)の働きが極端に
低下し、日和見感染などの症状を起こす。

□**ヒト免疫不全ウイルス(HIV)** —めんえきふぜ
ん—(エイチアイブイ) ☞p.134　ヒトのヘルパー
T細胞に感染するウイルスの一種。エイズの
原因となる。

□**日和見感染** ひよりみかんせん ☞p.135
免疫の働きが低下した結果、健康な人では発
症しないような病原性の低い病原体に感染し
発病してしまうこと。

□**ワクチン** ☞p.135
特定の病原体による病気を予防するために、
抗原として接種する物質。無毒化した病原体
や毒素などが用いられる。

□**予防接種** よぼうせっしゅ ☞p.135
ワクチンの接種により、人工的に免疫記憶を
獲得させ、感染時に発症を防ぐ、もしくは発
症しても軽くて済むようにすること。

□**血清療法** けっせいりょうほう ☞p.135
あらかじめ他の動物に病原体や毒素を接種し
て抗体をつくらせ、その抗体を含む血清を患
者に投与して治療する方法。

血液型と免疫反応

特集

輸血の試みと血液型の発見

①古来より血液は動物の生命に欠かせないことが知られており，出血などの治療に健康な人や動物の血液を用いることが考えられてきた。しかし輸血は20世紀に入るまで血液提供者の血管から出た血液をそのまま輸血するという，極めて原始的な方法で，血液凝固を防ぐ方法や消毒法も未開発で，輸血の成功はまさに運まかせであった。

②輸血を，科学に基づく安全な治療法に変えたのが，1900年，オーストリアのラントシュタイナーが発見したABO式血液型である。[★1]他人どうしの血液を混ぜると赤血球が集まって塊状になることがあり，この反応は凝集とよばれる。これは，赤血球表面にある抗原（凝集原）と，血しょう中に存在する抗体（凝集素）とが，抗原抗体反応を起こすからである。

表9 血液型ごとの凝集原と凝集素

血液型	A型	B型	AB型	O型
凝集原（赤血球）	A	B	AとB	なし
凝集素（血しょう）	β	α	なし	αとβ

ABO式血液型

①ABO式血液型はA型，B型，O型，AB型の4つに分けられる。赤血球の表面には，A型では凝集原A，B型では凝集原B，AB型ではAとB両方の凝集原があるが，O型ではどちらの凝集原もない。一方，血しょうには，A型では凝集原Bと反応する凝集素β，B型では凝集原Aと反応する凝集素α，O型では凝集原αと凝集原βの両方があるが，AB型ではどちらの凝集素も存在しない。

②このような凝集原と凝集素の組み合わせから，例えばA型の患者にB型の赤血球を輸血すると，A型の患者がもつ凝集素βが輸血された赤血球の凝集原Bと抗原抗体反応を起こして，重い副作用が起こる。したがって，輸血は同じ血液型どうしで行うことが大原則となる。

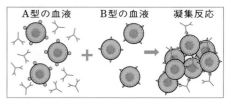

図92 A型の患者にB型の赤血球を輸血したときの反応

③ABO式血液型の凝集原の正体は，赤血球表面の微小な糖鎖（小さな糖の分子がつながったもの）である。この糖鎖は6つの糖からなる基本構造（O型の糖鎖）をもち，A型とB型では，それぞれ別の糖が1つ付加されている。

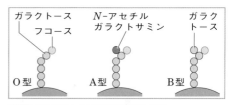

図93 凝集原（赤血球表面の糖鎖）の違い

④この糖鎖は赤血球以外にも種々の細胞で発現しており，何らかの機能を果たしていると推測されている。例えば，2004年，胃潰瘍の原因となるピロリ菌は，胃の粘膜細胞に存在する，血液型と同じ糖鎖を認識し，結合タンパク質を変化させていたことがわかった。ピロリ菌は，表面からタンパク質の「手」を伸ばしてこの糖鎖と結合し，感染するのである。

★1 1930年，ラントシュタイナーは血清学および免疫化学への貢献により，ノーベル生理学・医学賞を受賞している。

樹状細胞と2人の科学者

樹状細胞の発見と研究

①1973年，カナダの免疫学者・細胞生物学者スタインマンは，マクロファージとは異なる大型の細胞を発見し，**樹状細胞**（dendritic cell）と命名した。彼によって明らかになった樹状細胞の強力な抗原提示能力や，免疫細胞の働きを活性化させて病原体と闘わせるしくみが，がん医療におけるワクチン治療を含め，さまざまな病気において，免疫の力を利用した新しい治療法の創出につながっている。

図94 スタインマン

図95 樹状細胞

②この樹状細胞の発見の功績により，2011年10月3日，スタインマンにノーベル生理学・医学賞が授与されることが発表されたが，その直後，スタインマン本人はすでに亡くなっていたことがわかった。2007年にすい臓がんと診断された彼は，研究途上にあった**樹状細胞ワクチン**を自分自身に投与して闘病生活を続けていた。当初，余命1年程度とみられていたところ4年間もちこたえ，ノーベル賞発表の3日前に息を引き取った。規定では死者には授与しないことになっていたが，ノーベル財団と選考委員会は，当初の発表通りスタインマンにノーベル賞を授与すると決定した。

③樹状細胞ワクチンは，インフルエンザワクチンのような予防接種としてのワクチンではなく，すでにがんを発症してしまった患者に使用される。まず，患者の血液から採取された単球を培養して樹状細胞がつくられる。次に，手術で取り出したがん組織や人工的につくられたがんの抗原を与えることで，樹状細胞が活性化される。この細胞を再び患者に投与することで，体内に存在する攻撃役のT細胞にがん細胞を確実に攻撃させるのである。樹状細胞ワクチン療法は，次世代の治療法として注目されている。

「ランゲルハンス細胞」の発見

①スタインマンの発見に先立つおよそ100年前の1868年，ドイツの科学者**ランゲルハンス**[★1]は，「ヒトの皮膚の神経について」と題した論文を発表し，ヒトの表皮から神経細胞に似た枝分かれのある細胞を発見，自己の名前を冠して「ランゲルハンス細胞」と命名した。その外観から，ランゲルハンスはこの細胞を神経細胞と考えたが，ランゲルハンス細胞の正体が免疫細胞とわかったのは1970年代に入ってのことで，スタインマンがマウスのひ臓で同じ細胞を再発見し，突起のある腕をもつ外観から改めて「**樹状細胞**」と命名した。

図96 ランゲルハンス

②樹状細胞は，表皮の上層に存在し，表皮全体の細胞数の2～5％を占め，異物の侵入を察知している。樹状細胞は，皮膚の免疫に大きくかかわっていることがわかってきており，アトピー性皮膚炎などの皮膚疾患に対する新規治療法の開発など，今後の研究が期待されている。

★1 ランゲルハンスは「ランゲルハンス細胞」の発見の翌年にすい臓のランゲルハンス島を発見している（⊃ p.122）。

第3編

生物の多様性と生態系

・・・

CHAPTER

1 » 植生と遷移

SECTION
1 植生

1 | 環境と植物の多様性

1 環境と生物の働き合い

❶**生物を取り巻く環境** 生物を取り巻く環境のうち，**生物に何らかの影響を与える要因を環境要因**という。また，環境は非生物的環境と生物的環境の２つに大別される。

① **非生物的環境** 生物以外の要素からなる環境で，温度・光・大気(O_2, CO_2など)・栄養塩類・土壌・水など。

② **生物的環境** 同じ種の生物や異種の生物(「食べる・食べられる」の関係にある生物，競争相手)など，その個体に影響を与える生物全般。

環境	非生物的環境	温度(平均気温，冬と夏の気温差など)，光(照度や日照時間など)，大気(O_2, CO_2, 風など)，水(降水量，雨季・乾季，湿度，降雪量など)
	生物的環境	捕食(食べる)・被食(食べられる)の関係，生息場所をめぐる競い合い，寄生，共生など

❷**作用** 非生物的環境から生物への働きかけを作用という。

⑩ 光の強さが植物の光合成量に影響を与える。

❸**環境形成作用** 生物の働きで非生物的環境を変えることを環境形成作用という。

⑩ 植物の光合成によって大気中のO_2が増加する。

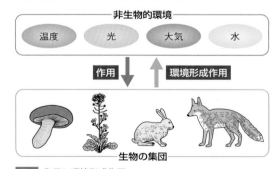

図1 作用と環境形成作用

❹生態系　非生物的環境とそこに生活する生物の集団（＝バイオーム⤴p.164）は互いに影響を与え合い，1つのまとまりをもったシステムを形成している。これを生態系という（⤴p.176）。

補足　生態系の中では，食べる・食べられるの関係や，食物・生活空間をめぐっての競争など，生物どうしも複雑に関係し合っている。このような生物どうしの働き合いを相互作用という。

2 植物の生活形

❶適応　生物の形態や性質が，ある環境の中でよりよく生活や生殖できるようになっていることを適応という。

❷植物の生活形　植物の，環境に適応した生活様式や形態を生活形という。生活形としては落葉樹や常緑樹，広葉樹や針葉樹などいろいろな分け方があり，高木や低木，草本も生活形による分類である。生活形の例として次のようなものもある。

①**つる植物**　他の植物に巻きついて伸びる植物。ヤブガラシ，ヤマフジ，クズなど。

②**多肉植物**　茎や葉が厚くなった植物。アロエ，サボテン，トウダイグサなど。

③**着生植物**　他の樹木などに付着して生活している植物。ノキシノブ，オオタニワタリなど。

補足　種類が違っても，生活形が同じだと，姿形も似てくることがある。例えば，アメリカ大陸の乾燥地帯のサボテン科の植物と，アフリカ大陸の乾燥地帯のトウダイグサ科の植物は，よく似た姿をしている。

❸**ラウンケルの生活形**　ラウンケル（デンマーク）は冬季や乾季の休眠芽の位置などで次のように生活形を分類した。

①**地上植物**　休眠芽の高さが地上30cm以上。高木などが含まれる。

②**地表植物**　休眠芽の高さが地上30cm以下。ハイマツやシロツメクサなど。

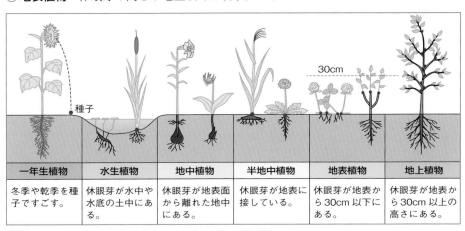

一年生植物	水生植物	地中植物	半地中植物	地表植物	地上植物
冬季や乾季を種子ですごす。	休眠芽が水中や水底の土中にある。	休眠芽が地表面から離れた地中にある。	休眠芽が地表に接している。	休眠芽が地表から30cm以下にある。	休眠芽が地表から30cm以上の高さにある。

図2　ラウンケルの生活形　　視点　図中の赤い部分に休眠芽ができる。

第3編　生物の多様性と生態系

③**半地中植物**　休眠芽が地表に接している。タンポポやススキ，ナズナなど。
④**地中植物**　球根や地下茎など地中に休眠芽があるもの。カタクリやヤマユリなど。
⑤**水生植物**　休眠芽が水中にあるもの。ガマやヨシなど。
⑥**一年生植物**　種子で休眠する植物。

補足　熱帯多雨林（⊃p.165）ではほとんどの植物が地上植物で，熱帯から高緯度に行くほど地上植物は減少していく。ツンドラ（⊃p.167）では，地上植物はほとんど見られず地中植物が多い。また，砂漠では一年生草本が多い。このように，その地域に生育する植物の生活形は，環境と密接に関係している。

POINT! 適応…生物の形態や性質が，ある環境の中でよりよく生活・生殖できるようになること。植物は環境に適応した多様な**生活形**をもつ。

参考 水辺の植生と生活形

●沈水植物…植物体全体が水中にあり，水底に根をはっている植物。オオカナダモ，クロモ，エビモなどのほか，シャジクモなどの藻類も含まれる。
●浮水植物…根が水底に固着せず，浮遊している植物。ホテイアオイ，ウキクサなど。
●浮葉植物…水面に葉を浮かべ，根は水底にはる植物。ハス，ヒシ，ヒツジグサ，ジュンサイなど。
●抽水植物…水底に根をはり，茎や葉が水面上に立ち上がる植物。ヨシ，ガマ，マコモなど。
●湿性植物…湿地などの乾燥することが少ない場所で生育する植物。セリ，ハナショウブ，イグサなど。
●湿地林…水辺で生育する耐水性の高い樹木で構成される森林。ハンノキ，ヤナギ類，オニグルミなど。

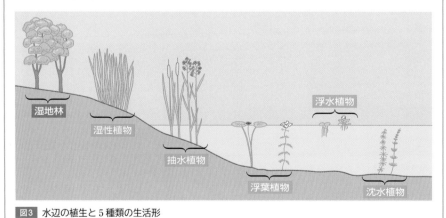

図3　水辺の植生と5種類の生活形

2 | 植生の構造

1 植生

❶植生　ある地域で生育している植物全体をまとめて植生とよび，どのような植生が成立しているのかは，その地域の環境の影響を強く受ける。また，植生は，そこで生活している動物にも大きく影響するので，バイオーム（⇨p.164）の成り立ちに強く関係している。

❷優占種　ある植生を構成する植物のなかで，背が高く被度や頻度[★1][★2]が最も大きい植物，つまり**個体数が多く最大の生活空間を占有する植物**を優占種という。優占種は植生を特徴づける植物で，これにより例えば，ブナが優占している森林は「ブナ林」，アカマツが優占している森林は「アカマツ林」とよばれる。

❸相観　植生の外観上の特徴を相観という。相観は，一般に，**その植生の優占種によって決まる**。陸上の植生の相観は森林，草原，荒原に分類される。

① **森林**　高木が密に生育している植生で，ふつう高木だけではなく低木や草本も生育している。降水量が比較的多く，気温が極端に低くはない地域に成立する。

② **草原**　一年生草本や多年生草本が優占している植生で，降水量がやや少ない地域（サバンナ，ステップ）や，牧草地など人により管理されている地域などに成立する。

③ **荒原**　植生が少なく，裸地が露出している状態を荒原とよぶ。荒原には砂漠やツンドラ（⇨p.167）があり，ほかにも高山帯や，河原のように定期的に洪水などの攪乱（かくらん）を受ける場所でも成立する。

図4　高山帯の荒原

❹バイオームの分類　同じような環境条件の地域には，種は違っても同じような相観をもつ植生が見られ，そこで生活する動物の集団も似たものになる。そこで，環境とそこに生活する生物の集団を植生の相観をもとに森林，草原，荒原，水生生物群集などに大別し，さらに森林を熱帯多雨林，照葉樹林，夏緑樹林，針葉樹林などのバイオーム（生物群系）に分類している（⇨バイオームについてはp.164）。

POINT!

　植生…ある地域で生育している植物の集まり全体。

　　優占種…ある植生の中で，背が高く被度や頻度が最も大きい植物。

★1 ある植物が葉によって地表面を覆っている面積の割合を**被度**という。
★2 その場所を方形に区画し，ある植物種の見られる区画の割合を**頻度**という。
★3 養分を含む土壌や植物の根，種子などがない土地を**裸地**という。

2 植生の階層構造

❶森林の階層構造　よく発達した森林では，はっきりとした階層構造が見られる。日本にある多くの森林の階層構造は，上から高木層，亜高木層，低木層，草本層，地表層に分かれている。

補足 熱帯多雨林では高木層の上に大高木層や巨大高木層があり，7～8層の階層構造になるが，高緯度地方の針葉樹林では2層しかない場合もある。日本でも，スギ林などの人工林では階層構造が単純である。

❷林冠と林床　森林の最も上部で，直射日光の当たる部分を林冠とよぶ。上空か

図5 森林の内部のようす

ら森林を見たときに見える部分が林冠である。また，森林内部の地面に近い部分を林床という。林床はコケ植物や草本類で覆われていることが多い。

❸階層構造と光の量　日光の大部分は，高木層の葉によって吸収されてしまうため，亜高木層，低木層，草本層と地表に近づくにつれて光は弱くなる。このため，**林冠を構成する植物は陽生植物**（⇒p.157）であるが，**草本層の植物は陰生植物**（⇒p.157）である。階層構造があることにより，さまざまな植物種が生育し，階層ごとに多くの生活空間が重なって存在している。このため，階層構造が発達した森林には多種の生物が生活することができる。

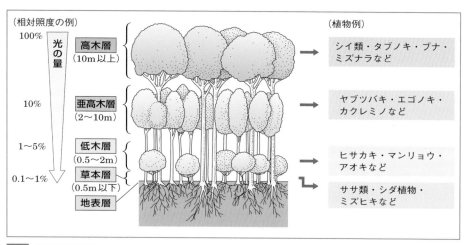

（相対照度の例）

100%

光の量

高木層
（10m以上）
→ シイ類・タブノキ・ブナ・ミズナラなど

10%

亜高木層
（2～10m）
→ ヤブツバキ・エゴノキ・カクレミノなど

1～5%

低木層
（0.5～2m）

0.1～1%

草本層
（0.5m以下）
→ ヒサカキ・マンリョウ・アオキなど

地表層
→ ササ類・シダ植物・ミズヒキなど

（植物例）

図6 森林の階層構造

視点 下の層になるほど，届く光量は少なくなる。届く光の強さが森林内部の構造を決めている。

POINT!

森林の階層構造…高木層・亜高木層・低木層・草本層・地表層からなる。

❹土壌　森林の土壌は，図7のように岩石が風化した層の上に，落葉層に堆積した動植物の遺骸や枯死体，排出物が分解されてできた**腐植**に富む**腐植土層**がある。

多くの植物は土壌が発達していないと生育できないため，土壌は植生を支えるために重要である。

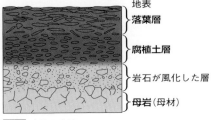

図7　森林の土壌

参考　団粒構造

●腐植土層では，土砂の粒子が腐植によってまとめられた粒状の構造になり，これを**団粒構造**（⇨図8）という。団粒構造をとる土壌は，団粒の間に通気性があり，団粒内部に保水力があるため，植物の根がよく成長し，多くの土壌生物も生活しやすい。また，栄養塩類も多く含まれている。

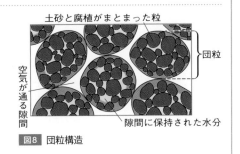

図8　団粒構造

このSECTIONの**まとめ**　植生

□ 環境と植物の多様性 ⇨p.150	• **作用**…非生物的環境➡生物への働き。 • **環境形成作用**…生物➡非生物的環境への働き。 • **植物の生活形**…高木，低木，草本，つる植物のような形態や，一年生草本のような，植物の生活のしかた。
□ 植生の構造 ⇨p.153	• **相観**…植生の外観。森林・草原・荒原がある。 • **優占種**…丈が高く，被度や頻度が最も大きい植物種。優占種により相観が決まる。 • **森林の階層構造**…高木層・亜高木層・低木層・草本層・地表層からなる。

植生の遷移

1 | 光の強さと光合成速度

1 光合成の環境要因

　植物の生育には光，水，二酸化炭素が必要で，温度も影響する。特に光は光合成のエネルギー源となるので，光の強さは植物の生育に大きく影響する。日なたを好む植物と日陰でも生育できる植物には，光の強さと光合成速度の関係に違いがある。

2 光の強さと光合成速度

❶光の強さとCO_2吸収速度　光の強さと植物のCO_2吸収速度[1]（または排出速度）の関係は，図9のようになる。

① 暗黒下（光の強さ0）では，植物は呼吸のみを行うため，CO_2を排出する。このときのCO_2排出速度（単位時間あたりの排出量）を呼吸速度という。

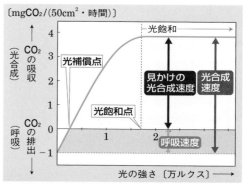

図9　光合成速度と光の強さの関係（温度一定で，CO_2量が十分なとき）

② 光が当たると，植物は光合成によりCO_2を吸収する。このため，ある光の強さで見かけ上CO_2の吸収も排出もなくなる。この光の強さを光補償点という。光補償点では呼吸と光合成で出入りするCO_2速度がつり合う。

③ CO_2吸収速度は，光が強くなると増加するが，ある光の強さを超えると増加しなくなる。この状態を光飽和とよび，光飽和に達する光の強さを光飽和点とよぶ。

❷見かけの光合成速度と光合成速度　ある光の強さにおいて，植物が吸収しているCO_2吸収速度を見かけの光合成速度という。植物は常に呼吸もしているので，実際に植物が行っている光合成速度は見かけの光合成速度に呼吸速度を加えたものになる（呼吸速度は，光の強さにかかわらず一定であると仮定している[2]）。

POINT!

　光合成速度 = 見かけの光合成速度 + 呼吸速度
　光補償点…光合成速度と呼吸速度が等しくなる明るさ。

★1 CO_2吸収速度とは，単位時間（1時間など）あたりの二酸化炭素吸収量（mg）を表している。
★2 実際には，光が強くなるにつれて，呼吸速度は小さくなることが知られている。

❸光補償点と植物の生活　光補償点以下の明るさのときは，呼吸速度が光合成速度を上回っている。この明るさでは，植物は光合成で生産する有機物量より，呼吸で消費する有機物量のほうが多いので，生育することができない。**光補償点は植物が生育できるかどうかを決める明るさ**である。

3 陽生植物と陰生植物

　光が強い場所で生育する（日なたを好む）植物を陽生植物，日陰でも生育できる植物を陰生植物とよぶ。陽生植物と陰生植物では光補償点や光飽和点が異なっている。

❶陽生植物　陽生植物は**光補償点も光飽和点も高い**特徴をもつ。強い光のもとでは光合成速度が大きいため成長が速く，日なたの環境でよく生育をする。一方，光補償点が高いため，日陰では生育できない。

❷陰生植物　陰生植物は**光補償点も光飽和点も低い**特徴をもつ。光補償点が低いの

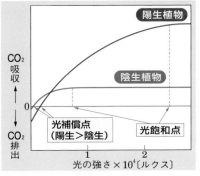

図10　陽生植物と陰生植物の光補償点と光飽和点の違い

で，弱い光のもとでも呼吸速度より光合成速度が上回り，生育することができるが，成長は遅い。また，植物種によっては，強い光で生育が阻害される。

表1　陽生植物と陰生植物の特徴

	呼吸速度	光補償点	光飽和点	強光下での光合成速度	植物例
陽生植物	大きい	高い	高い	大きい	イタドリ，ススキ，マツ，ハンノキ，多くの農作物
陰生植物	小さい	低い	低い	小さい	アオキ，ドクダミ，カタバミ，シダ植物，コケ植物など

❸陽葉と陰葉　同じ植物個体でも，ひなたの葉を陽葉とよび，日陰の葉を陰葉とよぶ。陰葉は陽葉に比べ，葉が薄くて面積が大きく，光補償点も低いので弱い光を効率よく利用できる。

❹陽樹と陰樹　樹木は，芽生えから幼木のときの耐陰性の違いで陽樹と陰樹に分けられる。陽樹は，**芽生えのときに強い光のもとで生育し，成長が速い**が，耐陰性が低く，弱い光の条件では生育できない。陰樹は，**芽生えのときに耐陰性が強く，弱い光でも生育できる**。陰樹でも成長して林冠を形成するようになると，光の当っている葉は陽葉となる。陽樹と陰樹の違いは，植生の遷移（⤳p.158）において，陽樹林から陰樹林への進行の大きな要因となる。

2 | 植生の遷移

1 遷移（植生遷移）

❶遷移　ある場所に存在する植生は，長い期間をかけて少しずつ別の植生に変化していく。この移り変わりを遷移（植生遷移）という。遷移によって土壌や植生内部の光環境や湿度などの環境が変化（環境形成作用🔶p.150）し，環境の変化によって，そこで生育できる生物種が変化していく。

❷遷移の種類

①一次遷移　土壌や生物を含まない状態から起こる遷移。乾性遷移と湿性遷移がある。
- 乾性遷移　火山の噴火や，大規模な山崩れによってできた裸地から始まる遷移。
- 湿性遷移　せき止め湖やカルデラ湖などの湖沼から始まる遷移（🔶p.161）。

②二次遷移　森林の伐採や山火事によって植生が破壊された場所で始まる。土壌がすでにあり，その中に植物の種子や土壌生物が存在している状態から始まる。

2 一次遷移

❶一次遷移（乾性遷移）の進み方　遷移のしかたは，環境によっていろいろな変化があるが，日本の暖温帯では次のように進むことが多い。

①裸地・荒原　溶岩流などでできた裸地は，土壌がなく，乾燥や直射日光による高温など，植物の生育には厳しい環境である。そのなかでも，スナゴケなどのコケ植物やキゴケなどの地衣類[*1]が岩石の表面に付着したり，草本植物などが岩の隙間などにわずかにたまった砂粒で生育したりして，最初に侵入する。

　　岩石が風化してできた砂の上に草本類が侵入してくる。植物が岩の割れ目に

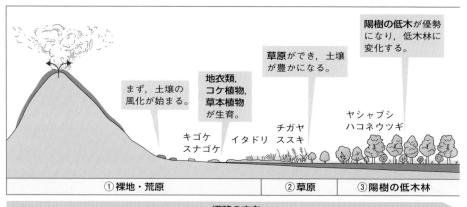

図11 一次遷移の進み方（本州の中部地方の例）

根を伸ばして，さらに岩石の風化を進め，また植物の枯死体が腐植となり**土壌が形成され始める。**裸地の上に島状（パッチ状）に植生が散在する荒原になる。

②**草原**　土壌が形成され始めると，地下茎などに栄養分をためて生育するススキやチガヤ，イタドリなどの多年生草本が生育し始める。多くの植物が生育するようになると，昆虫や小動物が集まり，動物によって持ち込まれる種子により，より多くの植物が侵入し，地表全体が植物に覆われるようになる。土壌が発達してくると，低木や陽樹の若木が生育するようになる。

補足　火山灰など，植物が根を伸ばせる状態から遷移が始まると，裸地からそのままヤシャブシなどの低木が侵入する場合もあり，草原を経ずに低木林へ進むこともある。

③**低木林**　土壌が十分に発達すると，低木や陽樹の幼木からなる低木林になる。ヤシャブシやハコネウツギなどの低木は高木になる種より成長が早いため，このような植物種による低木林になる。

④**陽樹林**　土壌の形成が進むと，明るい環境で成長が速いアカマツなどの陽樹が先に成長して林冠を形成する。陽樹林が発達すると，林床が暗くなるため，低木層や草本層の植物は陰生植物に置き換わる。また陽樹の芽生えも暗くなった林床では生育できなくなり，少ない光量でも生育できるスダジイやアラカシなどの**陰樹の幼木が成長**するようになる。

⑤**混交林**　陰樹が成長して大きくなると，陽樹と陰樹が混ざった森林になり，これを混交林とよぶ。混交林の林床では陽樹は生育できず，若い木は陰樹のみとなりやがて陰樹林に変化していく。

⑥**陰樹林**　陽樹の成木が枯死してしまうと完全な陰樹林になる。陰樹林の林床では陰樹の幼木が生育するため，森林は大きく変化しなくなる。このような安定した状態を極相（クライマックス）とよび，極相に達した森林を極相林という。

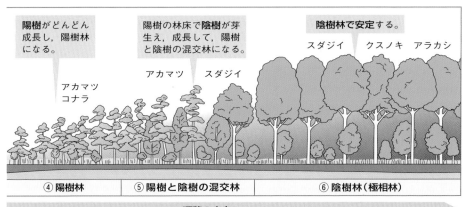

★1　地衣類は，菌類と藻類やシアノバクテリアの共生体で，岩や樹皮に着生して生育する（⇨p.244）。

❷**先駆種と極相種**　遷移の初期に侵入してくる植物種を先駆種(パイオニア種)とよび，極相となったときに見られる種を極相種という。先駆種と極相種は次のような特徴がある。

表2 先駆種と極相種の特徴

	種子の大きさ	種子の散布方法	特徴	植物種
先駆種	小さい	風散布，動物散布	乾燥に強く，根に共生菌がいて栄養が少ない土壌でも生育できる。	イタドリ，ススキ，ヤシャブシ
極相種	大きい	動物散布，重力散布	芽生えのときの耐陰性が強い。乾燥に弱く，成長が遅い種が多い。	スダジイ，ブナ，モミ

〔一次遷移の進み方〕

裸地⇨荒原⇨草原⇨低木林⇨陽樹林⇨混交林⇨陰樹林
　　　　　　　　　　　　　　　　　　　　　　　（極相林）

遷移の要因　───── 土壌の形成 ─────→

───── 陽樹から陰樹への交代 ─────→

3 ギャップ更新

　台風や落雷などによって樹木が倒れたり折れたりすると，林冠に隙間(ギャップ)ができ，林床に日光が当たるようになる。このギャップが大きい場合，陽樹が生育できるように

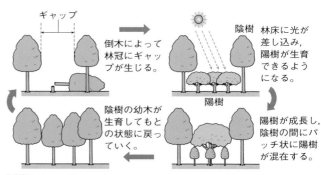

図12 ギャップ更新

なり，陰樹が優占する極相林に陽樹が混生する。やがて，この陽樹が枯死すると陰樹に置き換わり，樹木が更新される(ギャップ更新)。ギャップ更新の途中では，極相林の中にパッチ状に陽樹などの他の樹種が混在することになり，**種の多様性が高く保たれる**ことにつながっている。

極相林が成立した後でも，ギャップが生じることで多様性が保たれる。

★1 種子の散布には次のような方法がある。**風散布**：冠毛や羽をもつ種子で風によって運ばれる。
　重力散布：ドングリのように親木の下に落下して散布する。**動物散布**：果実の中の種子を動物に食べさせて運んでもらい，糞として排泄されて散布する。または動物の毛などに付着して運ばれる。

4 二次遷移

　山火事や大規模な伐採の跡地や，放棄された耕作地などから始まる遷移を二次遷移という。一次遷移とは異なり，**はじめから土壌があり，土中に植物の種子や地下茎が残っているため，遷移が速く進行する。**二次遷移によって成立した森林を二次林とよび，本州中部ではクヌギやコナラなどの陽樹が優占することが多い。二次林も長い年月を経ると極相林に遷移していく。

> 二次遷移は，一次遷移より速く進行する。←土壌や植物の種子など
> がすでにあるため。

5 湿性遷移

❶湖の成立と土砂や生物の遺骸の堆積　溶岩流による河川のせき止めなどによって新たに成立した湖は，やがて土砂の流入や生物の遺骸の堆積により浅くなっていく。

❷水生植物の遷移　水生植物は，水深が深いときは沈水植物（⤷p.152）が生育するが，湖が浅くなるとともに浮葉植物（⤷p.152）や抽水植物（⤷p.152）が生育するようになり，浮葉植物が水面を覆うようになると，沈水植物は減少していく。

❸湿原　さらに**湖が土砂や腐植の堆積により埋められていくと，湖であった場所は湿原に変化する。**湿原には浅い沼が点在し，沼には浮葉植物や抽水植物が生育する。沼の周囲には湿性植物（⤷p.152）が生育するようになる。

❹草原から極相へ　湿原は腐植や土砂の堆積によって埋められ，**やがて草原に変化する。**その後は**乾性遷移と同様に，低木林から陽樹林，混交林，陰樹林と遷移し，極相に達する。**

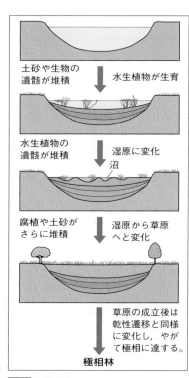

土砂や生物の遺骸が堆積　水生植物が生育

水生植物の遺骸が堆積　湿原に変化　沼

腐植や土砂がさらに堆積　湿原から草原へと変化

草原の成立後は乾性遷移と同様に変化し，やがて極相に達する。

極相林

図13　湿性遷移

> 湿性遷移：湖→湿原→草原…草原成立後は乾性遷移と同じ。

★1　湿原は渡り鳥の中継地となるほか，自然浄化作用によって水質を改善したり，大雨のときに貯水して河川の水量を調節するなど，環境保全に大きな役割を果たしている。

第3編　生物の多様性と生態系

⊕発展ゼミ 　伊豆大島での遷移の例

● 伊豆大島は，太平洋に浮かぶ火山島で，面積91 km²，周囲52 kmの島である。島のほぼ中央に活火山の三原山があり，過去何度も噴火をくり返し，溶岩，スコリア(岩滓ともよばれる多孔質の岩石)，および火山灰を火口の近くに噴出している。そのため，火口から遠ざかる(溶岩が最後に地表を覆った噴火の時代が古い)につれて遷移が進行しており，**現在の植生のようすから，遷移の時間的変化のようすを追うことができる**。

● 図14は，伊豆大島の植生をまとめて図示したものである。この図をもとに，伊豆大島での一次遷移の各段階を追うと，次のA〜Fのようになる。

〔A〕 現在も活動を続けている火口の近くで，**裸地**またはコケ植物や地衣類だけの**荒原**。

〔B〕 1950年の溶岩による溶岩原で**荒原段階**。一部には**スス**キの草原も見られる。

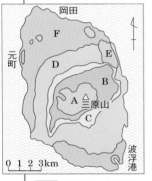

岡田

F
E
元町
D
B
A △三原山
C

波浮港

0 1 2 3km

図14 伊豆大島の植生図
(1958〜1960年調査)

〔C〕 1778年の溶岩による溶岩原で，土壌の形成が進み，**低木林の段階**にある。

〔D〕 オオシマザクラなどの陽生落葉高木と，ツバキなどの陽生常緑高木からなる**陽樹林段階**。一部に，ヒサカキなどの陰樹林のある**混生林**も見られる。

〔E〕 タブノキなどの**陰樹林(極相林)**。

〔F〕 人工的に植林した場所。

● 三原山では1986年にも全島民が島外避難する規模の噴火が起こり，その後の調査で，実際の一次遷移初期のようすが以下のように報告されている。

噴火4か月後には，溶岩上に地衣類が見られ，8か月後には，スコリア上にハチジョウイタドリとススキが発芽後すぐに枯れた。

噴火から3年半後の1990年5月に，溶岩上にハチジョウイタドリが見られ，この後，枯れることなく定着。毎年株は大きくなり，多数の種子を散布。その後，地衣類やコケ植物は溶岩上の2〜15%を占める状態が続き，イタドリもほぼ同じ被度まで広がる。イタドリの群集はさまざまなサイズのパッチ状となり，次にハチジョウススキが，さらに次々と他の植物も定着し，被度・草丈・種類数ともに増大した。

表3 伊豆大島の植生と環境

地点	B	C	D	E
溶岩噴出年代	1950	1778	684	B.C.2000
土壌の厚さ〔cm〕	0.1	0.8	40	37
土壌有機物〔%〕	1.1	6.4	20	31
地表の照度〔%〕	90	23	2.7	1.8
植物の種の数	3	21	42	33
群落の高さ〔m〕	0.6	2.8	9.2	12.5
各地点のおもな植物	シマタヌキラン オオシマイタドリ ススキ	オオバヤシャブシ ハコネウツギ	オオシマザクラ ヤブツバキ ヒサカキ	スダジイ タブノキ

┤ COLUMN ├

遷移の実験場：西之島

西之島は小笠原諸島の父島の西北西約130 kmにある火山島で，2013年以降，活発に噴火をくり返して，新たな陸地が形成されている。特に2020年1月以降，溶岩流の噴出が続き，島の面積が拡大した。2023年現在も火山活動が継続している。

1973年の噴火後，2008年に植生調査が行われ，6種の植物が侵入していることが確認された。その後の噴火でこれらの植生は失われたと考えられているが，新

図15 西之島

たに遷移が始まっており，調査が継続されている。環境省は人為的な生物の散布を防ぐため，「西之島の保全のための上陸ルール」を定め，自然な状態での遷移を観察し始めている。噴火がおさまれば，今後，数百年をかけて西之島も極相林をもつようになると考えられ，その経過は，自然の実験場として注目されている。

参考　退行遷移

●森林が成立していた植生でも，環境の変化や人為的な影響で，森林→草原→荒原→裸地と逆方向へ遷移が進む場合もある。このような遷移を**退行遷移**とよぶ。

●熱帯多雨林などでは，焼畑農業(やきはた)が行われる。焼畑農業では，森林を燃やし，その灰を肥料として耕作が行われる(⤴ p.194)。やがて土壌が流失して土地がやせると，ウシの放牧が行われる。さらにウシが食べられる草がなくなると，ヤギが放牧される。ヤギは植物の根まで食べるため，植生がすべて失われて砂漠化する場合がある。

●日本の森林でも，増えすぎたシカ(ニホンジカ)に樹皮が食害され，樹木が枯れ，下草も食べられるため，森林が失われる被害が生じている(⤴ p.213)。

このSECTIONの **まとめ** 　植生の遷移

□ 光の強さと光合成速度 ⤴ p.156	・光補償点…光合成速度＝呼吸速度となる光の強さ。 ・陽生植物…光補償点が高い。陰生植物…光補償点が低い。
□ 植生の遷移 ⤴ p.158	・**遷移**…植生の長い期間にわたる移り変わり。 ・**一次遷移の進み方**…裸地→荒原→草原→陽樹の低木林→陽樹林→混生林→陰樹林(極相林) ・**ギャップ更新**…極相林での樹種更新。倒木でできたギャップで，パッチ状に陽樹などが生育する。 ・**二次遷移**……山火事の跡地などから進行する遷移。土壌や土中の種子，土壌生物などが存在する状態から始まる。

SECTION 3　バイオームとその分布

1 | 気候とバイオーム

1　バイオーム ①重要

❶**バイオーム**　ある地域に生育する植生(植物全体)と，そこで生活している動物を
まとめたものを**バイオーム**[1](生物群系)という。同じような気候条件では同じような
相観をもつ植生が成立し，そこで生活する動物も同じような構成となる。そこで，
陸上のバイオームは相観(⊃ p.153)をもとに分類される。

❷**気候とバイオーム**　植物は移動できないので，その分布は環境要因(特に**気温**と
降水量)に支配される。そして，気候が似ていれば，次のように，よく似た相観の
バイオームができる。

①**年平均気温が −5 ℃以下の地域**
では，植物がほとんど生育でき
ないため，降水量にかかわらず，
ツンドラ(寒冷荒原)となる。

②**年降水量が極端に少ない地域**
(200 mm 〜 500 mm 以下)[2]では，
植物が生育しにくいため，砂漠
(乾燥荒原)となる。

③**年降水量が少ない地域**
(500 mm 〜 1000 mm 以下)[2]では，
樹木が生育できないため，草原
となる。草原は温帯・亜寒帯の
ステップと熱帯のサバンナに分類される。

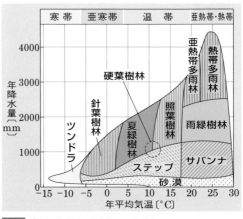

図16 世界の気候とバイオームの分布

④**年降水量が多い地域**(500 mm 〜 1000 mm 以上)[2]では，森林が成立する。どのよう
な森林になるかは，年平均気温で決まり，亜寒帯では針葉樹林，冷温帯では夏
緑樹林，暖温帯では照葉樹林となり，降水量が少なく乾季と雨季が交代する熱
帯では雨緑樹林が，一年中降水量が多い熱帯では熱帯多雨林になる。亜熱帯地
域では亜熱帯多雨林になる。

★1 バイオームは，bio：「生物」と -ome：「塊」を合わせてつくられた造語である。似た用語として，
　ゲノム＝gene：「遺伝子」+ -ome がある。
★2 気温が高くなると，蒸発量が多くなるため，森林または草原が成立するための降水量は多くなる。

2 気温や降水量とバイオームの関係

❶気温とバイオームの関係　降水量が十分にある地域では，年平均気温が高くなるにつれ，植物種が増え，高さも高くなり，階層構造も多層化していく（⤵図17ⓐ）。
❷降水量とバイオームの関係　気温が高い地域においては，年降水量の増加に伴い，荒原から草原，森林へと変化していく（⤵図17ⓑ）。それに伴い，植物種が増えるとともに，高木が密になり，階層構造も多層化する。

ⓐ 気温とバイオームの関係（降水量が十分にある地域）

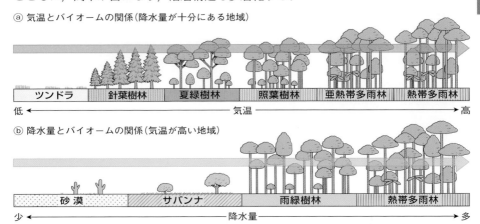

| ツンドラ | 針葉樹林 | 夏緑樹林 | 照葉樹林 | 亜熱帯多雨林 | 熱帯多雨林 |

低 ←―――――――――――――――――――――――― 気温 ――――――――――――――――――――――→ 高

ⓑ 降水量とバイオームの関係（気温が高い地域）

| 砂漠 | サバンナ | 雨緑樹林 | 熱帯多雨林 |

少 ←――――――――――――――――――――――― 降水量 ―――――――――――――――――――→ 多

図17 気温・降水量とバイオームの関係

3 バイオームの特徴

　離れた地域でも，同じ気候で成立するバイオームは同じような特徴をもつ。
❶熱帯多雨林　年平均気温約23℃以上，年降水量約2500 mm以上の**高温多湿の地域に発達**する常緑広葉樹の森林。70 mにもなる巨大なマメ科やフタバガキ科の樹木が生育し，そのため5～7層の階層構造をもつ。生育する樹種が多く，つる植物・着生植物も多く見られ，動物の種類も非常に多い。海岸近くでは，ヒルギ類などの
マングローブ林[*1]が見られる。
高温によって微生物の活動が
活発なため，落葉や遺骸の分
解が速い。このため腐植を含
む土の層が薄く，根が地中深
く生長できない。大きな幹を
支えるために，板状の根（板
根）をもつ樹木もある。

図18 熱帯多雨林（マレーシア）

図19 マングローブ林

───────────────────────
★1 海水が混じる河口や干潟などに生育する樹木でできた森林。気根とよばれる地上に出ている根が発達し，その根の間が多様な生物の生活の場になる。生物多様性（⤵p.184）に富む重要な生態系である。

❷**亜熱帯多雨林**　年平均気温約18℃以上，年降水量約2500 mm以上の**亜熱帯地域に分布**する常緑広葉樹の森林。巨大高木層がない。アコウ，ヘゴ[★1]，タコノキなどが生育する。海岸近くにヒルギ類などの**マングローブ林**が分布。

図20　チーク

❸**雨緑樹林**　雨季と乾季がある熱帯・亜熱帯の樹林で，**雨季に葉をつけ，乾季に落葉する落葉広葉樹**の森林。南アジアや東南アジアに多く分布する。チーク[★2]，コクタン[★3]，タケなどが生育。

❹**照葉樹林**　年平均気温約13 ～ 20℃，年降水量約1000 mm以上の温帯のうち気温が比較的高い暖温帯に分布している。**葉は，表皮上にクチクラ層[★4]が発達しており，硬くて表面に光沢がある。**常緑広葉樹が優占するが，落葉広葉樹や針葉樹が混在する森林が多い。スダジイ，アラカシ，タブノキ，クスノキなどが代表例。林内には昆虫や小動物が多く生息する。

図21　クスノキ

―∕ COLUMN ∕―

照葉樹林文化

　アジアの照葉樹林は，東は日本中部から西はヒマラヤまで連なっており，そこに住む人々の文化は驚くほどよく似ている。例えば，これらの地域では，米や豆が主食で餅を食べ，中国の雲南地方では豆腐や納豆まで食べる。そこで，これらの地域の文化をまとめて照葉樹林文化ということがある。

図22　照葉樹林（日本・京都府）

❺**硬葉樹林**　**冬の降水量が多く，夏に乾燥する地域**で見られる，**常緑の樹林**。夏季の乾燥に適応し，小さく硬い葉をもつ。地中海沿岸ではオリーブ，ゲッケイジュ，コルクガシ，オーストラリアではユーカリ，北米西海岸ではカシ類などが見られる。

図23　コルクガシの樹皮

❻**夏緑樹林**　年平均気温約3 ～ 12℃の**冷温帯に広く分布する落葉広葉樹**の森林。ブナ，ミズナラ，カエデ類などが代表例。夏に高木の葉がしげり，秋には**紅葉や黄葉**が見られ，冬には落葉する。カタクリなど春の林床が明るい時期だけに生育して開花する植物が見られる。

図24　ブナ

図25　夏緑樹林（日本・青森県）

★1 ヘゴは，高さ5 ～ 7 mほどになる木生シダ（樹木のようになるシダ植物のグループ）の一種。
★2 チークは高級木材として知られ，豪華客船の内装材としても使われている。成長が遅く希少木材である。
★3 コクタンは黒檀，エボニーとも表記される希少木材で，現在では輸出が制限されている。
★4 クチクラ層は表皮細胞が分泌したロウなどからなる植物の表面を覆う膜で，水分の蒸散を防ぐ。

❼針葉樹林　亜寒帯に分布している森林。常緑の針葉樹が優占する森林で，構成樹種や階層（⮕p.154）が少なく，2〜3層しかない。ツガ，モミ，コメツガ，シラビソなど。落葉針葉樹のカラマツなども見られる。

❽サバンナ　比較的降水量が少なく（年降水量約1000 mm以下），数か月にわたる乾季がある熱帯・亜熱帯に広がる草原。イネ科の草本を主とし，ところどころにアカシアなどの亜高木や低木が混じって存在する。大形の野生動物が生息する。

❾ステップ　年降水量が少ない温帯・亜寒帯に成立する草原で，大陸の内陸部に広がる。イネ科の草本が多く，木本は少ない。穴を掘って生活する動物が多く見られる。

❿砂漠　年降水量が約200 mm以下の極端に乾燥した地域に成立する荒原。乾燥に適応した多肉植物や深く根を張る植物，種子で乾燥に耐え，降雨後に成長して花を咲かせる一年生草本が分布する。夜行性の動物が多い。

⓫ツンドラ　北極圏の寒帯に分布する。低温のため微生物が不活発なので，土壌の栄養塩類が少ない。地下には永久凍土がある。コケ植物や地衣類や草本がまばらに生育し，ところどころにキョクチヤナギなどの低木が見られる。動物では，トナカイなどの大形の動物が分布するが，両生類やハ虫類はほとんど分布しない。

図26 　針葉樹林（カナダ）

図27 　サバンナ（ケニア）

図28 　ステップ（モンゴル）

図29 　ツンドラ（アメリカ・アラスカ）

第**3**編 生物の多様性と生態系

POINT!

熱帯多雨林・亜熱帯多雨林 ⎫ 照葉樹林・硬葉樹林・針葉樹林 ⎬ 常緑樹林 ⎫ 雨緑樹林・夏緑樹林……………………落葉樹林 ⎬ 森林		

熱帯多雨林・亜熱帯多雨林 ⎱ 常緑樹林 ⎱ 森林
照葉樹林・硬葉樹林・針葉樹林 ⎰
雨緑樹林・夏緑樹林……………………落葉樹林 ⎰

サバンナ・ステップ……………………………草原

砂漠・ツンドラ………………………………荒原

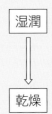
湿潤 → 乾燥

4 世界のバイオームの分布

　図30は世界におけるバイオームの分布(水平分布)を示している。各地の気候(年平均気温と降水量)によってバイオームが成立しているが，その境界は明確ではなく，連続して変化していることが多い。

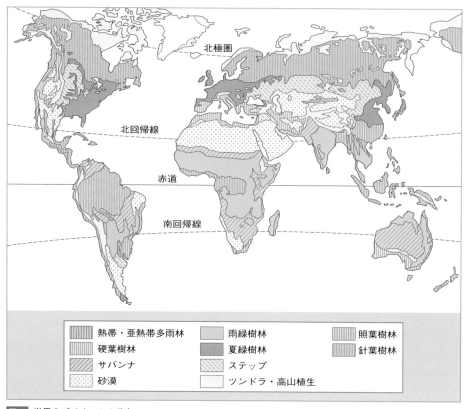

図30 世界のバイオームの分布

　世界のバイオームの分布は，おおまかには次のようになっている。
①熱帯多雨林は中南米・アフリカ・東南アジアの赤道付近に分布している。
②アフリカの熱帯では熱帯多雨林の周囲に雨緑樹林，その周囲にサバンナ，さらにその外側には砂漠が分布している。
③照葉樹林のおもな分布は，東アジア・南米の南部などにある。
④夏緑樹林は北米東海岸・ヨーロッパ北部・東アジアに広く分布する。
⑤硬葉樹林は地中海沿岸・オーストラリア南部・北米西海岸などに分布する。
⑥針葉樹林は北米からユーラシア大陸の高緯度地域に広く分布する。

2 | 日本のバイオーム

1 日本のバイオームの水平分布と垂直分布

　日本は降水量が多いため，高山などを除いては全土で森林が成立する。森林のバイオームは年平均気温によって種類が変わるので，南から北へ緯度によってバイオームが変化する。緯度の違いに伴うバイオームの分布を水平分布という。

　また，同じ緯度でも標高によって年平均気温が変化する。地上では，標高が1000 m上昇するごとに気温が5 ～ 6℃低下し，それにつれて，バイオームも変化する。この標高に応じたバイオームの分布を垂直分布とよぶ。**垂直分布の境界となる標高は，高緯度になるほど低くなる**。また，同じ山でも南側より北側のほうが低くなる。

2 日本のバイオームの水平分布

❶亜熱帯多雨林　屋久島・種子島から琉球諸島の**亜熱帯**地域に発達。スダジイ，タブノキなどの常緑広葉樹が優占するが，**ガジュマル，アコウ，ヘゴ**などの亜熱帯樹種が混在する。河口ではヒルギ類などのマングローブ林がある。

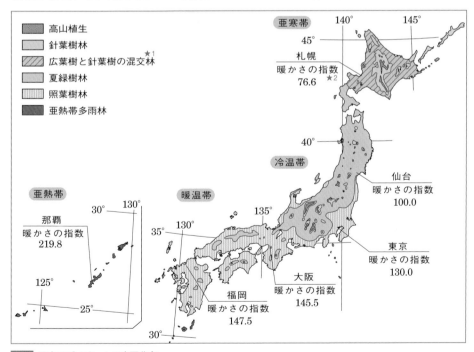

図31 日本のバイオームの水平分布

★1 北海道では夏緑樹林から針葉樹林へゆるやかに連続しているため，広葉樹と針葉樹の混交林が広がる。
★2 ここでの暖かさの指数（⇨p.171）は，1991 ～ 2020年の月平均気温より求めたもの。

第3編 生物の多様性と生態系

❷照葉樹林　九州・四国のほぼ全域，関東・新潟県の平野部以南の**暖温帯**に発達。シイ類，カシ類，タブノキなどの**常緑広葉樹**が優占する。

❸夏緑樹林　本州中部から北海道西南部の平地の**冷温帯**に発達。ブナ，ミズナラ，カエデ類などの**落葉広葉樹**が優占する。

❹針葉樹林　北海道東部の**亜寒帯**や本州中部の亜高山帯（標高約1700〜2500 mの地域）に分布する。耐寒性の強い**常緑針葉樹**が優占する。北海道ではエゾマツ，トドマツなどが代表樹種。本州中部ではコメツガ，シラビソなどが代表樹種。

図32　スダジイの実（ドングリ）

図33　ブナ林

図34　トドマツ

3 日本のバイオームの垂直分布

　本州中部の山岳地帯では，標高が低いほうから**丘陵帯・山地帯・亜高山帯・高山帯**の４つに分けられる。この区分はバイオームで分けられ，丘陵帯には照葉樹林，山地帯には夏緑樹林，亜高山帯には針葉樹林が分布する。

表4　本州中部のバイオームの垂直分布

区分	特徴・植物例
高山帯〔2500 m以上〕	高山草原（お花畑）や低木が育つ。コマクサ・コケモモ・ハイマツなど。
亜高山帯〔1700〜2500 m〕	落葉広葉樹が混在する針葉樹林になる。コメツガ・シラビソなど。
山地帯〔700〜1700 m〕	落葉広葉樹からなる夏緑樹林になる。ブナ・ミズナラ・カエデ類など。
丘陵帯（低地帯）〔700 m以下〕	常緑広葉樹からなる照葉樹林になる。スダジイ・アラカシ・タブノキ・クスノキなど。

　高山帯では，高木が生育できず森林が形成されないので，高山帯と亜高山帯を分ける境界（亜高山帯の上限）を**森林限界**とよぶ。高山帯のバイオーム（**高山植生**）は，高山植物の草原（お花畑）や，低木のハイマツやコケモモが見られる。

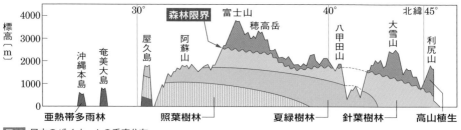
図35　日本のバイオームの垂直分布

暖かさの指数

●気温の変化が植生の分布に与える影響を説明する1つの指標として，吉良竜夫が体系化した(1945年)暖かさの指数が知られている。暖かさの指数は，植物が生育できる温度は5℃以上だと考えられていることから，1年間のうちで，月平均気温が5℃以上[★1]の月について，月平均気温から5を引いた値を積算して求める。

表5　札幌市の暖かさの指数(1991〜2020年の平均気温をもとに算出　気象庁HPより)

月	1	2	3	4	5	6	7	8	9	10	11	12	暖かさの指数
平均気温	−3.2	−2.7	1.1	7.3	13.0	17.0	21.1	22.3	18.6	12.1	5.2	−0.9	76.6
5℃引いた値	[★1]	—	—	2.3	8.0	12.0	16.1	17.3	13.6	7.1	0.2	—	

表6　バイオームと暖かさの指数

バイオーム	暖かさの指数	気候帯
熱帯多雨林	240以上	熱帯
亜熱帯多雨林	180〜240	亜熱帯
照葉樹林	85〜180	暖温帯
夏緑樹林	45〜85	冷温帯
針葉樹林	15〜45	亜寒帯
ツンドラ	15以下	寒帯

表7　国内各都市の暖かさの指数
(1991〜2020年の平均気温より)

都市名	暖かさの指数	都市名	暖かさの指数
札幌	76.6	大阪	145.5
盛岡	86.6	福岡	147.5
仙台	100.0	鹿児島	165.4
東京	130.0	那覇	219.8
名古屋	134.7	富士山頂	1.7

　表5は札幌市の暖かさの指数(76.6)を求めた例で，表6から夏緑樹林に相当する。また，表7は日本各地の暖かさの指数を求めたものである。盛岡は夏緑樹林と照葉樹林の境界に位置し，仙台から鹿児島までは照葉樹林に相当する暖かさの指数であることがわかる。また，那覇は亜熱帯多雨林，一方，富士山頂はツンドラに相当している。

このSECTIONのまとめ　バイオームとその分布

□ 気候とバイオーム　p.164	・バイオーム(生物群系)…おもに気温と降水量で決まる。

　森林 ┤ 熱帯多雨林・亜熱帯多雨林・雨緑樹林・照葉樹林・硬葉樹林・夏緑樹林・針葉樹林

　草原…サバンナ・ステップ　　荒原…砂漠・ツンドラ

□ 日本のバイオーム　p.169	・水平分布…南から順に，亜熱帯多雨林・照葉樹林・夏緑樹林・針葉樹林が発達。
	・垂直分布…低いほうから，照葉樹林・夏緑樹林・針葉樹林の順で分布。森林限界の上は高山植生。

[★] 1月平均気温が5℃を下回る月の値は0とし，表5の例では1〜3月と12月は計算に入れない。

第3編　生物の多様性と生態系

重要用語

SECTION 1　植生

□ **環境要因** かんきょうよういん ☞p.150
環境のうち，生物に何らかの影響を与える要因。

□ **非生物的環境** ひせいぶつてきかんきょう ☞p.150
環境のうち，生物以外の要因。温度，光，大気(空気)，栄養塩類，土壌，水など。

□ **生物的環境** せいぶつてきかんきょう ☞p.150
環境のうち，同種の生物や異種の生物。

□ **作用** さよう ☞p.150
生物が非生物的環境から受ける働き。

□ **環境形成作用** かんきょうけいせいさよう ☞p.150
生物によって非生物的環境が変化する働き。

□ **適応** てきおう ☞p.151
生物の形態や性質が，ある環境の中でよりよく生活や繁殖できるようになること。

□ **(植物の)生活形** せいかつけい ☞p.151
環境に適応した植物の形態や生活様式。

□ **植生** しょくせい ☞p.153
ある場所に生育している植物の集まり全体。

□ **優占種** ゆうせんしゅ ☞p.153
植生を構成する植物のうち，個体数が多く最大の生活空間を占有する種。

□ **相観** そうかん ☞p.153
植生の外観。荒原，草原，森林などの種類に大きく分けられる。

□ **(森林の)階層構造** かいそうこうぞう ☞p.154
発達した森林に見られる構造。高木層，亜高木層，低木層，草本層，地表層に分類される。

□ **林冠** りんかん ☞p.154
森林の最上部の，直射日光が当たる部分。

□ **林床** りんしょう ☞p.154
森林内部の地表に近い部分。

□ **土壌** どじょう ☞p.155
森林の土壌は，地表から，落葉層，腐植土層，岩石が風化した層，母岩で構成されている。

SECTION 2　植生の遷移

□ **光補償点** ひかりほしょうてん ☞p.156
呼吸速度と光合成速度が等しくなっているときの光の強さ。この光の強さでは，植物は見かけ上CO_2を吸収も排出もしていない。

□ **光飽和** ひかりほうわ ☞p.156
光を強くしていったときに，CO_2の吸収速度が増加しなくなった状態。光飽和に達したときの光の強さを光飽和点という。

□ **光合成速度** こうごうせいそくど ☞p.156
植物が光合成で吸収している，単位時間あたりのCO_2量。光合成速度＝見かけの光合成速度＋呼吸速度。

□ **陽生植物** ようせいしょくぶつ ☞p.157
強い光の下でよく生育する植物。光飽和点が高く，光合成速度が大きいが，光補償点も高いため，弱い光の下では生育できない。

□ **陰生植物** いんせいしょくぶつ ☞p.157
光の弱い場所でも生育できる植物。呼吸速度が小さく，光補償点が低い。

□ **陽樹** ようじゅ ☞p.157
幼木のときに強い光の下でないと生育できない樹木。強い光の下では成長が速い。

□ **陰樹** いんじゅ ☞p.157
幼木のときに耐陰性が高く，弱い光でも生育できる樹木。

□ **遷移(植生遷移)** せんい(しょくせいせんい) ☞p.158
時間とともに植生が移り変わっていくこと。

□ **一次遷移** いちじせんい ☞p.158
裸地などの土壌や生物がない状態から始まる遷移。裸地→荒原→草原→低木林→陽樹林→混交林→陰樹林(極相)の順に進行する。

□ **二次遷移** にじせんい ☞p.158
森林伐採や山火事のあとから始まる遷移で，土壌や土中の種子などがある状態から始まるため，進行が速い。

□ **乾性遷移** かんせいせんい ☞p.158
溶岩流の跡地や大規模な崖崩れなど，植生がまったくない裸地から始まる遷移。

□ **湿性遷移** しっせいせんい ☞p.158
せき止め湖などの湖沼から始まる遷移。堆積物で水深が浅くなった後，湿原→草原と進行し，その後は乾性遷移と同様に進行する。

□ **極相** きょくそう ☞p.159
植生の遷移がそれ以上進まない安定した植生の状態。

□ **先駆種（パイオニア種）** せんくしゅ（―しゅ）
☞p.160　遷移の初期に侵入する種。種子が小さく，風で散布される種が多く，土壌に栄養分が少なくても生育する。

□ **極相種** きょくそうしゅ ☞p.160
極相における優占種。陰樹であることが多い。

□ **ギャップ** ☞p.160
倒木などによって林冠にできた隙間。

③ バイオームとその分布

□ **バイオーム** ☞p.164
生物群系ともいう。ある場所にある植生と生活している動物など，すべての生物のまとまり。

□ **熱帯多雨林** ねったいたうりん ☞p.165
年間を通して降水量が多い熱帯に分布するバイオーム。高木は非常に高く，植物種が多い。

□ **亜熱帯多雨林** あねったいたうりん ☞p.166
降水量が多い亜熱帯に分布するバイオーム。ヘゴやマングローブ林などが見られる。

□ **雨緑樹林** うりょくじゅりん ☞p.166
雨季と乾季がはっきりとした熱帯・亜熱帯に分布するバイオーム。乾季に落葉する樹木が多い。

□ **照葉樹林** しょうようじゅりん ☞p.166
降水量が多い暖温帯に分布するバイオーム。照葉樹は葉にクチクラ層が発達し光沢をもつ。

□ **硬葉樹林** こうようじゅりん ☞p.166
降水量がやや少なく，夏季に乾燥する温帯に分布するバイオーム。乾燥に適応した小さくて硬い葉をもつ樹種が優占する。

□ **夏緑樹林** かりょくじゅりん ☞p.166
冷温帯に分布するバイオーム。冬季に落葉する樹木が優占する。

□ **針葉樹林** しんようじゅりん ☞p.167
亜寒帯に分布するバイオーム。針葉樹が優占する。構成樹種が少なく，階層構造が単純。

□ **サバンナ** ☞p.167
降水量が少ない熱帯・亜熱帯に分布するバイオーム。イネ科植物を中心とした草原で樹木が散在。

□ **ステップ** ☞p.167
降水量が少ない温帯から亜寒帯に分布するバイオーム。イネ科草本中心の草原で，高木はほとんど見られない。

□ **砂漠** さばく ☞p.167
降水量が極端に少ない乾燥地域に分布する荒原。多肉植物など乾燥に適応した植物が生育。

□ **ツンドラ** ☞p.167
年平均気温が −5℃ 以下の地域に見られる荒原。コケ植物や地衣類，草本が中心。

□ **水平分布** すいへいぶんぷ ☞p.169
緯度の違いに伴うバイオームの分布。日本では南から，亜熱帯多雨林→照葉樹林→夏緑樹林→針葉樹林が分布する。

□ **垂直分布** すいちょくぶんぷ ☞p.169
標高の違いに応じたバイオームの分布。日本の本州中部では，標高が高くなるにつれ，丘陵帯→山地帯→亜高山帯→高山帯と変化する。

□ **丘陵帯** きゅうりょうたい ☞p.170
本州中部では標高 500〜700 m 以下に分布する，照葉樹林で占められる地帯。

□ **山地帯** さんちたい ☞p.170
本州中部では丘陵帯の上の標高 1500〜1700 m 以下で見られる，夏緑樹林で占められる地帯。

□ **亜高山帯** あこうざんたい ☞p.170
本州中部では山地帯の上の標高約 2500 m 以下で見られる，針葉樹林で占められる地帯。

□ **高山帯** こうざんたい ☞p.170
本州中部では 2500 m 以上で見られ，高木が生育せず，低木やお花畑が見られる。

□ **森林限界** しんりんげんかい ☞p.170
森林が成立できない標高の下限。亜高山帯と高山帯を区分する。

地球に広がる生物圏

①地球の構造としての生物圏 地球の構造は，外側から**大気圏**，**水圏**(海洋・湖沼など)，**岩石圏**と層状に覆われている[★1]。これらの層の中で，生物が生活している部分を**生物圏**とよぶ。さらに人間が活動している部分を，人間圏とする場合もある。

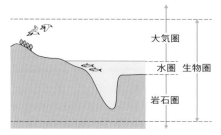
図36 生物圏の範囲

②生物圏の広がり 生物圏は，水平分布では赤道から極地まですべてが含まれる。砂漠や高山，極地の氷雪地域など，動物や植物が生育できない場所もあるが，微生物はそのような地域においても存在している。

垂直方向では，高さ8000 m以上のヒマラヤ山脈を越えて渡りをするインドガンが観察され，また11300 mの上空で飛行機と衝突したハゲワシの例(1973年

図37 インドガン

西アフリカのコートジボワール上空)も報告されている。微生物については，気球を使った採集で，成層圏(高さ10 km～50 km)で細菌が採集されている。

一方，海において，最も深い場所で見つかった魚類は，マリアナ海溝の水深8178 mで見つかったマリアナスネイルフィッシュである。さらに水深10900 mでヨコエビの仲間が採集されている。世界最深部の水深が10984 mなので，ほとんど世界最深部まで動物が分布している。

図38 マリアナスネイルフィッシュ[※]

③地下の生物圏 地中にも多量の生物が分布していることがわかってきた。日本の海洋研究開発機構(JAMSTEC)は，地球深部探査船「ちきゅう」での調査で，青森県下北半島沖80 kmの地点にある石炭層において，水深1180 mからさらに地下2466 mまで掘削し，採集したサンプルから微生物やDNAが発見され，生物圏はこの深さまで広がっていることがわかった(2014年)。さらに，地球の深部には無数の生

図39 「ちきゅう」により確認された地下の微生物の蛍光顕微鏡写真
©JAMSTEC

命体が存在し，その生物量(バイオマス⇨p.238)は全人類の245～385倍に相当する，と報告されている(2018年)。

地下生物圏は，光がなく，栄養分も少なく，熱や圧力にさらされている環境で，そこに適応している生物は，地上とは異なった代謝のしくみなどをもっている。石油を分解する細菌や，無機物からメタンCH_4を生成するような細菌が発見されている。

★1 地下の構造としては，岩石圏(リソスフェア)のさらに下側に岩流圏(アセノスフェア：軟らかい岩石でできている部分)がある。

※ 画像提供：JAMSTEC/NHK/Marianas Trench Marine National Monument U.S.Fish and Wildlife Service

④**深海の熱水噴出孔周辺の生物群** 太陽光の届かない深海において，地熱で熱せられた水が噴出している場所を，**熱水噴出孔**という。熱水噴出孔の周辺には，たくさんの生物が生活している場所が見つかっている。そこでは，噴出する熱水に含まれる有毒な硫化水素H_2Sを酸化したエネルギーで有機物を合成する細菌(化学合成細菌とよばれる)がいて，化学合成細菌を生産者として成立している食物連鎖によって生態系が構成されている。

図40 熱水噴出孔　　　©JAMSTEC

　化学合成細菌を体内に共生させているチューブワーム(ハオリムシ)やシロウリガイ，さらにそれを食べるエビやカニなど，多くの生物種が存在し，生物の密度は，周辺の深海底に比べ10000〜100000倍にも達する。

図41 チューブワーム

　陸上や浅海の生態系の食物連鎖は，植物が光エネルギーを用いて生産された有機物から始まっているので，われわれが生命活動に用いているエネルギーは，もとは太陽光のエネルギーである。しかし，深海の熱水噴出孔の

まわりに成立している生態系は，地球内部から出てくる無機物をエネルギー源としており，陸上などの生態系とはエネルギー的にほぼ別の生態系〜別の世界ともいえる。そこには陸上生態系では見られないような独自の進化をしている生物も見られ，そこにある遺伝子資源にも注目が集まっている。

⑤**氷の中の生物** 南極海は冬季には広く海氷に覆われ，その面積は約2000万m^2，海洋面積の約6％にもなる。海氷の下や氷の隙間には，**アイスアルジー**とよばれる藻類が生育している。アイスアルジーは，ケイ藻類が中心で，氷の中や下側を茶色に染める。アイスアルジーは春に日光が当たるようになると盛んに生育し，氷が溶けると，海水中に放出されたり，沈降していく。オキアミや動物プランクトンがこれを食べて爆発的に増え，さらに魚類やクジラがオキアミなどを食べて生活している。アイスアルジーは，南極海の大形動物であるクジラやペンギンなどの生活を支えている。

　北海道の北側のオホーツク海も冬季には海氷で覆われる。ここでもアイスアルジーが重要な生産者であり，この海域の豊かな漁業資源を支えている。

　地球温暖化の影響で，海氷の減少が報告されている。海氷ができないと，アイスアルジーは生育できない。高緯度で海氷が見られる海域の，地球温暖化による生物生産への影響も懸念されている。

図42 アイスアルジー

》生態系と生物の多様性

1 生態系と多様性

1 | 生態系

1 生態系と食物連鎖

❶**生態系** ある場所に生息するすべての生物と，それを取り巻く環境を合わせて生態系という。生態系の大きさは対象ごとに設定することができ，小さな池や1つの水槽を1つの生態系とみなすこともできるし，地球全体を1つの生態系とみなすこともできる。

❷**生態系の構造** 生態系の中で，生物は環境の影響を受け（**作用** ⇨ p.150），また生物の活動によって環境は変化し（**環境形成作用** ⇨ p.150），さらには生物どうしが関係し合って複雑なシステムを形成している。

❸**生態系内での生物** 生態系の中で生活する生物は大きく生産者と消費者に分けることができる。

①**生産者** 光合成などによって無機物から有機物をつくり出す生物が生産者である。生産者としては植物や藻類，シアノバクテリアなどの細菌が含まれる。

②**消費者** 他の生物を食べて生活する生物を消費者とよぶ。生産者を食べる生物を一次消費者，一次消費者を食べる生物を二次消費者とよび，さらに二次消費者を食べる生物を三次消費者とよぶ。動物のうち，一次消費者は植物食性動物[1]，二次消費者以降の動物は動物食性動物[1]である。消費者のうち，**生物の遺骸や排出物の有機物を取り入れ，無機物にする菌類，細菌などの生物を分解者とよぶ**場合もある。

★1 一次消費者は一般には草食動物とよばれる。しかし，一次消費者が食べるのは草だけではなく，樹木の葉や果実，蜜や花粉など，植物が生産した有機物をさまざまな形で取り入れるので，**植物食性動物（植食性動物）**という。同様に一般に肉食動物とよばれる動物は**動物食性動物（肉食性動物）**という。

　生産者から始まる，一次消費者，二次消費者などの各段階のことを栄養段階という。

❹**食物連鎖と食物網**　生物の間に見られる，**捕食**（食べる）・**被食**（食べられる）の関係がつながっていくことを食物連鎖とよぶ。

　ふつう生態系内では，**図43**のように多くの生物が複雑に捕食・被食の関係をもち，網目状のつながりになっているため，食物網とよばれる。

　食物網の中で，二次消費者以上の栄養段階は複雑になるので，高次消費者とまとめられることもある。

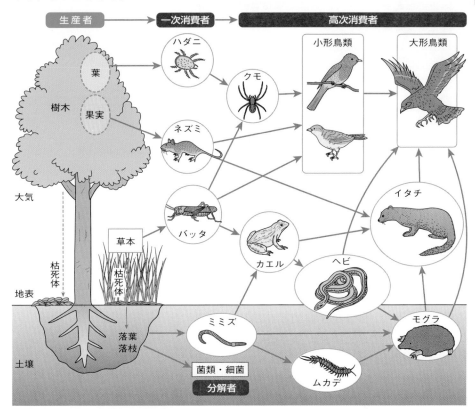

図43 森林の生態系に見られる食物網の例

視点 小形鳥類の栄養段階は，草本→バッタ→小形鳥類と見れば二次消費者であるが，草本→バッタ→クモ→小形鳥類と見れば三次消費者であるため，食物網の中では**高次消費者**とよぶのが適切である。

❺**腐食連鎖**　地面に落ちた葉や枝（落葉・落枝）や動物の遺骸・排出物などは分解者によって無機物にまで分解される。ここでも，落葉→ミミズ→モグラのような食物連鎖が見られる。このように，枯死体や動物の遺骸・排出物などから始まる食物連鎖を腐食連鎖とよぶ。腐食連鎖によって有機物は分解されていき，**最終的には無機物にまで分解される**が，一部は土中に埋蔵される。

２ 生態ピラミッド

　栄養段階ごとに，個体数や生物量などを積み重ねたものを生態ピラミッドという。生態ピラミッドには次のような種類がある。

❶個体数ピラミッド　下から生産者・一次消費者・二次消費者の個体数を積み重ねたものを，個体数ピラミッドという。**一般に捕食者のほうが被食者よりも個体数が少ないが，捕食者が被食者に寄生している場合は逆転する場合もある。**

補足 逆転の例：1本の木の葉を食べるガの幼虫の個体数や，ガの幼虫に寄生するコマユバチなど。

❷生物量ピラミッド　その**生態系内に存在する生物の量**，つまり，そこで生育する**生物の総重量（生物量）**を積み重ねたものを，生物量ピラミッドという。生物量は，水分量を除いた乾燥重量で表す場合もある。生物量ピラミッドも栄養段階が高いものほど小さくなる。

　しかし，生物量ピラミッドが逆転する場合もある。植物プランクトン（⇨ p.179）のように，生産者の増殖速度が速く，一次消費者が生産者の増えた分だけを食べて維持される場合，生産者よりも一次消費者の生体量が多くなる。

❸生産力ピラミッド（生産速度ピラミッド）　それぞれの栄養段階の生物が**単位時間あたりに生産する有機物量**（光合成量や体内に取り込んだ有機物量）を積み重ねたものを，**生産力ピラミッド**，または**生産速度ピラミッド**とよぶ。生産力ピラミッドはエネルギーの流れに注目したピラミッドである。**生産力ピラミッドは，安定して維持されている生態系では逆転することはない。**

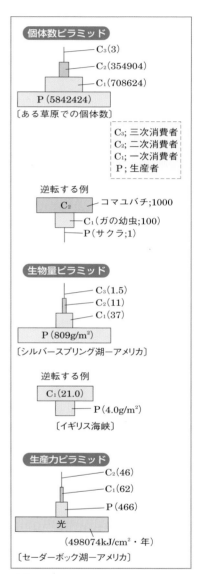

図44　生態ピラミッド

POINT!

　生態ピラミッド…個体数や生物量を**栄養段階ごとに積み重ねたもの。**
　ふつう，栄養段階が上がると小さくなるピラミッド形になるが，個体数・生物量のピラミッドでは逆転することもある。

3 さまざまな生態系

　さまざまな生態系が相互につながっていることにより，生物多様性(⤷p.184)は維持される。生態系はその大きさや環境によってさまざまな特徴をもつ。

❶**陸上生態系**　陸上の生態系は，ふつう1日の気温差が大きく，降水量の影響も大きく受ける。降水量によって，森林・草原・荒原など相観が変化するほか，雨季や乾季，降雪量によっても影響を受ける。

❷**水界の生態系**　水界は海洋や湖沼，河川など規模の大きさが異なるさまざまな生態系がある。生産者は植物や藻類のほかにも，植物プランクトン★¹などの微生物も大きな役割を果たしている。

　水中では水深が深くなるにつれて照度(明るさ)が低下するので，生産者の光合成量と呼吸量がつり合う深度を補償深度とよぶ。**水面から補償深度までを生産層，補償深度より深い部分を分解層とよぶ。**

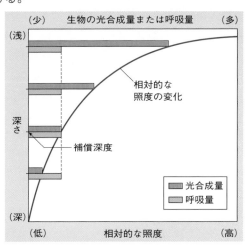

図45　水深と光合成量・呼吸量の関係

補足　水が濁っていると光は深いところまで届きにくくなるため，補償深度は水の濁り具合(透明度，濁度)にも左右される。

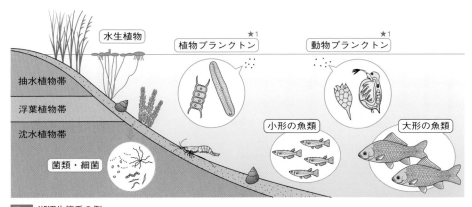

図46　湖沼生態系の例

★1　水中を浮遊する生物を総称して**プランクトン**という。プランクトンのうち，光合成をするものを**植物プランクトン**といい，光合成をしないものを**動物プランクトン**という。水界の生態系において，植物プランクトンは生産者であり動物プランクトンは一次消費者である。

2 | 生態系のバランス

1 生態系のバランスと変動

❶**攪乱とは**　生態系の状態をかき乱す要因を攪乱(撹乱)とよぶ。攪乱には，気温の変化や日照量の変化，洪水や台風，土砂崩れなど，頻度や大きさにさまざまなものがある。また，自然現象に由来する**自然攪乱**だけでなく，森林伐採や過放牧のような**人為的攪乱**も生態系に影響を与える。

❷**生態系のバランス**　自然の生態系は，大小さまざまな攪乱によって変動している。生態系を構成するさまざまな生物は食物網でつながっており(⇨p.177)，大きな攪乱でなければ，各生物の個体数，生体量などが変動しながらも，**生態系全体としては構成種や個体数が一定の変動幅の中で維持される。**この状態を生態系のバランスとよぶ。

❸**生態系の復元力**　森林は洪水や山火事，土砂崩れなどで破壊されても，年月とともに回復する。また，ある動物が急に増加しても，その捕食者も増加することで個体数の増加は抑制される。このように，生態系は攪乱に対して復元力(**レジリエンス**)をもち，一時的に変化しても，多くの場合はもとの状態に回復する(⇨**図48**)。しかし，火山噴火による溶岩の流入や，熱帯林の大規模な伐採後に土壌が流出したときなど，攪乱が大きい場合にはバランスは崩れ，生態系はもとの状態には戻らなくなる。この場合，生態系は以前とは異なった生態系に移行していく。

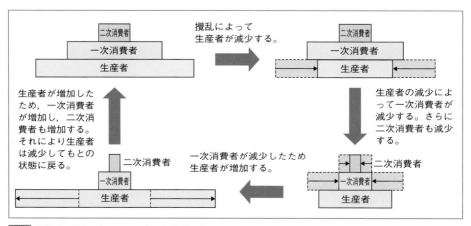

図47 生態系に攪乱が起こったときの個体数の復元

POINT!
　生態系は攪乱に対して復元力をもつ。しかし，大きすぎる攪乱に対してはもとに戻らないこともある。

2 キーストーン種

　ある生態系において，**生態系内の上位の捕食者が，その生態系の種多様性の維持に大きな影響を及ぼしている**場合，その生物をキーストーン種とよぶ。キーストーン種は，個体数が少なくても，いなくなった場合に大きな影響が生じる。

図48　キーストーン

補足 アーチ型建築の上部中央の石で，要石（かなめいし）ともよばれる。この石を外すと，石組み全体が成立しなくなる。

❶**ペインの実験**　ペインは**図49**のような食物網が見られる北太平洋の海岸の岩場で，ヒトデだけを除去し続ける実験を行った。すると，1年後にはイガイが岩場の大部分を占め，藻類は減少し，ヒザラガイなどはほとんど見られなくなってしまった。ヒトデがいなくなることにより，種多様性（⇨ p.185）が大幅に低下した。この生態系におけるヒトデのような生物をキーストーン種と名づけた。

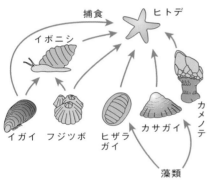

図49　海岸の岩場の食物網

図50　イガイ（手前の二枚貝）とフジツボ

補足 イガイは足糸で岩やフジツボに付着して密生し，ヒトデがいない環境では岩の表面の生活空間をめぐる競争で優位にある。

❷**北太平洋での観察例**　北太平洋の沿岸にはジャイアントケルプ（以下「ケルプ」）という大形のコンブが生育し，このケルプを食べるウニ，ウニを食べるラッコがいる（⇨ **図51**）。

　19世紀末，毛皮目的のためにラッコが乱獲され，絶滅寸前まで減少した。すると，ラッコがいなくなったためにウニが大発生し，ケルプを食べつくしてしまった。ケルプは，エビやカニなどの甲殻類や魚などのすみかや産卵場所になっていたため，これらの生物も激減し，この地域の漁業生産量も著しく減った。この生態系の例では，**ラッコがキーストーン種である。**

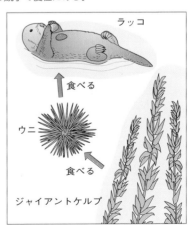

図51　北太平洋の海域での食物連鎖

第3編 生物の多様性と生態系

❸間接効果　p.181のラッコの例において，ラッコとケルプは直接には捕食・被食の関係にはない。しかし，ラッコの減少によってケルプの生物量も減少している。このように，ある生物の存在が**直接には捕食・被食の関係をもたない**生物の生存に**影響を与えることを，間接効果**とよぶ。

➕発展ゼミ　中規模攪乱説

●生態系において攪乱の影響が大きい場合は，生物の個体数は減少し，攪乱に弱い種が排除されるため，そこで生存できる生物の種類数が減少する。一方，攪乱の影響が小さい場合は，競争に強い種が優占し，弱い種が排除されるため，やはり種類数が減少する。したがって**中規模の攪乱が一定の頻度で起こる状態で種多様性が最も高くなる**と考えられ，これを中規模攪乱説(中規模攪乱仮説)という。

●**図53**はグレートバリアリーフ(オーストラリア)のヘロン島で調査された，いろいろな場所における，生きているサンゴで覆われている面積の割合とサンゴの種類数を示したグラフである。この横軸はハリケーンなどによる攪乱の大きさを反映しており，攪乱が大きいほど生きているサンゴで覆われる割合は小さくなる。**図52**において，生きているサンゴで覆われる割合が中程度(約20～30％)のとき，サンゴの種類数が多くなっている。

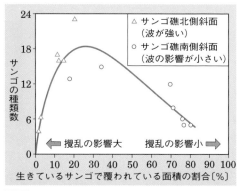

図52　生きているサンゴが覆う割合とサンゴの種類数

参考　生態系エンジニア

●北米に住むビーバーは川岸や川の中につくった巣の入口を常に水中に保つため，木の枝などで河川をせき止める巨大なダムをつくる。ビーバーがつくったダム湖にはたくさんの水草が生育するため，多くの生物種が生活できるようになったり，渡り鳥が飛来したりするようになる。

●このように，**生息環境を改変することによって多くの生物種に影響を与える生物を生態系エンジニア**とよぶ。

図53　ビーバーがつくったダム

3 自然浄化

❶自然浄化とは　自然の河川や湖・海に有機物や栄養塩類が流入しても，拡散や希釈，水中の微生物の働きなどによって，水質はもとの状態に回復する。この働きを自然浄化という。ただし，多量の汚水が流入し，自然浄化の能力を超えると，溶存酸素量[★1]が極端に減少してしまい，多くの生物は生息できなくなり，水質は回復しなくなる。

❷河川における水質浄化　河川に有機物を含む汚水が流入したとき，**図54**のように，下流に向かって自然浄化が進行して水質はもとの状態に戻っていく。

① 河川に汚水が流入すると，有機物の増加によりBOD[★2]が増加する。そして有機物を分解する好気性細菌[★3]が増加する。

  〔補足〕波や水流などによって酸素を取り入れやすい環境では，好気性細菌が活発になるので，自然浄化能力も高くなる。

② 好気性細菌が酸素を消費するため，酸素量が低下する。また有機物が分解されてできるアンモニウムイオン（NH_4^+）が増加する。好気性細菌を食物とする原生動物やイトミミズも増加する。

③ アンモニウムイオンを硝酸イオン（NO_3^-）に変える細菌（硝化菌 ⤵ p.235）の働きで，硝酸イオン

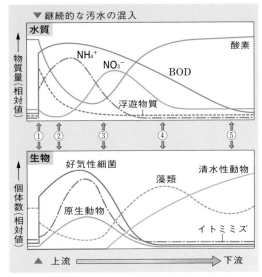

図54 河川における水質浄化

が増加する。硝酸イオンを栄養塩類として吸収する藻類が増加する。有機物が分解されると，BODが低下し，好気性細菌も減少する。

④ 藻類の増加によって，酸素量が増加し，清水性動物[★4]が生息できる水質に戻っていく。

⑤ 水質や生物の状態が，汚水流入前の状態に戻る。

★1 溶存酸素は，水中に溶解している酸素のこと。

★2 BOD（生物学的酸素要求量または生化学的酸素要求量の略）は，水に含まれる有機物を分解するために微生物が消費する酸素量。BODの値が大きいほど，有機物で水が汚れているといえる。

★3 好気性細菌は，酸素を使って呼吸し，有機物を分解する細菌。好気性細菌に対して，酸素がない環境で生息し，酸素が存在する環境で生育できない細菌を嫌気性細菌という。

★4 清水性動物は，きれいな水にすむ生物。水が汚れると生存できず，数が減ったり死滅したりするため，水質調査における指標生物とされることもある。

第3編　生物の多様性と生態系

参考　干潟の水質浄化

●潮間帯に砂泥が堆積して形成された湿地である干潟は，潮が引くと空気にさらされ，酸素が供給されるため非常に高い浄化能力をもつ。干潟に打ち寄せる川や海の水は多くの栄養塩類やデトリタス(動植物の遺骸や排出物に由来する細かな有機物)を含んでいる。栄養塩類は植物プランクトンに取り込まれ，デトリタスは細菌のほかカニやゴカイ，貝類などの底生動物に取り込まれる。そして，これら動物は魚類や鳥類に捕食され，生態系の外に運び出される。こうした水質浄化の役割のほか，漁業生産や渡り鳥のえさ場などとしても干潟は重要な存在である。

●しかし，干潟は干拓で埋め立てられやすく，日本では約4割の干潟が失われた。干潟の保全の必要性は重要視されており，国際的にも干潟や湿地の保全に関する「ラムサール条約」が結ばれている(⤴ p.204)。日本でも谷津干潟(千葉県)，藤前干潟(愛知県)，肥前鹿島干潟(佐賀県)などが登録されている。

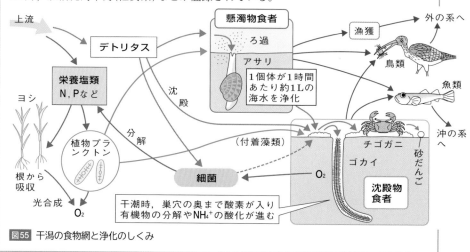

図55 干潟の食物網と浄化のしくみ

3 | 生物多様性

1 生物多様性

●生物多様性とは何か　生物多様性とはあらゆる生物種の多さと，それらによって成り立っている生態系の豊かさやバランスが保たれている状態をいう。さらに，生物が過去から多様な環境の中でさまざまな関係をもち，進化してきた歴史も含む幅広い概念である。この生物多様性には種多様性をはじめとして，生態的多様性，遺伝的多様性の3つの階層で考えることができ，これらは相互に関連し合っている。

❷種多様性　生態系内に多くの生物種がいて，特定の種に偏ることなく，それぞれの種がある程度均等に生息していることを種多様性とよぶ。

❸生態系多様性　草原や森林，湖沼，河川などさまざまな環境があり，環境ごとにさまざまな生態系が成立していて，さらに，いろいろな生態系がつながっていることを生態系多様性とよぶ。

❹遺伝的多様性　同種の生物でも，各個体は異なる形質をもち，もっている遺伝子も異なる。同種内において，遺伝子に多様性があることを遺伝的多様性という。

POINT!
生物多様性…種多様性・生態系多様性・遺伝的多様性の3つの階層がある。

2 生物多様性と生態系のバランス

❶種多様性と生態系のバランス　食物網において，種多様性が低いと，捕食できる生物が限定される。何らかの要因で捕食できる生物が減少すると，それを食べる生物は生活できず，生態系が維持できなくなる。しかし，捕食できる生物種が多数あれば，ある生物が減少しても他の生物を食べることによって個体数を維持できる。このように，**種多様性があることによって生態系のバランスが保たれやすくなる。**

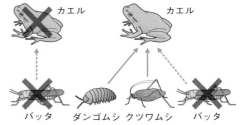

図56　種多様性と生態系のバランス

補足　左（種多様性が少ないとき）：カエルが捕食するバッタがいなくなると，カエルも生活できなくなる。右（種多様性が多いとき）：バッタがいなくなっても，カエルは生活できる。

❷生態系の多様性と生態系のバランス　生物の中には複数の環境を利用する生物がいる。例えば，カエルは水中で卵を産み，幼生はそこで育つ。成体になると，種によって草原や森林，水辺などで生活する。このような生物にとっては湖沼・河川と草原・森林の複数の生態系が維持され，その間がつながっていて，行き来できることが必要になる。ある生態系の種多様性が維持されるためには，周辺の生態系の多様性が必要になる。

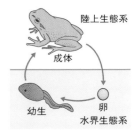

図57　カエルが関係する生態系

❸遺伝的多様性と生態系のバランス　遺伝的多様性があることにより，病気に対する抵抗力や環境の変化に対する適応力が異なる。**遺伝的多様性がある集団は，環境の変化が起こっても全滅をまぬがれて維持されやすい。**

⊕ 発展ゼミ　多様度指数

●その地域に生息する生物の種数が同じであっても，個体数のほとんどが 1 種類の生物で占められ，他の種の個体数がごく少数の場合は，種多様性が高いとはいえない。そこで，多様性を示す指標として，**多様度指数**が考案されている。

●多様度指数の一例として，シンプソンの多様度指数についてみてみよう。

　地域 A と地域 B はともに 5 種の生物が，合計 10 個体ずつ生息しているとする（⇨図58）。地域 A はすべての種（種 1 ～種 5）が 2 個体ずつ生息し，地域 B は種 1 が 6 個体，他の種は 1 個体ずつ生息しているとする。

図58 地域 A と地域 B に生息する個体

補足　地域 A では種 1 や他の種がすべて 2 個体ずつ生息している。地域 B では種 1 が 6 個体，他の種はすべて 1 個体ずつ生息している。

　まず，それぞれの地域で，種ごとに生息する**個体数**の，**全種の総個体数に対する割合を優占度**として求める。

　地域 A における種 1 の優占度 P_1 は，

$$P_1 = \frac{2}{2+2+2+2+2} = 0.2$$

　地域 B における種 1 の優占度は，

$$P_1 = \frac{6}{6+1+1+1+1} = 0.6$$

　それぞれの地域において，すべての種の優占度 P_1，P_2，P_3，…，P_S をそれぞれ 2 乗して合計し，1 から引いた値を**多様度指数** D とする。

$$D = 1 - \sum_{i=1}^{S} P_i^2$$

　多くの種の生物が均等に生息するほどこの指数は 1 に近づき，1 種類の生物しかいない生態系ではこの指数は 0 となる。

　地域 A の多様度指数 D_A は，

$$D_A = 1 - (0.2^2 + 0.2^2 + 0.2^2 + 0.2^2 + 0.2^2) = 0.8$$

　地域 B の多様度指数 D_B は，

$$D_B = 1 - (0.6^2 + 0.1^2 + 0.1^2 + 0.1^2 + 0.1^2) = 0.6$$

　両地域の多様度指数を比較すると，地域 B に比べ，地域 A の多様度指数が大きいことがわかる。

　このように，単純に生息している種類数だけではなく，特定の種に偏りがなく多くの種が生息していることによる種多様性の高さを数値で表すことができる。多様度指数だけで生物多様性を示すのには不十分であるが，1 つの指標として用いられている。

このSECTIONの **まとめ**　生態系と多様性

□ 生態系 ⤷p.176	・**食物連鎖**…捕食・被食の関係を直鎖状につなげたもの。 **生産者→一次消費者→二次消費者** ・**食物網**…多種の生物により，食物連鎖が複雑にからみ合って網目状になったもの。 ・**生態ピラミッド**…栄養段階ごとに個体数や生物量を積み上げたもの。ふつう上位の者ほど少なくなる。
□ 生態系の バランス ⤷p.180	・**生態系の復元力**…攪乱に対し生態系がもとの状態に戻ろうとする働き。 ・**自然浄化**…河川などに流入した汚水などが，微生物の働きなどにより分解され，水質が回復する現象。
□ 生物多様性 ⤷p.184	・**種多様性**…生態系内に多くの生物種がいて，それぞれの種がある程度均等に生息していること。 ・**生態系多様性**…さまざまな環境ごとにさまざまな生態系が成立していて，それぞれがつながっていること。 ・**遺伝的多様性**…同種内において，遺伝子に多様性があること。

第3編　生物の多様性と生態系

2 生態系の保全

1 | 生態系と人間の生活

1 人間にとっての生態系

❶生態系サービス　人間も生態系の一員であり，生態系からさまざまな恩恵を受けないと生活できない。生態系から受ける恩恵を生態系サービスという。生態系サービスは，①供給サービス，②調整サービス，③文化的サービス，④基盤サービスの4つに分けられる。これらの内容として表8のようなものがあげられる。

表8　生態系サービス

①供給サービス 生活に欠かせない資源の供給	②調整サービス 環境の調節や制御	③文化的サービス 文化的・精神的な利益
食料，材料，繊維，薬品，水，エネルギー資源（水力やバイオマス）など	水質浄化，水害の防止，気候の調節など[★1]	自然景観，レクリエーション，アウトドアスポーツ，科学や教育など
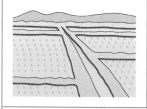		

④基盤サービス
①～③を支える，生態系を維持するための基盤

光合成による酸素の発生，土壌形成，生態系内の物質循環など。
作物の受粉を助けるハチの活動なども含まれる。

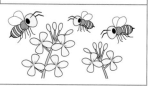

❷生態系サービスの評価　経済的な発展は，人々が豊かに暮らすために必要であるし，発展途上国の貧困問題などを解決するためにも必要である。経済発展のために開発がなされてきたが，**開発によって生態系のバランスが変化して，生態系サービスが減少すると，それによる損失が生じることになる**。例としては，森林を伐採して農地に転用した場合，木材資源の売却と農業生産による利益が得られるが，森林がもっていた遺伝的資源が失われ，また保水力低下によって洪水が発生するかもしれない。生態系サービスを正しく評価して，乱開発を抑止することが重要である。

★1 がけ崩れなどの災害の防止や，遺伝的多様性の保持などは，保全サービスとして①～④とは別に分類する場合もある。

❸**環境アセスメント** 宅地開発や道路の建設など，**大規模な開発を行うとき，事業者が，あらかじめその事業が環境に与える影響を調査・予測・評価**することを環境アセスメント(環境影響評価)という。環境アセスメントは事業者に義務付けられており，その結果をもとに，周辺住民などの意見を聴き，専門的な立場からその内容を審査し，事業の実施において適正な環境配慮がなされるようにしている。

❹**生態系サービスの低下** 生態系サービスを低下させ，われわれの生活に損害を与えるさまざまな課題として環境問題があげられ，水質汚染や大気汚染，気候変動や森林の減少，ごみ問題などがあげられる。

POINT!

生態系サービス…生態系から受ける恩恵。

供給サービス・調整サービス・文化的サービス・基盤サービスの4つ。

環境アセスメント(環境影響評価)…一定規模以上の開発をする事業者が行わなければならない，**環境に対する影響の調査や予測，評価。**

2 | 水質・大気汚染

1 富栄養化

❶**富栄養化** 水中の栄養塩類が増加することを富栄養化とよぶ。人間活動による富栄養化の原因としては，生活排水や汚水のほかにも，農地に散布された肥料の流入などがある。

❷**富栄養化の影響(湖沼や河川)** 湖沼や河川で富栄養化が進行し，栄養塩類が過剰になると，植物プランクトンの異常発生によってアオコ(水の華)が発生する。アオコは日光をさえぎるため，水生植物が生育できなくなる。さらに，多量のプランクトンが死滅すると，水中の酸素がその分解で消費され，水生動物が酸素の欠乏によって大量死することがある。

図59 アオコ(水の華)

❸**富栄養化の影響(海洋)** 海洋では赤潮とよばれる，特定の植物プランクトンの異常発生が生じる。大量発生した植物プランクトンの遺骸が酸素を消費し，また植物プランクトンが魚のえらに付着するなどして，魚が死滅するなど，水産資源などに大きな被害を与えることがある。特に貝類など，移動能力の低い生物は，影響を受けやすい。

図60 赤潮

2 化学物質による汚染

❶**生物濃縮**　特定の物質が，外部環境の濃度に比べて生物体内で高濃度に蓄積される現象を生物濃縮という。PCBやDDTといった天然に存在しない物質や有機水銀などは脂溶性で脂質やタンパク質と結びつきやすく，また体内では分解されにくく排出されにくいため，体内に蓄積される。消費者は自分の体重よりも多くの生物を捕食するので，**より高次の消費者ほど高濃度に蓄積される**ことになる。

　このような物質は，低い濃度で環境中に放出されても，高次の栄養段階の生物では濃縮されて高濃度となるため，生命まで脅かすことがある。

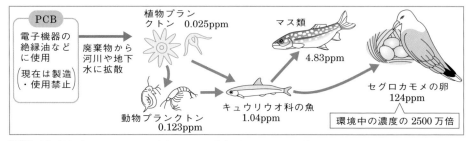

図61　生物濃縮の例——アメリカ五大湖でのPCB（ポリ塩化ビフェニル）類

　「ppm」というのは百万分率で，1 ppm ＝ $\dfrac{1}{10000}$ ％となる。

参考　**生物濃縮で問題となった物質**

●**PCB**：ポリ塩化ビフェニルの略称。変性しにくいため，電子機器の絶縁油のほか，電柱にある変圧器の内部を満たす溶媒や印刷に使われるインクの定着剤など，さまざまな用途で使用された。反面，生態系内では分解されにくいため，長期にわたって汚染が続く。生体に対しては，発がん性があり，ホルモン異常を起こすなどの毒性がある。

●**DDT**：殺虫剤の一種で，ヒトや家畜に無害であるとされ，安価で即効性があり効き目が長く続くことから**農薬**としてアメリカを中心に膨大な量が使用された。野鳥などの子が育たなくなり個体数が激減するなど野生動物への影響を訴えた本『沈黙の春』（カーソン，1962年）などがきっかけとなり日本など先進国では製造・使用が禁止された。一方で現在でもマラリアを媒介するカ（蚊）の駆除のために使用している国もある。

●**有機水銀**：有機物に水銀が結合した物質で，そのうち，**メチル水銀**は公害病である**水俣病**の原因物質となった。体内に多量に蓄積すると，中毒性の神経疾患が起こる。

生物濃縮…特定の物質が生体に蓄積され**環境中より高濃度**になる。
食物連鎖によって高次消費者ほど高濃度に濃縮される。

❷**廃棄されたプラスチックの問題**　プラスチックは安価で加工しやすく，さまざまな素材として利用されている。プラスチック廃棄物の一部はリサイクルされているが，一部はごみとして環境中に流出し，海へ流れ込んでいる。**プラスチックは自然には分解されにくいため，洋上や海底に多量に蓄積していく**ので，海洋プラスチックごみ問題として問題視されている。

①**マイクロプラスチック**　海洋中に流失したプラスチックのうち，細かい粒子（5 mm以下）になったものをマイクロプラスチックという。マイクロプラスチックは，プラスチックごみが紫外線や波などで風化してできるほか，洗顔剤や歯磨き粉に含まれるビーズ，化学繊維の衣料の洗濯などによっても発生する。

②**プラスチックごみが生物に与える影響**　プラスチックごみが海洋生物に与える影響としては，ウミガメや海鳥がビニル袋などを食物と間違えて食べたり，漁網や釣り糸★1などがからみついたウミガメが溺れて死亡したりする例があげられている。また，マイクロプラス

図62 砂浜に打ち上げられたマイクロプラスチック

チックに有害物質が吸着し，これを飲み込んだ動物に対する影響も懸念されているが，これについてはまだよくわかっていない。

❸**酸性雨**　化石燃料の燃焼によって大気中に放出された**硫黄酸化物（SO_x）や窒素酸化物（NO_x）**が大気中の成分と反応して**硫酸や硝酸**などを生じ，これが雨滴に溶け込んで雨水を強い酸性にする。pH5.6以下の強い酸性になった雨を酸性雨という。

①**酸性雨の影響**　酸性雨によって湖沼は酸性化し，この結果，水生昆虫や貝類が減少し，魚類も影響を受ける。

②**酸性雨の拡散**　酸性雨は大気中に放出された化学物質によって生じる。大気は国境を越えて拡散するため，自国だけで対策をしても効果は望めない。酸性雨と同様にPM2.5や光化学スモッグなども同様の問題が指摘されている。

参考　PM2.5

●PM2.5は，2.5 µm以下の小さな浮遊粒子状物質で，非常に小さいため，肺の奥深くまで入りやすく，呼吸器系や循環器系への影響が心配されている。化石燃料などの燃焼によって直接生じるほか，硫黄酸化物や窒素酸化物などが大気中での化学反応により粒子化して生じるものもあり，酸性雨の原因にもなる。

★1 海に放棄された漁網などの漁具はゴーストギアとよばれ，海洋プラスチックごみの1割以上を占める。

参考 光化学スモッグ

●自動車の排出ガスや工場の排煙に含まれる窒素酸化物や炭化水素(揮発性有機化合物)が日光の強い紫外線によって反応すると，強い酸化力をもつオゾン(O_3)やアルデヒドなどを生じる。これらを光化学オキシダントとよび，眼や呼吸器の粘膜に障害を発生させる。光化学オキシダントの濃度が高く滞留した大気を光化学スモッグという。

❹オゾン層の破壊

①オゾン層とオゾンホール　成層圏にあるオゾン(O_3)の多い層をオゾン層という。オゾン層は太陽からの有害な紫外線を吸収し，紫外線から生物を守る役割を果たしている。しかし，オゾン濃度が低下し，毎年10月頃に南極上空のオゾン層に穴があいたようになる現象が見つかった。この現象や領域をオゾンホールという(⤴図63の灰色部分)。

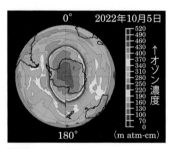

図63 オゾンホール

②オゾン層破壊の原因と影響　オゾン層の破壊は，上空に達したフロン類[*1]が紫外線によって分解して生じた塩素によるものと考えられる。オゾン層が破壊されて地上に到達する有害な紫外線が増えると，皮膚がん，白内障などの疾患の増加や，農作物，浅海域の動植物プランクトンに悪影響を及ぼすといわれている。

3 | 気候変動と植生の変化

1 地球温暖化

❶温室効果ガスと気温上昇　世界の平均気温は1900年以降1.0 ℃以上上昇している。これは，ヒトの活動により大気中に大量に放出される二酸化炭素やメタン(CH_4)，

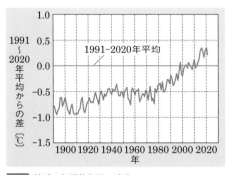

図64 地球の年平均気温の変化

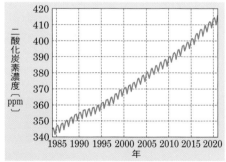

図65 地球全体の大気中の二酸化炭素濃度の変化[*2]

★1 フロンは塩素を含むフッ素と炭素の化合物。安全で金属を腐食させないため，半導体の洗浄，冷蔵庫やエアコンの冷媒剤，スプレーのガスなどに使われた。現在，特定のフロンは製造が禁止されている。
★2 北半球の夏には陸上植物の光合成により二酸化炭素濃度が低下するためジグザグのグラフになる。

一酸化二窒素(N_2O)，フロン類などの温室効果ガスによるものと考えられている。

表9　おもな温室効果ガス

温室効果ガス	産業革命→2021年の濃度変化	温室効果※1	寄与度〔％〕	おもな発生源
二酸化炭素 CO_2	280　→ 416 ppm ★1	1	64	化石燃料の燃焼，森林の減少
メタン CH_4	715　→1908 ppb ★1	25	17	家畜の腸内発酵，天然ガスの放出，水田，廃棄物埋め立て
一酸化二窒素 N_2O	270　→ 335 ppb	298	6	燃料の燃焼，窒素肥料
CFC-11 フロン類の一種	存在せず→ 222 ppt ★1	4600	12 ※2	冷媒，スプレー，半導体の洗浄，発泡材

視点　※1　CO_2を1とした1分子あたりの効果の強さ。　※2　オゾン層を破壊するフロン全体の値。

❷温室効果　CO_2などの気体が太陽の光はよく通し，地表から出る赤外線は吸収して地表へと再び放出することで，温室のように宇宙空間への熱の放出を減少させ，気温が上昇する効果を温室効果という。

❸地球温暖化とその影響

温暖化は図66のようなしくみでさらなる温暖化を招き，次のような影響が生じると考えられている。

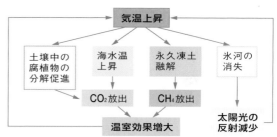

図66 気温上昇がさらに気温上昇を招くしくみ

①**海水面の上昇**　地球温暖化によって海水温が上昇するとともに，海水の膨脹や氷床の融解などにより，1901～2010年の約100年の間に19 cm海面が上昇した。さらに海面の上昇が続けば，陸地の侵食などによる被害が懸念される。

②**海水温の上昇**　海水温の上昇は，海面上昇以外にも，海洋生物に影響を与える。特にサンゴは水温の変化に弱く，サンゴが死滅する地域が生じる可能性がある。また，増加した二酸化炭素が海水に溶け，海水を酸性化している。酸性化によって海洋生物や生態系に影響が出ることも考えられ，監視が続けられている。

③**気候帯の移動による影響**　急激な気候変動による**森林の減少や穀倉地帯の砂漠気候化**のほか，熱帯性のカなどが生息範囲を広げ，**熱帯地域の伝染病が温帯地域に広がる**おそれもある。

POINT!　二酸化炭素をはじめとする温室効果ガスの増加により，**地球温暖化が進み，地球の環境や植生が変化してきている。**

★1 ppmは体積比で100万分の1，ppbは10億分の1，pptは1兆分の1を表す単位。

2 森林の減少と保全

❶森林破壊の現状 世界の森林面積は約4059万km²で，全陸地面積の27.6％を占めている（2020年）。しかし，世界の森林は減少を続けており，毎年約47400 km²が減少している（2010年から2020年までの平均）。これは日本の面積の約8分の1に相当する（世界森林資源評価2020）。アジア，ヨーロッパを中心として森林面積が増加している国もあるが，南アメリカ，アフリカなどの熱帯の森林を中心に面積が大きく減少している。

❷森林破壊の要因と影響 森林の減少の要因はさまざまであるが，持続可能な森林経営を考えない違法伐採や，プランテーションなどの農地や放牧地への転用，非伝統的な焼畑農業_{やきはた}[1]，大規模な森林火災などが原因である。

特に熱帯林多雨林は物質生産が盛んであり，地球上の生物の約半数の種が生息している。しかし，**分解者**の活動も活発なので，土壌が薄く，有機物は少ない。また降水量が多く，栄養塩類が土壌から流失しやすい。このため焼畑や伐採の後に放置されると，土地が荒廃し，再生するのに長い時間を必要とする。

図67 焼却による熱帯林開墾

世界の温室効果ガス排出量の約11％は，森林が農地などに転用され減少したことによって発生したとされている（気候変動に関する政府間パネルIPCC ⤳ p.203 第5次評価報告書）。

POINT!

森林減少の要因…伐採，農地・放牧地への転用，焼畑，森林火災

3 砂漠化

❶砂漠化 砂漠化は乾燥地域における土地の劣化，つまりその土地が植物の生育に適さなくなる現象をいう。

❷砂漠化の原因 砂漠化の原因は自然現象もあるが，人為的要因の占める割合が大きい。人為的要因には，①家畜の過剰な飼育（過放牧），②森林の伐採，③農業開発のための過剰な開墾，そして④農場の不適切な灌漑_{かんがい}による塩害[2]があげられる。①〜③によって植生がいったん失われると，降水や風によって土壌が失われてしまう。土壌の喪失や塩害によって土地が劣化し，植物が生育できなくなり，砂漠化が進行する。地球温暖化による気温上昇も砂漠化の原因となる。

---

[1] 伝統的な焼畑農業では，森林の一部を焼いて短期間耕作した後，別の土地へ移動し，自然の復元力で森林に戻すことをくり返す。これに対して，農地として所有するために森林を焼くのが非伝統的な焼畑農業。
[2] 乾燥した地域で大量の水を散布すると，水がいったん地中深くに染み込み，蒸発するときに地下の水を吸い上げて塩分を地表に蓄積させてしまう。

4 | 外来生物・種の絶滅

1 生物多様性の減少

　生物多様性が近年急速に失われつつある。その原因はこれまでの人の活動であり，酸性雨，地球温暖化，森林の破壊，砂漠化などである。さらに見逃せない要因として，外来生物の移入がある。

2 外来生物

❶**外来生物**　外来生物[1]とは，**人間活動によって意図的に，または輸入物資に混入するなどして意図せずに持ち込まれた生物で，本来の生息地域ではない場所で定着した生物**である。日本国内にもともと生息していた生物でも，他の生息していない地域に持ち込まれた生物は外来生物である。外来生物に対して，もともとその地域に生息している生物は**在来生物**[1]とよばれる。

❷**外来生物の影響**　外来生物は，移入先の生態系を構成していた生物を捕食したり，食物や生活場所をめぐる競争によって排除し，生態系のバランスを崩すことがある。その結果，他の生物種を絶滅させてしまうこともあり，そのことにより生態系内の生物どうしの関係も変化し，連鎖的に多くの生物種が絶滅することもある。

補足 アメリカザリガニは，食用として移入されたウシガエルとともに，その養殖用のえさとして移入された。日本では競合する種がほとんどいなかったため，日本各地に分布を広げた。多くのため池で水生昆虫などを捕食し絶滅させたほか，水生植物を消失させ水質悪化を招いている。

図68　アメリカザリガニ

図69　ウシガエル

❸**特定外来生物**　外来生物法[2]（2005 年施行）では，生態系や人体，農林水産業へ被害を及ぼす（または及ぼす可能性のある）海外由来の外来生物を特定外来生物として指定している。**特定外来生物は飼育・栽培や運搬，輸入が厳しく制限されている。**

補足 アメリカザリガニやアカミミガメ（ミドリガメ）も生態系に大きな影響を与えているが，ペットとして多量に飼育されているため規制すると飼育放棄などが起こる可能性を考慮して，2023 年 6 月より「条件付特定外来生物」（飼育は禁止されない）となった。

図70　ミシシッピアカミミガメ

★1 外来生物は外来種，在来生物は在来種とよばれることもある。
★2 特定外来生物による生態系などにかかわる被害の防止に関する法律の略称。

表10 おもな特定外来生物

動物	哺乳類	フイリマングース，タイワンザル，アライグマ，キョン，ヌートリア
	鳥類	ソウシチョウ，ガビチョウ
	ハ虫類	カミツキガメ，グリーンアノール，タイワンハブ
	両生類	ウシガエル，オオヒキガエル
	魚類	カダヤシ，ブルーギル，オオクチバス，アリゲーターガー，ケツギョ
	昆虫・クモ類	セイヨウオオマルハナバチ，ヒアリ，ヒメテナガコガネ，ゴケグモ類
	甲殻類	ウチダザリガニ，チュウゴクモクズガニ（上海ガニ）
	軟体動物	カワヒバリガイ，カワホトトギスガイ
植物		アレチウリ，オオキンケイギク，ボタンウキクサ，オオハンゴンソウ

図71 フイリマングース

図72 グリーンアノール

図73 オオクチバス

図74 ヒアリ

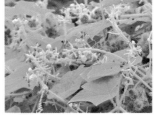

図75 アレチウリ

図76 ボタンウキクサ

❹侵略的外来生物　外来生物のうち，**地域の生態系のバランスに大きな影響を与え，生物多様性を脅かす生物**を侵略的外来生物という。国際自然保護連合(IUCN)は「世界の侵略的外来種ワースト100」を定めており，われわれになじみの深いイエネコ(⤷p.212)，コイ，ニジマス，クズ，イタドリ，ワカメなども含まれている。

補足 小笠原諸島に持ち込まれたグリーンアノール(小形のトカゲ)は小笠原固有の昆虫を捕食し，多くの昆虫や食性が競合するトカゲなどの固有種が絶滅またはそれに近い状態となった。

POINT!

特定外来生物…外来生物法により指定された，生態系や人体，農林水産業に影響が大きい生物。
侵略的外来生物…その地域の生態系に大きな影響を与え，生物多様性を低下させる生物。

第3編　生物の多様性と生態系

\ COLUMN /

外国で外来生物となった日本の動植物

　日本から外国に渡った生物がその生態系に大きな影響を及ぼしている例もある。

●**マメコガネ(コガネムシ)**　北米において，1900年代はじめに輸送物資にまぎれて持ち込まれた。「ジャパニーズ・ビートル」とよばれている。天敵がいないため急速に分布を広げ，大豆やトウモロコシなどに対する大害虫となっている。

図77　マメコガネ

●**クズ**　緑化や土壌流出防止のためアメリカに持ち込まれた。旺盛に繁殖して電柱や標識などにからみつく姿から「グリーンモンスター」とよばれることもある。

●**イタドリ**　イギリスでは19世紀に観賞用として持ち込まれたが，旺盛な繁殖力で分布を広げている。地下茎で増え，コンクリートやアスファルトを突き破り成長する。

図78　クズ

3 種の絶滅

❶絶滅　ある生物種のすべての個体が地球上からいなくなることを絶滅といい，絶滅した生物種を**絶滅種**という。生物の進化の過程では多くの種が絶滅してきた。しかし，おもに人間活動が原因で絶滅した生物も多く（⇨p.210），20世紀以降は過去のどの時代より急速に種の絶滅が進み，生物多様性の低下が問題になっている。

補足　ある地域で，特定の生物種がいなくなることを絶滅ということもある。

❷絶滅危惧種　絶滅するおそれのある種を**絶滅危惧種**という。絶滅種や絶滅危惧種をまとめた一覧を**レッドリスト**といい，これに加えて生態，分布，絶滅の要因，保全対策などのより詳細な情報を盛り込んだものを，**レッドデータブック**[1]という。このように絶滅危惧種を指定することは，環境の保護や生物多様性を維持するための取り組みの足がかりとなっている。

補足　レッドデータブックでは，絶滅に瀕する度合いとして絶滅種，野生絶滅，絶滅危惧種に分類し，日本の環境省では，絶滅危惧種をさらにⅠA（絶滅に瀕している種），ⅠB（近い将来，絶滅する危険性が高い），Ⅱ（絶滅の危険性が増大している）に分類している。

POINT!

絶滅…ある生物種のすべての個体がいなくなること。

絶滅危惧種…絶滅するおそれのある種。

レッドデータブック…絶滅種，および絶滅危惧種についてリストにまとめ，生態，分布，保全対策などを盛り込んだもの。

★1 レッドデータブックは，世界的にはIUCN（国際自然保護連合）が作成していて，日本国内では環境省が作成しているほか，各自治体やさまざまなNGOなども作成している。

表11　レッドリストに入っている絶滅危惧種の例（環境省2020年　絶滅危惧種Ⅰ類・Ⅱ類）

哺乳類	イリオモテヤマネコ（ⅠA類），ジュゴン（ⅠA類），ニホンアシカ（ⅠA類），ラッコ（ⅠA類），アマミノクロウサギ（ⅠB類）
鳥類	コウノトリ（ⅠA類），トキ（ⅠA類），ヤンバルクイナ（ⅠA類），シマフクロウ（ⅠA類），コアホウドリ（ⅠB類），タンチョウ（Ⅱ類）
ハ虫類	タイマイ（ⅠB類），アオウミガメ（Ⅱ類），リュウキュウヤマガメ（Ⅱ類），ヤクヤモリ（Ⅱ類）
両生類	ホルストガエル（ⅠB類），オキナワイシカワガエル（ⅠB類），オオサンショウウオ（Ⅱ類），トウキョウサンショウウオ（Ⅱ類）
魚類	イタセンパラ（ⅠA類），ホンモロコ（ⅠA類），タナゴ（ⅠB類），ニホンウナギ（ⅠB類），ホトケドジョウ（ⅠB類），ミナミメダカ（Ⅱ類）[1]
無脊椎動物	ベッコウトンボ（ⅠA類），カブトガニ（Ⅰ類），タガメ（Ⅱ類），ギフチョウ（Ⅱ類），ニホンザリガニ（Ⅱ類）
植物	ミドリアカザ（ⅠA類），ヒメユリ（ⅠB類），カワラノギク（Ⅱ類），キキョウ（Ⅱ類）

ジュゴン　シマフクロウ　アオウミガメ
オオサンショウウオ　ミナミメダカ　ギフチョウ

図79　環境省レッドリストに入っている絶滅危惧種の例

❸遺伝的攪乱　外来生物と在来の近縁種との間で交雑が起こり，その雑種が広がってしまうと，その地域で進化してきた特徴的な遺伝子が失われ，遺伝的多様性が失われることになる。これを遺伝的攪乱という。外国から持ち込まれた生物だけではなく，国内の同種の生物についても同様で，ゲンジボタルやメダカ[1]などにおいて，他地域から持ち込んだ個体を放流することによって，その地域の遺伝的な特徴が失われてしまうことが懸念されている。さらに，持ち込まれた系統の個体の増加によって，在来の系統の個体が大幅に減少することも起こっている。

────────────────────

★1 日本の野生のメダカは長らく1種類とされてきたが，2010年代に遺伝的差異から2種（ミナミメダカとキタノメダカ）に分けられた。ミナミメダカにはさらに9つの地域型がある。

❹生息地の分断　大きな道路の建設などによって生息地が分断されることも，個体数や生物多様性の減少の原因となる。**生息地が分断されて個体のまとまりが小さくなると，遺伝的多様性がなくなるため，さらに個体数が減少することがある**（絶滅の渦 ⤴p.200）。また，サケのように川で産卵し，海で成長する魚では，ダムや堰によって河川が分断されると，生息できなくなってしまう。

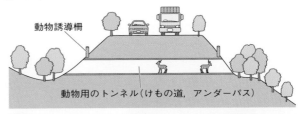

図80　道路の地下に設置した動物用のトンネル(けもの道)

このようなことを避けるため，道路では動物が往来できるようなトンネル(けもの道)を設置したり，河川での堰では魚道を設置したりしている。

図81　堰の横に設けられた魚道

❺生物多様性ホットスポット　生物多様性が高いが，人類による破壊の危機に瀕している地域を生物多様性ホットスポットという。コンサベーション・インターナショナル(2017年)によると，世界で36の地域が指定されており，日本もそのなかに含まれている(⤴図82)。**ある地域にのみ生息している生物種を固有種という。**

生物多様性ホットスポットには，多くの固有種が生息していて，この地域の環境が破壊されると，固有種は地球上からいなくなってしまうことになる。

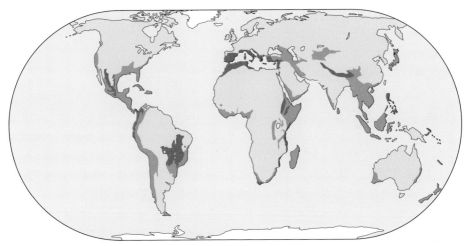

図82　世界の生物多様性ホットスポット(赤色から橙色に塗られた部分)

視点　1500種以上の固有維管束植物が生息しているが原生の生態系の7割以上が改変された地域と定義されている。

第3編　生物の多様性と生態系

⊣ **COLUMN** ⊢

大量絶滅

古生代(約5.4億年前～)以降,中生代末の恐竜やアンモナイトなどの絶滅など,これまで地球上で5回の大量絶滅があったとされる。しかし,現在,同じような大量絶滅が起こっていると考えている生物学者もおり,人類による生態系への影響により,これから100年の間に地球上の生物種の半分が絶滅すると予測する生物学者もいる(ウィルソンほか)。

⊕発展ゼミ **絶滅の渦(絶滅のスパイラル)**

● 人間活動による生物種の絶滅は,乱獲や生息地域の分断・破壊などによる個体数の減少から始まる。

● 個体数が減少すると,遺伝的多様性 (⇨p.185)の低下,アリー効果の減少[★1],人口学的な確率性[★2]などによって個体数の減少がさらに進行するという悪循環が生じる。このような経緯を経て,生物種が絶滅に向かうことを絶滅の渦(絶滅のスパイラル)という。

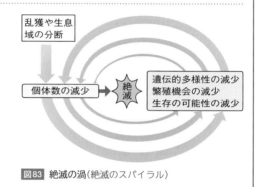

図83 絶滅の渦(絶滅のスパイラル)

4 生物多様性を守る取り組み

国際条約をもとに,国内でも法律が整備されており,種の保存法(1993年)や生物多様性基本法(2008年)が定められている。

❶**種の保存法** 種の保存法では,絶滅の危機に瀕している野生生物について,捕獲や採取,販売や譲渡が禁止され,生息地の保全や,保護・増殖についても定められている。ツシマヤマネコやアマミノクロウサギ,タンチョウ,アホウドリ,トキ,レブンアツモリソウ

図84 日本各地の野生生物保護センター

などが保護対象に指定され,さらに,これらの野生生物の保護・増殖や調査研究を行う野生生物保護センターが各地に設置されている(⇨図84)。

★1 **アリー効果**とは,群れで生活することによって食物を見つけやすくなる,天敵の発見が早くなる,配偶行動を行いやすいなど,群れが大きくなるほど生存しやすくなる効果をいう(⇨p.217)。

★2 個体数が少なくなると,偶然生じた気候の変化や食料の増減などのさまざまな変動が,個体数の変動に大きな影響を及ぼすことが考えられ,これを**人口学的な確率性**という。例えば,偶然に生まれた子の性が一方に偏り繁殖が困難になってしまうことがある。

図85　ツシマヤマネコ

図86　アマミノクロウサギ

図87　タンチョウ

図88　アホウドリ

図89　トキ

図90　レブンアツモリソウ

❷生物多様性基本法　生物多様性基本法は,「鳥獣保護管理法」^{★1}「種の保存法」「特定外来生物法」などの自然保護にかかわる法律を包括した上位の法律で, 特定の種にかかわらず, 野生生物の多様性を保全し, 持続可能な利用も目指している。この法律の基づき, 国は生物多様性国家戦略(計画書)を定めている。

5│生態系を保全する取り組み

1 SDGs

❶SDGsとは　SDGsは持続可能な開発目標(Sustainable Development Goals)の略。2015年9月の国連サミットで採択された, 2030年までに持続可能でよりよい世界を目指す国際目標で, 17のゴール, その下の169のターゲットから構成されている。そのなかでも特に「13 気候変動に具体的な対策を」「14 海の豊かさを守ろう」,「15 陸の豊かさも守ろう」の3つのゴールは生態系保全に直接関連している目標である。

❷GOAL13「気候変動に具体的な対策を」　地球温暖化(⤴p.192)などの気候変動とその影響に立ち向かうため, 緊急対策を取ることを目的としている。

❸GOAL14「海の豊かさを守ろう」　持続可能な開発のために海洋・海洋資源を保全し, 持続可能な形で利用することを目的としている。

★1 鳥獣保護管理法は「鳥獣の保護および管理並びに狩猟の適正化に関する法律」の略で, 鳥獣保護法ともよばれる。この法律で, 鳥獣(野生の鳥類と哺乳類)の捕獲などが基本的に禁止され, 狩猟免許をもつ者のみが, 定められた期間と種についての狩猟や, 有害鳥獣捕獲などを行うことができるとされている。

❹GOAL15「陸の豊かさも守ろう」 陸域生態系の保護，回復，持続可能な利用の推進，持続可能な森林の経営，砂漠化への対処，土地の劣化の阻止・回復および生物多様性の損失を阻止することを目的としている。

図91 SDGsのアイコン

2 循環型社会

有限である資源を効率的に利用するとともに，循環的な利用(リサイクルなど)を行って持続可能な形で使い続けていく社会を循環型社会という。

❶3R ごみ削減と省資源の手段として次の3つの行動が推進され，これらは頭文字をとって3Rとよばれている。

① リデュース(reduce) ごみの削減。

② リユース(reuce) 製品そのままの形での再利用。

例 ガラス瓶の再利用

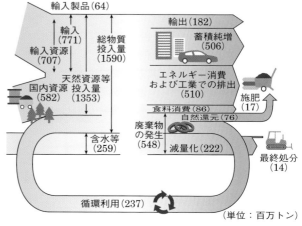

図92 日本のプラスチック再利用状況(環境省 循環型社会白書 2019)

視点 廃プラスチック排出量約850万トンのうち，有効利用は85％である。そのうちリサイクルは25％にとどまり，60％は熱利用である。約15％は未利用で，単純な焼却や埋め立てに使われている。

③ リサイクル(recycle) 素材として使用。再生利用。 例 プラスチック，金属

補足 携帯電話やコンピュータなどの工業製品に使用されている貴金属やレアメタル(希少金属)は回収すれば低コストで再生利用可能で，地下の鉱山に対して都市鉱山とよばれる。

❷再生可能エネルギー 石油燃料には汚染物質や温室効果ガスの排出や資源の枯渇(輸入に頼る場合は価格や供給リスク)などの問題があり，これらの解決策として次のような再生可能エネルギーの実用化が進められている。

① **バイオマス** バイオマスはもともとは生物量(現存量⇨p.238)を表す語であるが，転じて生物に由来しエネルギーに利用できる素材をよぶ。地域ごみやサトウキビのしぼりかすなどの廃棄物系バイオマス，稲わらや間伐材などの未利用バイオマスなどがある。バイオマスは，それ自体を燃料とするほか，微生物の働きでエタノールやメタンに変えて利用されている。

② **太陽光**　光電池は機械的な故障や排出物・騒音などがなく，小規模でも効率が落ちないなどの利点があるが，現状では大規模な電力を得るには比較的コストが高い。また，ソーラーパネル設置のため，森林の伐採や景観への影響，土砂の流失など，新たな環境問題も生じている。

図93　太陽光発電

③ **風力**　風力発電は，**環境へ与える負荷が比較的小さくコストも比較的安い**。また，太陽光発電とは異なり，夜間でも発電が可能である。一方，風の状況により発電量が不安定で，風車の振動による健康被害などもある。また鳥と風車の衝突事故（バードストライク）も多発している。

図94　洋上での風力発電

補足 デンマークでは電力需要の46.3 %（2019年）を風力でまかなっている。

④ **地熱**　地熱で高温の蒸気を発生させ，タービンを回して発電を行う。天候に影響されずに安定して発電を行うことができる。日本には火山が多数あり，地熱利用は戦後早くから注目されてきた。デメリットとしては，地熱利用できる場所が国立公園などに指定されている場合が多く，発電設備の新設が困難であることや，初期設備費用が高額であることなどが指摘されている。

⑤ **その他**　太陽熱を集めて発生させた蒸気でタービンを回す**太陽熱発電**や，ダムを建設しないで設置できる**小水力発電**，**波力発電**，海流を利用して行う発電など，さまざまなエネルギー源を利用する研究が進められている。

POINT!　再生可能エネルギー…バイオマス・太陽光・風力・地熱・太陽熱など。

3 環境保全に関する国際的取り組み

❶**地球温暖化対策**　地球温暖化の防止には温室効果ガスの排出抑制や森林の保護など国際的な取り組みが必要で，1985年最初の会議（オーストリア）以降，定期的に国際会議が開かれ協議が重ねられてきた。1988年に気候と温室効果に関する科学的評価を行う機関として IPCC（気候変動に関する政府間パネル）が設立され，1997年地球温暖化防止のための京都会議で，二酸化炭素排出量削減に関して目標数値を定めた議定書が締結された（京都議定書）。さらに2015年パリで開催された国際会議（COP21）で新たな二酸化炭素削減の目標が定められた（パリ協定）。

❷オゾン層破壊対策　1970年代にオゾン層に対するフロンの影響（⤵ p.192）が指摘されると，オゾン層を破壊する特定フロンの生産・使用が段階的に禁止され，塩素を含まない**代替フロン**に置き換えられるようになった。しかし代替フロンも強い温室効果を示すため，京都議定書で使用抑制とその目標数値が取り決められた。

❸砂漠化対策　砂漠化への対策として，アフリカなど砂漠化が深刻な地域について，**干ばつや砂漠化に対処するために参加国が資金を援助する砂漠化対処条約**が1996年12月に発効し，現在196か国とEUが締約している。

❹生物多様性保全　「絶滅のおそれのある野生動植物の国際商取引に関する条約」（ワシントン条約），「特に水鳥の生息地として国際的に重要な湿地に関する条約」（ラムサール条約）などの国際条約を補完する形で，1992年に生物の多様性に関する条約（生物多様性条約）が採択され，翌年発効した。この条約は，生物多様性の保全だけではなく，さまざまな自然資源の「持続可能な利用」を明記している。

❺環境保全に関する国際的な流れ

1971年	▶特に水鳥の生息地として国際的に重要な湿地に関する条約（ラムサール条約）採択
1972年	▶国連人間環境会議（ストックホルム会議）；「人間環境宣言」＝環境問題を人類に対する脅威ととらえ，環境問題に取り組む際の原則を明らかにした宣言。
1973年	▶絶滅のおそれのある野生動植物の種の国際取引に関する条約（ワシントン条約）採択
1979年	▶長距離越境大気汚染条約（ウィーン条約）採択
1985年	▶オゾン層保護のためのウィーン条約採択
1987年	▶オゾン層を破壊する物質に関するモントリオール議定書採択
1988年	▶IPCC（気候変動に関する政府間パネル）；世界気象機関（WMO）および国連環境計画（UNEP）により設立。
1989年	▶有害廃棄物等の国境を越える移動およびその処分の規制に関するバーゼル条約採択
1992年	▶国連環境開発会議（地球サミット）；ブラジルのリオデジャネイロで開催。「気候変動枠組条約」「生物多様性条約」の署名開始，「環境と開発に関するリオ宣言」「アジェンダ21」「森林原則声明」の文書が合意された。
1994年	▶砂漠化対処条約採択
1997年	▶京都議定書；温室効果ガスの排出抑制あるいは削減のための数値目標を設定。先進国締結国全体で，2008～2012年の間に1990年比で5％以上の排出削減を行う。
2000年	▶バイオセーフティに関するカルタヘナ議定書；遺伝子組換え生物などの国際取引に際し，生物多様性への悪影響の可能性について事前に評価する手続きなどを定めた。

2001年	▶残留性有機汚染物質に関するストックホルム条約；残留性有機汚染物質の製造，使用，排出の廃絶または削減を国際的に図ろうとするもの。
2007年	▶IPCC；ノーベル平和賞を受賞。第4次報告書において2100年までの間に上昇する平均気温の範囲を1.8〜4.0℃と予測。
2010年	▶COP10（生物多様性条約第10回締約国会議）；遺伝子資源の資源国と利用国間の利用と利益配分に関する取り決め「名古屋議定書」，生物多様性を守る「愛知ターゲット」「SATOYAMAイニシアティブ」など採択。
2015年	▶COP21（第21回国連気候変動枠組条約締約国会議）；世界共通の目標として，産業革命以降の気温上昇を2℃より低く，1.5℃以内を目標とする取り決め「パリ協定」。
2015年	▶国連総会でSDGs「持続可能な開発のための2030アジェンダ」を採択。

補足 COPはConference of the Parties（締約国会議）の略で，国連気候変動枠組条約締約国会議の第1回（COP1）は1995年ベルリン（ドイツ）で開催。COP11からは京都議定書締約国会合（CMP）と，COP22からはパリ協定締約国会合（CMA）と合わせて開催されている。生物多様性条約締約国会議の第1回（COP1）は1994年ナッソー（バハマ）で開催。その後おおむね2年に1回開催されている。

第3編　生物の多様性と生態系

このSECTIONの まとめ　生態系の保全

□ 生態系と人間の生活 ⤷p.188	・生態系サービス…人間が生態系から受ける恩恵。**供給サービス，調整サービス，文化的サービス，基盤サービス**の4つがある。
□ 水質・大気汚染 ⤷p.189	・**富栄養化**…栄養塩類の増加➡**アオコ（水の華）や赤潮** ・**生物濃縮**…**特定の物質が体内で高濃度に蓄積**する。
□ 気候変動と植生の変化 ⤷p.192	・地球温暖化は各地の生態系に影響を与えている。 ・世界の森林は，熱帯を中心に大きく減少している。
□ 外来生物・種の絶滅 ⤷p.195	・侵略的外来生物はその地域の**生物多様性を低下**させる。 ・絶滅危惧種…**絶滅のおそれのある種**。
□ 生態系を保全する取り組み ⤷p.201	・SDGs…2030年までに**実現を目指す，持続可能な開発目標**。 ・**地球温暖化対策**…COP21での**パリ協定**。 ・**生物多様性保全**…生物多様性条約によって国際的に保全。

重要用語

SECTION 1 生態系と多様性

□ **生態系** せいたいけい ☞p.176
ある場所に生息するすべての生物と，それを取り巻く環境を合わせたまとまり。

□ **生産者** せいさんしゃ ☞p.176
光合成などによって有機物をつくり出す生物。植物や藻類，シアノバクテリアなど。

□ **消費者** しょうひしゃ ☞p.176
生活に必要な有機物を他の生物に依存する生物。動物や菌類など。

□ **一次消費者** いちじしょうひしゃ ☞p.176
生産者を捕食する生物。植物食性動物。

□ **二次消費者** にじしょうひしゃ ☞p.176
一次消費者を捕食する生物。動物食性動物。

□ **分解者** ぶんかいしゃ ☞p.176
消費者のうち，生物の遺骸や排出物を利用し，その有機物を無機物に分解する過程にかかわる生物。菌類や細菌など。

□ **栄養段階** えいようだんかい ☞p.177
生産者，一次消費者，二次消費者などの区分。

□ **食物連鎖** しょくもつれんさ ☞p.177
生産者→一次消費者→二次消費者…と，食べる・食べられるの関係によって直線的につながった関係。

□ **食物網** しょくもつもう ☞p.177
多様な生物によって食べる・食べられるの関係が網目状になったもの。

□ **腐食連鎖** ふしょくれんさ ☞p.177
枯死体や動物の遺骸・排出物などから始まる食物連鎖。

□ **生態ピラミッド** せいたい— ☞p.178
栄養段階ごとに個体数や生物量，生産力を積み重ねたもの。通常，生産者＞一次消費者＞二次消費者…とピラミッド形になる。

□ **(生態系への)攪乱** かくらん ☞p.180
生態系のバランスを乱す働き。洪水や土砂崩れ，台風など，小規模なものから大規模なものまでさまざまな攪乱があり，自然由来のものと人為的なものに分けることができる。

□ **(生態系の)復元力** ふくげんりょく ☞p.180
攪乱によって生態系のバランスが乱されても，自然にもとの状態に戻ろうとする働き。

□ **キーストーン種** —しゅ ☞p.181
生態系内の上位消費者のうち，生態系内の種多様性の維持に大きな影響を与える生物種。

□ **間接効果** かんせつこうか ☞p.182
ある生物の存在が，直接的な捕食-被食の関係にはない他の生物種に影響を与える現象。

□ **自然浄化** しぜんじょうか ☞p.183
河川や湖沼に有機物や栄養塩類などが流入しても，生物の働きや化学反応などによって水質がもとの状態に戻る働き。

□ **生物多様性** せいぶつたようせい ☞p.184
生態系内にさまざまな生物や環境が含まれていること。生物多様性を維持するためには生態系を保全することが重要。

□ **種多様性** しゅたようせい ☞p.185
生態系内に多くの生物種が存在すること。

□ **生態系多様性** せいたいけいたようせい ☞p.185
さまざまな環境に応じた生態系があり，つながって存在していること。

□ **遺伝的多様性** いでんてきたようせい ☞p.185
同種生物の集団内において，遺伝子に多様性があること。

SECTION 2 生態系の保全

□ **生態系サービス** せいたいけい— ☞p.188
人間が生態系から受けることができるさまざまな恩恵。

□ **供給サービス** きょうきゅう— ☞p.188
食料，材料，繊維，薬品，水，エネルギー資源など生活に欠かせない資源の供給。

□ **調整サービス** ちょうせい— ☞p.188
水質浄化や水害の防止，気候の調節など，環

境の調節。

□ **文化的サービス** ぶんかてき— ☞p.188
自然景観やレクリエーション，アウトドアスポーツなど，生態系から得られる文化的・精神的な利益。

□ **基盤サービス** きばん— ☞p.188
生態系内の物質循環や土壌形成，酸素の発生など，生態系維持のための基盤となる恩恵。

□ **環境アセスメント** かんきょう— ☞p.189
環境影響評価ともいう。一定規模以上の開発を行うときに，あらかじめ環境に与える影響を調査，予測，評価すること。事業の実施者に義務付けられている。

□ **富栄養化** ふえいようか ☞p.189
水中の栄養塩類が増加すること。生活排水の流入や農地への肥料の散布などによっても起こる。アオコや赤潮の原因となる。

□ **生物濃縮** せいぶつのうしゅく ☞p.190
生体内で分解や排出がされにくい特定の物質が，環境中よりも生体内で濃縮される現象。高次消費者になるほど高濃度に濃縮される。

□ **マイクロプラスチック** ☞p.191
環境中に流出したプラスチックのうち，細かい粒子(5mm以下)になったもの。生態系への悪影響が報告されてきている。

□ **酸性雨** さんせいう ☞p.191
pH5.6以下の強い酸性となった雨滴。化石燃料の燃焼によって生じる硫黄酸化物や窒素酸化物が原因。

□ **温室効果ガス** おんしつこうか— ☞p.192
赤外線を吸収することで太陽光による熱が宇宙へ放出されるのを抑え，大気の温度を高く保つ働きをもつ気体。二酸化炭素やメタン，フロン類など。

□ **砂漠化** さばくか ☞p.194
乾燥地域の土地が劣化して，植物の生育に適さなくなること。原因は過放牧や森林伐採，農地開発のための過剰な開墾，不適切な灌漑によって生じる塩害など。

□ **外来生物(外来種)** がいらいせいぶつ(がいらいしゅ) ☞p.195　本来その地域にはいなかったが，

他地域から人間によって持ち込まれた生物。これに対して，もとからその地域に生息していた生物を在来生物(在来種)とよぶ。

□ **特定外来生物** とくていがいらいせいぶつ ☞p.195
外来生物法(2005年施行)によって指定された，特に生態系を損ねたり人間や農作物に被害を生じさせたりする外来生物。

□ **侵略的外来生物** しんりゃくてきがいらいせいぶつ ☞p.196　地域の生態系のバランスに大きな影響を与え，生物多様性を低下させる外来生物。

□ **レッドリスト** ☞p.197
絶滅のおそれがある野生生物をまとめたリスト。

□ **レッドデータブック** ☞p.197
絶滅のおそれがある野生生物の生態や分布，絶滅の要因，保全対策などをまとめたもの。

□ **絶滅危惧種** ぜつめつきぐしゅ ☞p.197
絶滅に瀕していたり，近い将来に絶滅する可能性のある生物種。

□ **遺伝的攪乱** いでんてきかくらん ☞p.198
外来生物と在来生物との間で交雑が起こって雑種が広がることで，その地域で進化してきた特徴的な遺伝子が失われ，遺伝的多様性が失われること。

□ **生物多様性ホットスポット** せいぶつたようせい— ☞p.199　生物多様性が高いが，人類による破壊の危機に瀕している地域。

□ **SDGs** エスディージーズ ☞p.201
持続可能な開発目標(Sustainable Development Goals)の略，2015年に国連サミットで採択。2030年までに達成を目指す国際目標。

□ **循環型社会** じゅんかんがたしゃかい ☞p.202
有限である資源を持続可能な形で使い続けていくことができる社会。3R(リデュース，リユース，リサイクル)などの推進によって達成を目指している。

□ **再生可能エネルギー** さいせいかのう— ☞p.202
化石燃料ではなく，環境から持続的に得られるエネルギー。バイオマス，太陽光発電，風力発電，地熱発電など。

環境対策関連用語

地球温暖化などの気候変動や森林破壊，海洋プラスチックなど，さまざまな環境問題に対し，世界が協力して解決しようとするさまざまな試みが続けられている。関連して，さまざまな指標や対応策などが設けられている。

二酸化炭素について

地球温暖化対策として，**温室効果ガス**の削減が求められている。温室効果ガスは，二酸化炭素（carbon dioxide）が中心であるため，次にあげる用語にはカーボン（carbon：炭素）の言葉が使われているが，多くの場合は，メタンやフロン類など，他の温室効果ガスも含めている。

①カーボンニュートラル（carbon neutrality）
温室効果ガスの排出量と吸収量を均衡させ，排出量を全体としてゼロにすること。日本政府は2050年までにカーボンニュートラルをめざすことを宣言している（2020年）。カーボンニュートラル達成には，温室効果ガス排出量の削減と，植林や森林保全などの吸収量の強化が必要となる。カーボンニュートラルが実現し，二酸化炭素排出量が実質ゼロとなった社会を，「脱炭素社会」という。

②カーボンオフセット（carbon offset）
市民や企業などが，温室効果ガスを削減しようとしても，どうしても削減できない部分を，他の場所での温室効果ガス削減量や吸収量（クレジット）を購入することで，温室効果ガス排出量の全部または一部を埋め合わせすること。日本では，二酸化炭素排出削減量や吸収量を「Ｊクレジット」として国が認証し，企業や自治体などが購入してカーボンオフセットに利用している。

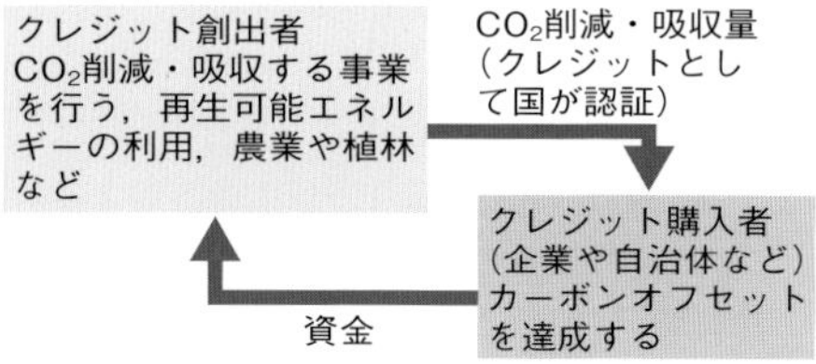

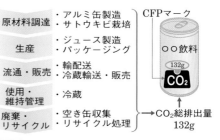

図95 日本でのカーボンオフセット

③カーボンフットプリント（carbon footprint：CFP）　企業や個人が活動していく上で，排出される二酸化炭素量を調べ，把握すること。例えば企業の商品などで，原材料調達から廃棄やリサイクルに至るまで，すべての段階について二酸化炭素の排出量を算出し，その商品のカーボンフットプリントとする。

原材料調達	・アルミ缶製造 ・サトウキビ栽培
生産	・ジュース製造 ・パッケージング
流通・販売	・輸配送 ・冷蔵輸送・販売
使用・維持管理	・冷蔵
廃棄・リサイクル	・空き缶収集 ・リサイクル処理

図96 缶飲料のカーボンフットプリントの例

日本全体におけるカーボンフットプリントは，約６割が家計消費に由来している。脱炭素社会実現のためには，企業だけではなく，個人の生活スタイルからも貢献できる。

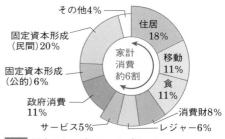

図97 日本のカーボンフットプリント

環境に対する負荷

二酸化炭素などによる温室効果だけではなく，オゾン層への影響や水の汚染，生物多様性など環境に対する負荷を全体的にとらえる指標もいくつか提唱されている。

①ライフサイクルアセスメント(life-cycle assessment：LCA)　製品やサービスについて，製造・輸送・販売・使用・廃棄やリサイクルの各過程で生じる，環境への負荷を評価したものを，ライフサイクルアセスメント(LCA)という。

例えば，電気自動車(EV)と内燃機関エンジン車(ガソリンエンジン車など)の二酸化炭素排出量を比較すると，走行時にはEVのほうが少ないが，車体生産では，電池などの製造過程を考慮するとEVのほうが二酸化炭素排出量は多くなる。このため，廃車するまでの走行距離が短い場合は，EVのほうが多くの二酸化炭素を排出することになる。さらに，発電のために化石燃料を使うと，EVも走行のために二酸化炭素を排出していることになる。

LCAは，リサイクル材料の活用や生産方法，再生エネルギー利用などによって変化する。環境に配慮した製品を選ぶ場合，その製品のLCAの見極めが必要である。

②バーチャルウォーター(virtual water：仮想水)　農作物を生産する場合，灌漑などによって水を消費する。例えば，トウモロコシを1kg生産するには灌漑用水として1800Lの水が必要になる。トウモロコシを飼料としてウシを飼育すると，牛肉1kgを生産するにはさらにその約20000倍もの水を必要とする。つまり，牛肉を1kg輸入すると，それだけの水を輸出国で使っていることになり，食料を輸入することは，形を変えて水を輸入していることになる。この水をバーチャルウォーターという。

輸入に限らず，このほか工業製品なども含めた生産に関して水のライフサイクルアセスメントや，どの国のどういう水源(降水，自然の河川水，非持続的地下水など)からの水を生産に利用したかを推計する**ウォーターフットプリント**なども行われている。

環境に配慮した取り組み

環境に対する負荷を軽減しながら，持続的に生態系を利用していく，さまざまな取り組みが行われている。

①エコツーリズム(ecotourism)　エコツーリズムとは，自然環境や歴史文化を対象とし，それらを体験し，学ぶとともに，対象となる地域の自然環境や歴史文化の保全に責任をもつ観光のありかたとされる(環境省による)。このエコツーリズムの考え方で作成されたプログラムが**エコツアー**である。エコツーリズムにより，自然環境の保全と観光振興が両立でき，さらに地域振興と環境教育も実現できる。

日本ではエコツーリズム推進法が施行され(2008年)，これに沿って各地にエコツーリズム推進協議会が設立され，それぞれの地域に合ったエコツアーが実施されている。

②アグロフォレストリー(agroforestry)　農業(agriculture)と林業(forestry)を組み合わせてつくられた造語で，1970年代に考え出された。

アグロフォレストリーは，その土地や気候条件に合わせ，草本から樹木まで，さまざまな植物(おもに食料となる種)が共存し自然に維持される森林のような生態系をつくり，そこから持続的に収穫を得るようにする農法である。

アグロフォレストリーは，特に熱帯地域での活用が期待されており，その地域の貧困や飢餓の解消，森林の生物多様性の保護などの効果が期待される。

動物の絶滅と人間

人間によって絶滅に追い込まれた動物

これまで，人間の影響によって絶滅した動物は非常に多いと考えられる。マンモスなどのように有史以前に絶滅してしまった動物たちのほか，記録が残っているものとして，次のような例がある。

図98 マンモスの骨などでつくられた住居

①**ドードー** インド洋のマダガスカル沖にあるモーリシャス諸島に生息していた，シチメンチョウより大きな飛べない鳥。1598年に航海探検を行っていたオランダの提督が正式に報告し，ヨーロッパで知られるようになった。天敵がいない島で進化していたため，動きが鈍くて警戒心が薄く，地上に巣をつくるため，人間によって持ち込まれたイヌ・ブタ・ネズミなどに雛や卵が捕食された。さらに森林の開発もあり，1681年の目撃例を最後に絶滅した。

ヨーロッパでは人間が絶滅させてしまった動物の象徴的な存在とされ，1865年刊行の『不思議の国のアリス』など多数の創作に登場している。

図99 ドードーの復元模型

②**リョコウバト** 北アメリカ大陸に生息していたハトの一種で，夏は五大湖周辺で営巣し，冬にはメキシコ湾沿岸まで渡りをしていた。1813年には，空を覆うリョコウバトの群れは3日間も続き，3時間あたり11億羽以上が通過したと試算する鳥類学者の報告もある。しかし，食肉・羽毛採取の目的で乱獲され，1850年頃からは大きな群れは見られなくなった。1906年に撃ち落とされた個体が野生下での最後の記録であり，1914年に動物園で飼育されていたメスの個体が死亡して，地球上からリョコウバトはすべていなくなった。

図100 リョコウバト(剥製)

③**ステラーカイギュウ** 北太平洋のベーリング海に生息していた大形の海牛類(ジュゴンやマナティーを含む海生哺乳類の仲間)で，体長は最大8.5 m，体重は5～12トンほどあった。1741年に発見され，肉や脂肪を目的として乱獲された。ステラーカイギュウは動きが鈍いうえに人間に対する警戒心も薄く，他の個体が傷つけられると集まって助けようとするため，容易に捕獲できたとされる。1768年の捕獲例を最後に絶滅した。人類に発見されてから，わずか27年間で絶滅に追い込まれたことになる。

ヒトとの比較

図101 ステラーカイギュウの復元画像

④ニホンオオカミ　ニホンオオカミはハイイロオオカミの亜種の1つで，中型犬程度の大きさの最も小形のオオカミであった。19世紀までは九州から東北地方まで広く分布していたが，1905年(明治38年) 1月に奈良県で捕獲された若いオスが最後の確実な生息情報とされる。絶滅の原因は，明治以降，猟銃が普及し，西洋から持ち込まれたイヌと一緒に入ってきた狂犬病などの病気を防ぐために駆除されたことなどが考えられている。北海道にはニホンオオカミより大形の亜種のエゾオオカミが分布していたが，家畜を襲う害獣として駆除され，1900年前後に絶滅している。

図102　ニホンオオカミ(剝製)

⑤ニホンカワウソ　明治時代までは北海道から九州まで日本全国で生息していたが，乱獲や河川流域の開発によって個体数が減少した。1965年(昭和40年)には特別天然記念物に指定されて保護されたが，その後も減少し続けた。1979年(昭和54年)に高知県で確認された個体が最後の目撃例となり，2012年(平成24年)に絶滅種として指定された。

絶滅した種を再生する試み

①日本のトキ　トキは翼開長が約140cmにもなる大形の鳥で，翼の下面はやや橙色がかった薄い桃色(「朱鷺色」という)をしている。

明治以前は日本各地で見られたが，乱獲や生息環境の汚染などによって減少した。

1981年に最後の5羽が捕獲されて佐渡トキ保護センターで人工飼育に移され，日本のトキは野生下では絶滅となり，人工繁殖が試みられたが2003年に日本産のトキは全個体が死亡した。しかし，人工繁殖のため中国から供与されたトキ[2]どうしによる繁殖が成功，野生に戻すための訓練も行い，2008年からは放鳥が始まっている。2012年に野生下で卵のふ化が確認され，2014年には野生下で誕生した個体による繁殖が確認され，2020年時点での野生下でのトキの個体数は458羽と推定されている。

②モウコノウマの野生復帰　モウコノウマは現生で唯一の野生馬とされ，1968年頃に一度野生下で絶滅した。これに対しヨーロッパの動物園で飼育・繁殖されていた個体をモンゴルの保護区に戻す野生復帰に成功，十数頭から現在は2千頭以上が生息している。

図103　モウコノウマ

③オオカミの再導入　アメリカのイエローストーン国立公園では，1926年のオオカミ絶滅以降大形のシカなどが増えすぎて保てなくなった生態系のバランスを回復するため，アセスメントと地元関係者などとの話し合いや調整を経て1995年よりハイイロオオカミの再導入が行われ，シカの個体数の増減が安定し，コヨーテに捕食されていた小動物の個体数が回復するなど生態系の回復に成功した。

★1 亜種は生物の分類区分の1つで，同一種のうち形態が他の地域に分布する集団とはっきり異なるもの。
★2 中国のトキと日本のトキは，遺伝的に非常に近く，個体差程度の相違しかないため，中国産のトキでも外来種として取り扱っていない。

生態系のバランスを崩す身近な動物

侵略的外来種としてのネコ

①世界侵略的外来種ワースト100 ネコ（イエネコ）はリビアヤマネコを家畜化したものとされ、日本国内の約900万頭をはじめペットとして世界中で飼育されている。

広く愛されているネコだが、一方では世界の侵略的外来種ワースト100に指定されている。アメリカでの研究では少なくとも年間10億羽もの鳥がネコによって殺されていると推定され、オーストラリアでの研究でも約2000万頭いる野良猫が1日に7500万の固有種の動物を殺し、今までに100種以上の鳥類、50種以上の哺乳類、多数のハ虫類や両生類などを絶滅させたと推定されている。

図104 野鳥を捕らえたイエネコ

②侵略的外来生物としての特徴 ネコは非常に優秀なハンターで、さらにネコは「遊び」として小動物を殺すことが知られており、ノネコは1日に摂取するえさの量（平均380g：小さいネズミ3頭分）の数倍の小動物を殺すことがある。

さらにネコは繁殖力が旺盛で、雌のネコは生後4～12か月で出産可能となり、1回に4～8頭の子を年に2～4回産むことができる。血縁どうしでも子をつくるため1つがいが森や島に侵入しただけで急速に数を増やし数々の在来種を絶滅させることが起こりうる。

③人からエサを得ているネコも生態系への脅威となる 特定の飼い主をもたず人が出す食物で生活しているネコを野良猫、野生化して人には頼らずに生活しているネコをノネコとよぶが、徳之島（鹿児島県）において、森の中で捕獲されたネコの毛を元素分析すると、食べ物の約7割がキャットフードで、小動物も捕食されていることがわかった。つまり屋外に出入りできる飼い猫や人からえさを得ている野良猫が森に入って狩りもしていることになる。**屋外にいるネコはすべて侵略的外来生物となる可能性がある。**

④生態系のバランスの外にいるネコ 自然界では、捕食者が増加すると、被食者が減少し、食物が不足するため捕食者も減少する（⤴p.180）。こうして捕食者と被食者の数はそれぞれ一定の割合で保たれ、生態系のバランスが維持されている。しかし、ネコは、エサとなる動物が減少しても人から与えられたエサで個体数を維持することができ、獲物となる野生動物を際限なく減少させる。

⑤生態系の生物とネコを守るために このような状況を起こさないために、飼い主のモラルやマナーが重要である。
- ネコは完全室内飼育にする。
- 飼い猫には飼い主情報と照合できる番号が登録されたマイクロチップを装着する。
- 個体の最期まで責任をもって飼育する。
- 生まれるネコに対して最期まで責任をもてないなら避妊手術をする。

飼い猫の平均寿命14.2年に対して屋外ではけがや病気などによりネコの寿命は3～5年まで短くなる。「外で自由に過ごすことが幸せ」「野良猫にえさをあげないとかわいそう」といった個人の思い込みで飼い猫を外に放ったり野良猫を増やす行為を行うことは不幸なネコを増やすことにもつながる。

在来種が崩す生態系のバランス

① シカの増加と山林への影響

シカ(ニホンジカ)は1頭が1日に約5～6 kgの葉を食べる。高密度にシカがいる森では,草本層は育たないか,シカが嫌う植物しか生育できなくなり,植生が単純になってしまう。また,シカは冬季には樹木の皮を剥いで食べ,樹木を枯らす。さらに高山帯では,希少な高山植物が食害されている。

このように地表を覆う植生が失われることで雨水による土壌の流出も起こり,森林が再生されにくくなる。森林の保水力が低下し,洪水の増加や,渓流の水質悪化の原因ともなる。

図105 森林のシカを排除した区画(左)とシカのいる区画(右)

② 野生動物の増加と農作物への被害

日本の野生動物の増加は人間の生活にも影響を及ぼしている。野生鳥獣による農作物の被害額は年間161億円,そのうちシカとイノシシが102億円にも及ぶ(2020年度)。営農者が農業を続けられなくなるほどの深刻な被害も出ている。

③ クマによる被害

ツキノワグマが九州で絶滅し,四国で絶滅危惧種となっている一方,本州のツキノワグマや北海道のヒグマは生息域を拡大している。シカやイノシシに比べ個体数が少ないため農作物の被害額に占める割合は小さい(年間約5億円)が,人的被害が人間生活の安全に与える影響は大きい。2011～2022年の間でクマによって1100人以上の人が負傷し,22人が死亡している。

山に入った人とクマが遭遇しての事故のほか,人里での事故も生じている。人間の生活圏に近づき被害を与えるクマは**問題個体**とよばれる。2019年から被害が報告されている「OSO18」(オソ)というヒグマの個体は4年間で牛65頭以上を殺傷した。

④ 個体数増加とその要因

シカやイノシシなどの野生動物が市街地などに現れニュースとして報じられると,ヒトが山林へ進出したために野生動物がすみかを追われたという意見や感想がメディアやSNSで発信される。しかし実際には,**シカやイノシシは1990年代以降,急速に増加している**。

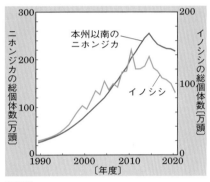

図106 国内のシカとイノシシの個体数の変化(推定される範囲の中心の値)

これは**過疎化で荒れた森林や放棄耕作地を通じて行動範囲を広げ**,畑や水田に進出して食物を得やすくなったことが大きな原因の1つとなっている。また,**狩猟者の減少も原因**とされるほか,ニホンオオカミの絶滅によって**捕食者不在となった日本の生態系が,繁殖力の旺盛なシカやイノシシの増加に対してバランスを保てなくなっている**という指摘もある。

現在野生動物による被害を抑制するには駆除がおもな手段となっているが,野生動物が身を隠せるやぶなどをなくして人里に近づけないようにする,ヒトの居住地に近づくと食物が得られると学習しないように生ごみの管理を徹底するなど,**動物の生態を理解した上で増やさないようにする対策が必要である**。

3 » 生態系と環境

1 生物群集と個体群

1 | 個体群とその変動

1 個体群と生物群集

❶**個体群** ある地域に生息している同じ種の個体の集まりを個体群という。繁殖や競争などの種内での関係をもつものであれば，集団生活をするものでも単独生活をするものでも個体群である。ある草原のバッタの集団，ある森林の中のヒメネズミの集団，小川のメダカの集団などはそれぞれ個体群である。校庭に生えているオオバコの集団も個体群である。

図107 ヒョウ

補足 トラやヒョウのように単独生活をしている場合でも，一定の地域では繁殖期には雌雄が生殖行動を行い，互いに関係し合っている。したがって，この場合も個体群という。また，ニホンザルなどの群れ(⇨ p.221)をつくっている場合も，調査対象地域に複数の群れが存在していて，群れどうしに関係がある場合，すべての群れのサルを1つの個体群とみなす。

❷**生物群集** ある一定地域には，植物だけではなく，多くの動物・菌類・細菌などが互いに密接な関係をもって生息している。**ある地域に生活する相互に関係をもつ異種の個体群の集まりを生物群集**，あるいは単に群集という。植生については p.153で説明している。ここではおもに**動物の群集**について説明する。

補足 ある地域における生物群集と非生物的環境を合わせた1つのまとまりが**生態系**である。

POINT!

{ 個体群…ある地域における同種生物の個体の集まり
生物群集…ある地域におけるすべての生物の個体の集まり

2 個体群密度 ① 重要

個体群の特徴を考えるときに重要な要因は，個体群の大きさと個体群密度である。大きさは総数であり，個体群密度は一定面積や体積の中に存在する個体数である。

❶個体群密度　ある地域での単位面積(または単位体積)あたりの，それぞれの個体群の個体数を個体群密度という。個体群密度は，次のようにして表される。

$$個体群密度 = \frac{個体群を構成する全個体数}{生活空間の広さ}$$

例えば，$2\,\mathrm{m}^2$ に30個体のトノサマバッタがいれば，個体群密度は15個体$/\mathrm{m}^2$と示し，$3\,\mathrm{mL}$ 中に60個体のゾウリムシがいれば，20個体$/\mathrm{mL}$と示す。

❷個体数の測定　個体数の測定法には，区画法と標識再捕法の2つがあり，調査対象生物の分布場所や移動特性，視認性などで使い分ける。

① **区画法**　調べようとする地域に一定面積の区画をいくつかつくり，その中の個体数を数え，それをもとに地域全体の個体数を推測する方法。植物やフジツボのように移動しない生物に用いる。

② **標識再捕法**　ある地域で多くの個体を捕らえ，標識をつけてから放す。数日後，再び同じ地域で同じ種の生物を捕らえ，この2回目に捕獲した個体数に占める標識個体数の割合から，個体群を構成する全個体数を測定する方法。魚類など広く移動する動物の測定に用いる。

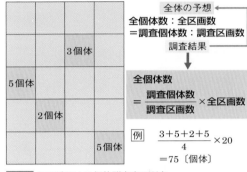

全体の予想
全個体数：全区画数
＝調査個体数：調査区画数
調査結果

$$全個体数 = \frac{調査個体数}{調査区画数} \times 全区画数$$

例　$\dfrac{3+5+2+5}{4} \times 20$
　　$= 75〔個体〕$

図108　区画法による個体群密度の測定

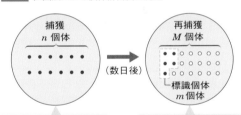

捕獲 n 個体　　（数日後）　　再捕獲 M 個体

標識個体 m 個体

1回目に捕らえた個体に標識をつけて放す。

捕獲した個体中の標識個体の割合を調べる。

全体の予想　　調査結果
標識個体数：全個体数＝再捕獲標識個体数：2回目の個体数

$$全個体数 = \frac{標識個体数 \times 2回目に捕獲した個体数}{再捕獲標識個体数}$$

[補足]　標識再捕法による測定が成立するには，標識が動物の行動に影響しない，2回の捕獲を同じ時刻に同じ条件で行う，調査地での個体の移出入がないといった条件が必要。

図109　標識再捕法による個体群密度の測定

POINT!

[標識再捕法による個体群密度の測定]

$$全個体数 = \frac{標識個体数 \times 2回目に捕獲した個体数}{再捕獲標識個体数}$$

3 個体の分布

個体の分布は，大きく集中分布，一様分布，ランダム分布の3つの様式がある（⤴図110）。個体群密度は，一様分布の場合どの場所でも一定だが，集中分布の場合は場所によって大きく異なる。

補足 集中分布は，群れをつくる動物や，発芽や成長に適した場所に集まり生育する植物で見られる。一様分布は各個体間に一定の排斥傾向が生じる個体群で，ランダム分布は風や水流で運ばれて着生する植物やフジツボなどで見られる。

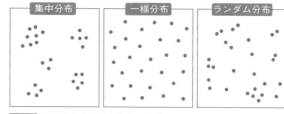

図110 個体群内の個体の分布の様式

4 個体群の成長と密度効果

❶個体群の成長曲線 最適な条件のもとでは，生物は計算上，図111の曲線Aのように増加する。しかし，実際には，個体数がある程度増えると個体群の成長速度は小さくなり，ある値で定常状態を保つようになる（⤴図111の曲線B）。

❷成長曲線と密度効果 個体群の成長曲線は図111の曲線BのようなS字形になる。このように，個体群密度の増加によって個体群の成長が抑えられたり個体の性質に変化が生じることを密度効果といい，上限となる個体数を環境収容力という。

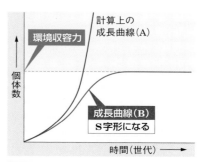

図111 個体群の成長曲線の一般形（模式図）

視点 生活空間の不足・栄養分の不足・排泄物の蓄積などの密度効果によって，個体数の増加には限界がある。

❸密度効果の例 同じ生活空間で昆虫の個体数を変えて飼育した実験（⤴図112）のように，密度効果にはいろいろな要素が見られる。

①栄養分の不足 個体群密度の上昇によって食料不足となり，餓死したり，生殖能力の低下が起きたりする。

②生活空間の減少や老廃物の蓄積 個体群密度が上昇し，生活空間が減少すると，ホルモン分泌の変化により，出生率が低下する。また，ストレスや老廃物による健康異常なども見られる。

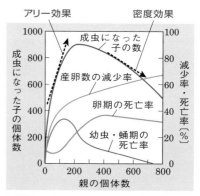

図112 アズキゾウムシにおける密度効果

★1 このような形のグラフをロジスティック曲線という。

③**個体の移動**　個体群密度が高くなると一部の個体は他に移動する。例えば，アリマキは30匹/cm²になると有翅型（ゆうし）の成虫が現れ，他へ移動する。

④**捕食者の増加**　個体群の増加によって捕食者も増加し，個体群の成長が抑えられる。

補足 個体群密度が低すぎても生殖機会が減少し，増殖率は低下する。また，ゴキブリのように密度が低いと死亡率が高くなる生物もある。このように，密度効果とは逆に，ある密度までは密度が高いほど個体群の成長が促進される現象は，**アリー効果**とよばれている。

POINT!

> 個体群の成長曲線は，**密度効果**によって**Ｓ字形**になる。

5 昆虫の相変異

❶**相変異**　動物個体の形態・色彩・生理・行動などが，個体群密度に応じて著しく変化する現象を相変異という。

❷**バッタの相変異**　バッタ類は，ふだんは単独生活をしている個体(**孤独相**)が，高密度になると，集合性があり，長距離を飛翔して移動する能力が大きな個体(**群生相**)になる(⤴**図113**)。なお，相変異は環境変異であり突然変異ではないので，[1]遺伝しない。

補足 バッタは，発育中の密度効果だけで相変異をし，幼虫期の個体群密度が低いと孤独相になり，高いと群生相になる。バッタの孤独相から集団移動する群生相への変化の場合，多くは中間型を経て2世代程度で変化が完了する。

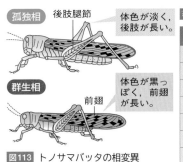

図113 トノサマバッタの相変異

表12 孤独相と群生相の比較――アフリカワタリバッタ

	孤独相	群生相
体色	緑色	黒っぽい色
前翅	相対的に短い	相対的に長い
後肢	後肢腿節が長い	後肢腿節が短い
発育	遅い	速い
行動	飛行距離が短く集合性なし	飛行距離が長く大群で移動
食性	イネ科の植物	すべての植物
産卵	小さな卵を数多く産む	大きな卵を少しずつ産む

POINT!

> ［バッタの相変異］
> 　孤独相…後肢が長く，単独生活。移動能力は低い。
> 　群生相…前翅が長く，集団で飛行し移動する。

★1 環境変異は遺伝的要素と関係なく成長過程の環境により生じる形質の変化で遺伝しないが，突然変異は遺伝子や染色体の変化およびそれによって生じる形質の変化で，遺伝する。

参考　植物の密度効果

● ある一定の場所で得られる光や養分には限りがあるので，植物も動物と同様に成長や個体数の増加において個体群密度の影響を受ける。密植された農作物は十分な光を得られず一部の個体が成長不良となり枯死する（**自然間引き**）。
● 個体数が多いと平均の個体サイズが小さくなり，**単位面積あたりの植物総量は密度の大小にかかわらず一定となる**（**最終収量一定の法則**）。

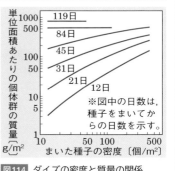

図114 ダイズの密度と質量の関係

2 | 生命表と生存曲線

1 生命表

❶**生理的寿命**　理想的な条件下で生育させた場合の個体の寿命を**生理的寿命**という。しかし，自然界では捕食されたり，密度効果などさまざまな原因で，ほとんどの生物は生理的寿命を全うすることはできない。

❷**生命表**　個体群において，生まれた卵や子の数が，出生後の時間や発育経過とともに，どのように減っていくかを示した表を生命表という。**表13**はアメリカシロヒトリの個体群について各発育段階の個体数と死亡原因をまとめたものである。[★1]

表13　アメリカシロヒトリ（ガの一種）の生命表

発育段階	段階初めの生存数	期間内の死亡数	期間内の死亡率	死亡の原因（ ）内は生理死亡数	最終生存率
卵	4287	134	3.1 %	生理死(134)	96.9 %
ふ化幼虫	4153	746	18.0	クモ，クサカゲロウ他	79.5
1齢幼虫	3407	1197	35.1	クモ他，生理死(104)	51.6
2齢幼虫	2210	333	15.1	クモ他，生理死(11)	43.8
3齢幼虫	1877	463	24.7	クモ他	33.1
4齢幼虫	1414	1373	97.1	┌アシナガバチ・小鳥・カマ	1.1
5～7齢幼虫	41	29	70.7	└キリ他	0.4
蛹	12	5	25.0	ヤドリバエ，病死(1)	0.2
成虫	7	—	—		—

視点　この表からおもに次の2点がわかる。①3齢幼虫までは，巣網の中で集団生活を行い，捕食されることが少ないため死亡率が低く，晩死型（⊂➡p.219）に似ている。②単独生活に入った4齢以降の幼虫では捕食されることが多くなり，死亡率が高くなる。

★1 3齢までの幼虫の生存数は，巣網を採集し，各齢の脱皮殻を数えることで把握できる。

2 生存曲線

❶**生存曲線**　一般に，出生した個体数を1000個体に換算して，**年齢や発育段階と**
ともに変化する生存数をグラフ化したものを生存曲線という。

❷**生存曲線の型**　生物の生存曲線は，次の3つの型に大別される（⤵図115）。

①**晩死型**　幼齢期の死亡率が低く，死亡が老齢期に集中する型。ヒトなどの**哺乳**
　類やミツバチのように，親や仲間が子を保護し，育てる動物がこれに属する。

②**平均型**　各年齢ごとの死亡率がほぼ一定である型。**鳥類**や**ハ虫類・ヒドラ**など
　がこれに属する。

③**早死型**　幼齢期の死亡率が高く，老齢まで生存する個体が少ない型。**魚類**や多
　くの**昆虫類**のほか，カキなどの**軟体動物**がこれに属する。

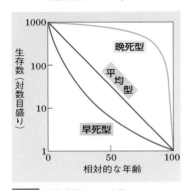

図115 生存曲線の3つの型

視点 縦軸は対数目盛りである。また，★2
生物の種により寿命は異なるので，横
軸は相対的な年齢としている。

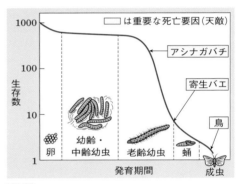

図116 生存曲線の例（アメリカシロヒトリ）

視点 幼齢期のアメリカシロヒトリ（幼虫）は個体群
が巣網をつくってその中で生活するため，天敵に捕
食されにくく死亡率が低いと考えられる。

❸**動物の産卵（子）数と生存曲線**　動物の産卵（子）数と死亡率の間には密接な関係
がある。**晩死型**に属している動物では**産卵（子）数が少なく**，**親が子の世話をよくす**
るため，幼齢期の死亡率が低い。これに対して，**早死型**に属している動物では**産卵**
数が非常に多く，そのため，幼齢期の死亡率は高いが，卵の数が多いので生き残る
個体があり，個体群は存続する。親は子の世話をまったくしない。

表14 動物の産卵（子）数・出生形態・親の保護の有無

動物名	産卵（子）数	形態	親の保護	動物名	産卵（子）数	形態	親の保護
マンボウ	3億（抱卵）	卵生	無	キジ	9〜12	卵生	有
ブリ	180万	卵生	無	スズメ	4〜8	卵生	有
トゲウオ	50	卵生	有	キツネ	5	胎生	有
トノサマガエル	1000	卵生	無	チンパンジー	1	胎生	有

★2 このグラフは個体数が10^{-1}倍になるごとに1目盛り分下がる。対数目盛りを用いることで，死亡率が一
　定の場合にグラフは直線になる。

第3編　生物の多様性と生態系

図117　マンボウ

図118　トゲウオ

図119　チンパンジー

3 個体群の年齢構成

　各年齢ごとの個体数をもとに，個体群の年齢構成をグラフで表すと，多くの場合はピラミッド形になる。これを年齢ピラミッドという。

　年齢ピラミッドには，図120に示したように，幼若型，安定型，老齢型の3つの型があり，それぞれ，やがて生殖期を迎える若年層の全個体に対する割合が異なっている。年齢ピラミッドを作成することで，個体群の将来を推定することができる。

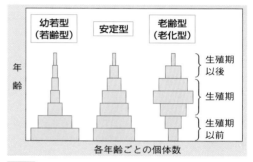

図120　個体群の年齢構成の型

視点 各型から今後予想される個体群の変化
幼若型：個体群が増加していく，安定型：この状態が続く，老齢型：個体数が減少していく

このSECTIONの まとめ　生物群集と個体群

□ 個体群とその変動 ⇨ p.214	・**個体群**…ある地域に生息する同種個体の集まり。 ・個体群密度は，**区画法**や**標識再捕法**で測る。 ・**個体群の成長**…密度効果を受けるため，ある値で定常状態を保つ。➡成長曲線は**S字形**になる。 ・相変異…個体群密度による形態などの変化。例 バッタ 　孤独相…単独生活型(体色は明色)。 　群生相…集団生活型(体色は暗色)，移動能力大。
□ 生命表と生存曲線 ⇨ p.218	・**生存曲線**…**晩死型**(哺乳類)・**平均型**(鳥類)・**早死型**(魚類) ・**年齢ピラミッド**…**幼若型**・**安定型**・**老齢型**

2 個体群内の相互作用

1 | 個体間の相互作用

　個体群を構成している個体間では食物や生活空間，繁殖期には配偶相手をめぐって競争（種内競争）が見られる。一方で，群れをつくることでの利点も見られる。競争や群れのような相互関係には，個体に利益や不利益が見られる。

1 群れ

❶群れ　個体が集まって，移動や採食などをともにする集団を群れという。

❷群れることの利益と不利益

① **利益**　敵に対する**防衛上の利点**（⤷図121），**採食上の利点**がある。また，異性個体との配偶行動や育児など**繁殖行動**を行いやすく，個体群を維持するうえでつごうがよい。

② **不利益**　食物をめぐる競争，排泄物による生活環境の悪化，病気が伝染する危険性の上昇など。

補足 群れの大きさは利益（利点）と，食物をめぐる競争などの不利益（コスト）の関係で決まる（⤷図122）。また，食物の豊富さなど環境条件によっても群れの大きさは変わる。

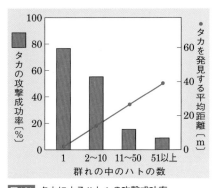

図121 タカによるハトへの攻撃成功率

視点 群れが大きいほど接近するタカを警戒する個体数が増えるため，タカを早く発見して逃げのびやすくなる。

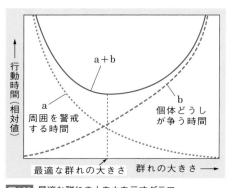

図122 最適な群れの大きさを示すグラフ

視点 群れが大きいほど各個体が警戒に要する時間（a）は減少し，食物をめぐる争い（b）が増えるため，aとbの和が小さいほどよい。

❸リーダー　シカやオオカミなどの群れでは特定の個体がリーダーとなり，リーダーを中心に群れが統率されている。経験のある個体がリーダーとなることで，群れの個体の生存率が高まる。

2 縄張り(テリトリー)

❶縄張り　個体群内の**特定の個体が一定の地域の空間を積極的に占有する行動**を縄張り行動といい，その空間を縄張り(テリトリー)という。縄張り行動をするものは，個体，つがい，群れなどの単位で行動する。魚類，鳥類，哺乳類，昆虫類に見られる。

❷縄張りの特徴と機能　縄張りは次のような場合に見られる。

① **採食行動のための縄張り**　他の個体や群れに対して，えさ場を占有して採食活動を行うことができる。年間を通して見られる。

　　例　アユ(⟳**図123**)やシマアメンボの縄張り

② **繁殖行動のための縄張り**　配偶者を獲得したり，繁殖地を確保したりしやすい。また，より安全に子を育てることができる。**繁殖期にだけ見られる。**

　　例　イトヨ(トゲウオの一種)や小鳥などの縄張り

補足 採食活動と繁殖活動の両者の機能を合わせもつ縄張りも多い。

図123 アユの縄張りの例

視点 淡水魚のアユは，浅い川底にある石の周辺約 1 m² を縄張りとして，石についている微小なケイ藻やシアノバクテリアなどを食べている。そして，この縄張りに他の個体が近づくと，追い払う行動を示す。なかには，"群れアユ"といって縄張りをもたず，数匹で群れをつくっているものもいる。縄張りをもっているアユも，個体群密度が大きくなると，縄張りへの侵入個体が多くなり，縄張りを維持できなくなって群れアユになる。

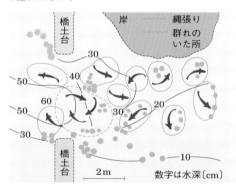

❸縄張りの広さ　縄張りが広くなれば得られる資源が増えるが，他の個体(あるいは群れ)が侵入する確率は高くなり，防衛に費やすエネルギーも大きくなる。また，必要以上の資源があっても利用できず，より多くの利益も得られないので，実際の縄張りの広さには限界がある。

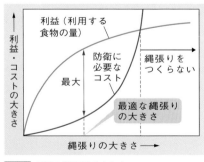

図124 最適な縄張りの大きさ

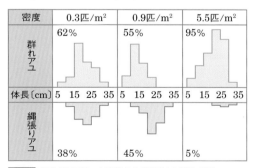

図125 個体群密度による群れと縄張りの割合の違い

❹縄張り宣言　縄張りをもつ個体は，他個体が縄張り内に侵入した場合，激しく攻撃を加えて追い出そうとする。これにより双方が傷つくこともある。このため広い縄張りをもつ動物では，におい付けなどによるマーキングやさえずりなど縄張り宣言を行い，他個体が不用意に自分の縄張りに侵入しないよう警告を発する。これにより他個体は侵入を回避し無用な争いを避ける。

❺縄張りと個体数の安定　シジュウカラは，繁殖期につがいで縄張りを維持する。図126左のような縄張りが形成されている森で実験的に6つの縄張りのつがいを除去すると，3日後には別のつがいが新しい縄張りを形成し縄張りはほぼ同じ数に保たれた。シジュウカラは縄張り

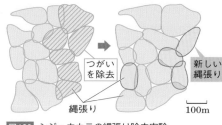

図126　シジュウカラの縄張り除去実験

をもつ個体だけが繁殖できるので，個体群密度もほぼ一定に維持されることになる。

POINT!

　縄張りは，競争に強い個体の生存と繁殖の効率を高める。

3 順位制

❶順位制　群れを構成する個体間に優位・劣位の関係が見られる場合，その優劣の序列を順位という。**順位が成立することで，群れ内の秩序が保たれる**ことを順位制という。最高順位の個体が採餌や繁殖を優先的に行い，群れ内の無用な争いが防がれる。リーダーが統率する群れでは，最高順位の個体がリーダーとなる。

❷順位の決定　ふつう順位は，ニワトリのつつき（⊃図127）のように，直接の攻撃行動によって決まるが，からだや角など特定の部位の大きさで決まる（大きいほうが上位）動物もいる。

図127　ニワトリのつつきの順位の例―13羽の雌のニワトリの個体間に見られるつつきの順位

視点　A～Mの13羽のうち，他の12羽全部をつつくAが最上位で，他の12羽すべてにつつかれるMが最下位である。上位のものは下位のものをつつくばかりでつつき返されることはないが，H・I・Jの3羽は，互いにつつき合う"三すくみ"の関係にある。

個体	つつく数	つつく相手						
A	12羽	ML	KJ	IH	GF	ED	CB	
B	11羽	ML	KJ	IH	GF	ED	C	
C	10羽	ML	KJ	IH	GF	ED		
D	9羽	ML	KJ	IH	GF	E		
E	8羽	ML	KJ	IH	GF			
F	7羽	ML	KJ	IH	G			
G	6羽	ML	KJ	IH				
H	4羽	ML	KJ					
I	4羽	ML	K	H				
J	4羽	ML	K	I				
K	2羽	ML						
L	1羽	M						
M	0羽	なし						

（上位）← つつきの順位 →（下位）

❸**順位を示す姿勢**　無用の争いによって優位の個体も劣位の個体も傷つかないように，また，時間の損失を防ぐため，個体間の特定の姿勢によって順位を個体間で確認する種もある。

例　サルの背乗り（マウンティング），イヌの服従のポーズなど。

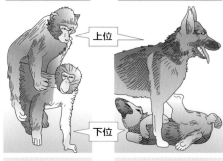

| マウンティング | 服従のポーズ |

上位

下位

上位の雄が下位の雄の背に乗る。　下位の個体が**あお向けになり，腹を見せる。**

図128 順位を示す姿勢

POINT!

順位制は，順位をつくることで集団内の無益な争いを避け，集団の防衛や摂食時間確保に役立つ。

❹**つがい（一夫一妻制と一夫多妻制）**　鳥などのつがいの様式は，子育てにかかる労力に関係する。母親だけで子の世話を十分行うことが難しい場合は，雄も子育てに参加する一夫一妻制が子孫を残しやすい。子が早く自立できるような場合や，母親だけで容易に育てられる場合は，一夫多妻制となることが多い。

ゾウアザラシなどでは優位な1頭の雄が複数のメスを独占する一夫多妻制が見られ，この群れは**ハレム**とよばれる。

図129 ゾウアザラシ

❺**共同繁殖とヘルパー**　親以外の成体が協力して子を世話する繁殖様式を共同繁殖といい，他個体の子の世話をする個体をヘルパーとよぶ。鳥類のエナガは，つがいの形成や繁殖に失敗した個体が，血縁者（兄弟姉妹など）の子や自分の妹，弟に食物を与えて子育てに協力する。

図130 エナガ

4 社会性昆虫

❶**社会性昆虫とは**　ミツバチ，アリ，シロアリなど，**高度に分化し，組織化された集団（コロニー）をつくって生活している昆虫**を社会性昆虫という。これらの社会性昆虫は大きな集団で生活し，高度に分業した集団行動を行う。また，構成員はほとんど遺伝的につながった血縁関係にある。

❷**分業体制（カースト制）**　それぞれの個体には女王，ワーカー，兵隊などの役割があり，その役割に応じて形態までも特殊化しているので，社会性昆虫は1個体では生きていくことができない。

❸**ミツバチの社会**　ミツバチの１つのコロニーは，１匹の**女王バチ**と数十匹の**雄バチ**と数万匹の**ワーカー**(働きバチ)から構成されている。女王バチとワーカーは，どちらも雌で，核相(⇨p.59)は$2n$(2ゲノム)である。ワーカーは，女王バチの娘か姉妹である。雄バチは単為生殖で発生し，核相はn(1ゲノム)である。

❹**生殖の分業**　ワーカーは生殖腺が発達せず，蜜や花粉集め，巣の管理，防衛，育児など，生きていくうえで必要なすべての仕事を行う。女王バチは巨大化し，産卵に専念する。女王バチは一生に１度の婚姻飛行で交尾を行い，巣で卵を産み続ける。雄バチは，新しく誕生した女王バチと交尾するためだけに存在する。

❺**適応度とワーカーの利点**　ある個体が産んだ子のうち生殖可能な年齢まで達した子の数を適応度という。動物の親は子を保護することで適応度を上げているといえるが，自分の子を残すことができないワーカーは適応度が０ということになる。

① **血縁度**　血縁者の間で遺伝子を共有する確率を**血縁度**という。有性生殖をする２倍体の生物(哺乳類や鳥類など)では，親と子の血縁度および同じ両親から生まれた兄弟姉妹の血縁度はいずれも$\dfrac{1}{2}$である。

② **包括適応度と子育ての様式**　自分の子だけでなく，血縁関係のある他個体が産んだ子に自分と同じ遺伝子が受け継がれる場合も含めて考えた適応度を**包括適応度**という。この考えでは，ヘルパーやワーカーは血縁者の子を育てることで自分の遺伝子を子孫に残すことができ，雄の核相がnであるミツバチのワーカーは自分の子$\left(\text{血縁度}\dfrac{1}{2}\right)$を産み育てるよりも包括適応度が高くなる$\left(\text{血縁度}\dfrac{3}{4}\ ⇨\text{図}132\right)$。

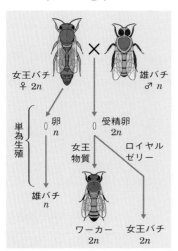

図131 ミツバチの社会階層と生活史

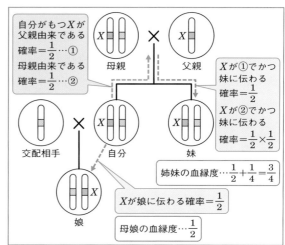

図132 ミツバチの親子関係と血縁度

★1 幼虫期に育児担当のワーカーが分泌する**ロイヤルゼリー**で育てられた個体は女王バチになり，花粉と蜜だけ与えられるとワーカーになる。また，女王バチが分泌する**女王物質**はワーカーの卵巣の発達を抑制する。
★2 受精せずに，卵が単独で発生・発育することを**単為発生**，単為発生で子をつくることを**単為生殖**という。

2 │ 個体群間の相互作用

1 異種個体群間の相互作用

❶**異種個体群間の相互作用**　生物群集(⇨p.214)はいろいろな種類の個体群が混ざり合ってできている。そして，それらの異種の個体群間には相互作用(⇨p.151)が働いており，互いに影響を及ぼしながら生活している。

❷**相互作用の種類**　相互作用のおもなものには，**競争**と，**捕食・被食**の2つがある。このほかに，**寄生**と**共生**などもある。

2 種間競争

❶**競争とは何か**　生息場所，光，水，食物などをめぐってくり広げられる生存競争を競争という。競争には，異種個体群間で起こる**種間競争**と，1つの個体群内で起こる**種内競争**とがあるが，ここでは種間競争について説明する。

　種間競争は，食物や生息環境が同じような種の間で起こる。つまり，生態的地位(⇨p.227)がよく似た個体群どうしの間で起こりやすい。

❷**混合飼育における競争**　同じえさを食べる2種類の動物を混合して飼育すると競争が起こり，**競争に負けた種は死滅し，片方の種だけが生き残ること**が多い(⇨図133B)。これを**競争的排除**といい，どちらの種が競争に勝つかは，環境条件が大きく影響する(⇨図134)。

　また，2種類の植物の間でも光などをめぐり同様の競争が見られることもある(⇨図135[1])。

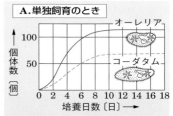

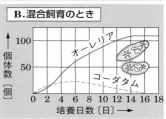

図133 2種類のゾウリムシ個体群間の競争の例(図Bの場合)

視点 Aは2種類のゾウリムシ(オーレリアとコーダタム)を別々に飼育したものである。混合飼育したBでは，競争に負けたコーダタム種は死滅した。

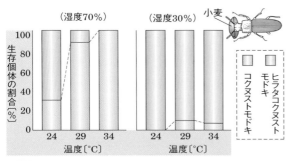

図134 2種類のコクヌストモドキ属の競争(混合飼育下)

視点 高温多湿ならコクヌストモドキが，低温乾燥ならばヒラタコクヌストモドキが優位となる。

★1 植物の地上部をいくつかの層に分け，各層の同化器官と非同化器官の量をまとめ，図で表したものを生産構造図という(⇨p.236)。

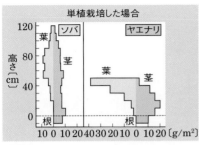

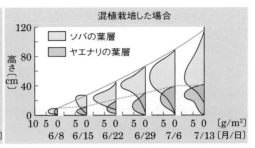

図135 ソバとヤエナリを単独栽培した場合の生産構造図(左)と混植栽培した場合の葉層の量の変化(右)

視点 ソバとヤエナリをそれぞれ単独で植え同じ密度で栽培すると，収量はほぼ等しい。しかし両者を混植すると成長の早いソバに上層で光をさえぎられ，ヤエナリは成長が抑えられる。

❸ **生態的地位(ニッチ)**　食物や生活空間などの利用する資源やその利用のしかたといった，生態系の中でそれぞれの種が占める役割や位置づけを生態的地位(ニッチ)という。食物となる生物の大きさ，利用する空間などの資源とその利用頻度の関係を表したグラフを**資源利用曲線**という。2種間でこのグラフを比べて重なる面積が大きいと，種間競争が激しくなり競争的排除が起こりやすくなる。

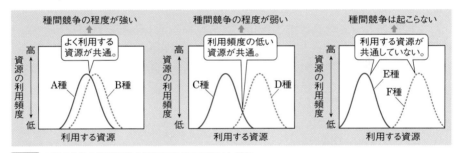

図136 2種の生物の資源利用曲線の重なり方の違いと競争

❹ **資源の分割と共存**　種間競争が起こっても，両種間で生態的地位の違いが生じることで共存する例も知られている。

① **イワナとヤマメのすみわけ**　イワナとヤマメはイワナのほうが上流の冷たい水域に生息し，ヤマメはそれより少し水温の高い水域に生息するが，両種の生息に適した環境は大きく重複する。しかし両種が同じ川に生息する場合，13〜15℃を境に上流にイワナが，下流にヤマメが生息し，両種が互いに生活空間の一部を譲り合って共存しているようになっている。このような関係をすみわけという。

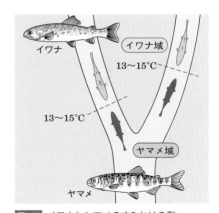

図137 イワナとヤマメのすみわけの例

②ヒメウとカワウの食物の分割 ヒメウとカワウは，図138に示されたすべての動物を食べることができる。しかし，ヒメウとカワウの両種が生息する場所では，ヒメウがおもにイカナゴやニシン類を，カワウがおもにエビなどを食べることで食物資源を分割して種間競争を避け，共存している。

カワウ	食物	ヒメウ
33	イカナゴ	0
48	ニシン類	1
1	ヒラメ	26
2	シバエビ，クルマエビ	33
7	ベラ	5
4	ハゼ	17
4	その他	17

40 30 20 10　食物の割合　10 20 30 40〔%〕

図138 ヒメウとカワウの共存地域での食物

視点 2種が共存する地域では，食物に関して生態的地位（ニッチ）に違いが生じている。

図139 ヒメウ（左）とカワウ（右）

POINT!

種間競争…異種個体群どうしが，食物や生活空間などをめぐって奪い合いをすること。どの種が勝つかは環境条件によって異なる。

3 捕食・被食

❶捕食者と被食者 食物を捕えて食べることを捕食といい，食べられることを被食という。異種個体群間に捕食・被食の関係があるとき，食う側の動物を**捕食者**といい，食物となり捕食される動物を**被食者**というが，動物が植物を食べる場合も捕食者と被食者の関係に含まれる。ふつう，**個体群密度は被食者のほうが高い**（⇨p.178 個体数ピラミッド）。

❷捕食者と被食者の増減について

被食者と捕食者は，個体群密度の調節の点で，次のように深く結びついている。

①両者の生息する環境が単純な場合

被食者が捕食者に次々と食べられてしまい死滅する。すると，食物のなくなった捕食者もしばらくすると死滅する（⇨図140）。

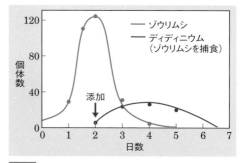

図140 単純な環境での被食者と捕食者の増減

②両者の生息する環境が多様性をもつ場合

　　被食者を食いつくすほど捕食者が増加しなければ，被食者の減少による食物不足で捕食者が減少すると再び被食者が増加し，〔捕食者の増加→被食者の減少→捕食者の減少→被食者の増加→捕食者の増加→…〕という周期的変動をくり返す。

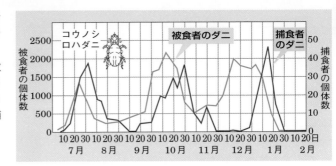

図141 コウノシロハダニとその捕食者のダニ(カブリダニ)の個体数の変動のようす

視点　グラフの縦軸の個体数の目盛りは被食者(左の縦軸)と捕食者(右の縦軸)で異なっていて，被食者の個体数は捕食者の約50倍である。

❸**自然界でのバランス**　自然界では，次のような理由で被食者と捕食者のバランスがとれているのがふつうで，どちらか片方が死滅することはない(⟳ p.180)。

①捕食者は1種類だけの被食者を捉えているわけではない。

②被食者には，捕食者が捉えることができないかくれ場があるのが一般的である。

③捕食者が増えれば，その捕食者を捉える捕食者(天敵)も増加する。

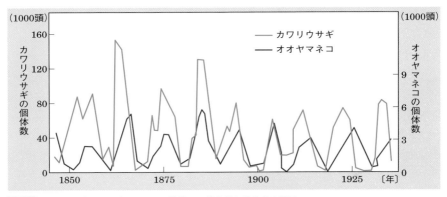

図142　自然界でバランスがとれている状態での被食者と捕食者の増減

　自然界では，複雑な食物網や多様な生活環境が存在するため捕食者と被食者のバランスが保たれ，互いに増減をくり返し，片方が死滅することはない。

第**3**編　生物の多様性と生態系

4 共生と寄生

❶**共生** 異種の生物どうしが密接な関係を保ちながら生活する状態を共生という。共生には次の2つがある。

①**片利共生** 片方だけに利益となる共生。
  例 カクレウオがナマコの体内に隠れて捕食者から身を守る（⇨図144）。

②**相利共生** 両方が利益を分かち合う共生。
  例 アリとアリマキ，マメ科植物と根粒菌（⇨p.235）

図143 キタマクラとホンソメワケベラの相利共生
視点 ホンソメワケベラは他の魚の体表やえらについた寄生虫を食べ，双方に利益がある。

❷**寄生** 共生するうちの一方が不利益を受けるものを寄生という。寄生する側の生物を**寄生者**，寄生される側の生物を**宿主**という。寄生では，寄生者は利益を受けるが，宿主は害を受ける。寄生には，宿主の体表に寄生する**外部寄生**（例 カ，ノミ，ダニ）と，宿主の体内に寄生する**内部寄生**（例 カイチュウ，サナダムシ，マラリア原虫）とがある。

図144 ナマコの腸に隠れるカクレウオの仲間 画像提供：国営沖縄記念公園（海洋博公園）・沖縄美ら海水族館

　また，ホトトギスがウグイスの巣に卵を産み落とし，子をウグイスに育てさせる（托卵）ように，宿主の行動を利用する寄生もある。これを**社会寄生**という。

5 生態的同位種

❶**生態的同位種** 系統的に離れている生物どうしが同じような生態的地位（ニッチ⇨p.227）を占めるとき，これらを生態的同位種という。例えばアフリカの草原では大形動物のハンターはライオンであるが，南北アメリカ大陸の同様な環境ではピューマが最上位の捕食者である。また，オーストラリアにはシロアリの捕食者としてフクロアリクイがいるが，南アメリカ大陸の同様な環境ではオオアリクイがいる。ライオンとピューマ，フクロアリクイとオオアリクイは，それぞれ生物群集の中では同じような資源を利用し，同じ役目を果たしている生態的同位種である。

❷**生態的地位と生物の特徴** 生態的同位種の生物どうしは，分類上の種類や生息場所が違っていても生態的地位に応じて似た形態などの特徴をもつことがある。

①**適応放散** 地球上に見られるさまざまな種類の生物たちは，共通の祖先から分かれ，さまざまな環境に適応して進化してきた（⇨p.17）。**生物がさまざまな生**

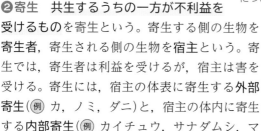

態的地位を獲得し，その生態的地位に合うさまざまな形態や機能をもつ多くの種に分かれていく現象を適応放散という。

② **収れん**　オーストラリア大陸ではフクロアリクイなどの有袋類が，他の地域ではオオアリクイなどの真獣類（胎盤をもつ哺乳類）がそれぞれの祖先から進化し適応放散が起こった。その結果，有袋類と真獣類は系統的に大きく離れているにもかかわらず，生態的同位種どうしを比べるとよく似た特徴をもつものが多く見られる。このように**系統的に異なる種どうしがよく似た形質をもつようになることを収れん**という。

図145 適応放散と収れんによる生態的同位種の例

このSECTIONの まとめ　個体群内の相互作用

□ **個体間の相互作用**　p.221	• **種内競争**…同種個体間で食物やすむ場所，繁殖相手などを取り合う。 • **群れ**…個体どうしの集団。群れをつくることで，敵に対する警戒や食物の発見，繁殖行動が行いやすい。 • **縄張り**…えさ場・繁殖の場の確保。例 アユ，イトヨ • **順位制**…序列を明確にして争いを回避。例 ニワトリ • **社会性昆虫**…高度に組織化された集団生活をする昆虫。例 ミツバチ・アリ・シロアリ
□ **個体群間の相互作用**　p.226	• **種間競争**…異種個体群の個体が，食物や光や水やすむ場所を取り合う。単純な環境では負けたものが死滅することが多い。 • **生態的地位**…ある生物種が生態系の中で占める役割や位置づけ。 • **捕食・被食の関係**…食べる・食べられるの関係。被食者の増減によって捕食者も増減する。被食者が死滅すれば捕食者も死滅する。 • **生態的同位種**…種類や生息場所が違っていても生態的地位が似ている種。

物質生産と物質収支

1 | 物質循環とエネルギーの流れ

1 炭素の循環 ⚠重要

❶**炭素の割合**　炭素は，炭水化物やタンパク質などの有機化合物の骨格をつくる元素であり，生物体の乾燥重量の40〜50％を占めている。陸上生態系の現存量として約2.3兆トン存在し，大気中にCO_2として約7600億トン[1]，海洋中に約38兆トン，化石燃料として約3.5兆トン存在すると推定されている（IPCC，2007年）。

❷**炭素の循環**

① **生産者と炭素の循環**　光合成や化学合成などの炭酸同化により，大気中の二酸化炭素CO_2は生物に取り込まれ有機物に合成される。合成された有機物の一部は呼吸で再びCO_2として大気中に戻る。

② **消費者・分解者と炭素の循環**　消費者は，捕食によって得た有機物の一部を呼吸でCO_2に戻す。また，一部は，さらに高次の消費者に捕食される。そして，不消化排出物・老廃物・遺骸などは，分解者にゆだねられ，その大部分は分解者の呼吸によって分解されて，CO_2として大気中に放出される。しかし，分解

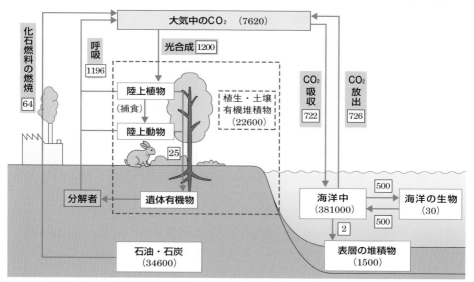

図146 生態系での炭素の循環（IPCC，2007をもとに作成）
（　）内の数値は現存量〔億トン〕，□は循環速度〔億トン／年〕

★1 CO_2は，大気の体積の0.041％（410 ppm⇨p.192）を占める。

者が分解できなかった有機物は，腐植土として土壌に蓄積される。また，過去の生物の遺骸が堆積して炭化したり，海洋の堆積物などから長い時間をかけて石油，石炭などの**化石燃料**や石灰岩が生じる。

③**呼吸と光合成**　光合成で合成される有機物中の炭素量は，陸上で約1200億トン／年である。一方，生産者，消費者，分解者を全部合わせた生物の呼吸により放出されるCO_2中の炭素の量も約1200億トン／年であり，光合成によって取り込まれた炭素量と呼吸により放出された炭素量はほぼ同じである（IPCC，2007年）。

POINT!

炭素は，光合成によって大気から生物界に取り込まれ，呼吸によって生物界から大気へ戻されることで循環する。

② 生態系内のエネルギーの流れ ①重要

❶**エネルギーの取り込み**　生態系を流れるおもなエネルギーのはじまりは，**生産者である緑色植物が光合成で取り込んだ太陽の光エネルギー**である。光エネルギーは，光合成によって有機物の化学エネルギーに転換され，生態系内を流れていく。

❷**生態系内のエネルギーの流れ**　有機物の中に取り込まれた化学エネルギーは，物質の移動とともに消費者や分解者へと移動する。そして，いろいろな生活に使われて，最後に**熱エネルギーとして生態系から放出される。エネルギーは，生態系を流れはするが，炭素や窒素のように循環はしない。**

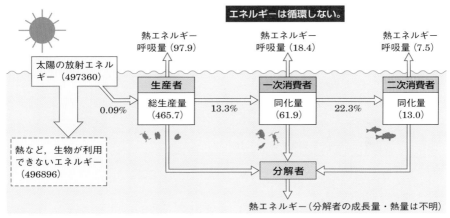

図147 ある湖沼生態系におけるエネルギーの流れと，各栄養段階のエネルギー保存量

（アメリカ・ミネソタ州のセーダーボッグ湖の例；単位はJ/cm²・年——リンドマンによる）

POINT!

エネルギーは生態系の中を流れるだけで，循環しない。

3 生態系のエネルギー効率（エネルギー変換効率）

　ある栄養段階の生物群集が，その前の栄養段階の生物群集の総生産量（同化量
☞p.238）を何パーセント変換したかを示す割合をエネルギー効率という。

$$\text{エネルギー効率〔\%〕} = \frac{\text{ある栄養段階の総生産量（同化量）〔J〕}}{\text{前の栄養段階の総生産量（同化量）〔J〕}} \times 100$$

　図147の一次消費者のエネルギー効率は，$(61.9 \div 465.7) \times 100 = 13.3$〔%〕となる。
エネルギー効率は，一般に，栄養段階が高くなるほど大きくなる。

補足 生産者のエネルギー効率を特に生産効率といい，上の式の分母に太陽の入射光のエネルギーを
代入して求める。

4 窒素の循環 ！重要

❶窒素と生態系　窒素Nはタンパク質や核酸，ATP，クロロフィルなどに含まれ生
命活動に不可欠な元素である。窒素は非生物的環境中にはN_2として大気の約79 %
存在し，土中や水中にはアンモニウム塩（NH_4^+）や硝酸塩（NO_3^-）として存在する。
❷窒素の循環
①生産者の窒素同化　植物は，土中や水中の無機窒素化合物であるNH_4^+やNO_3^-
を吸収して種々のアミノ酸を合成する。この働きを窒素同化といい，合成され
たアミノ酸はタンパク質や核酸などをつくるのに使われる。

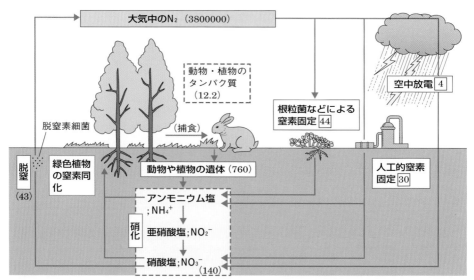

図148 陸上での窒素の循環――（　　　）の数値は現存量〔億トン〕　□内の数値は年間の移動量〔億トン／年〕

補足 空中放電（雷）や排出ガスによって大気中に生じた窒素酸化物が，雨滴に溶け込んで酸性雨にな
り地表にもたらされる。また，人工的にも固定され，化学肥料として生物界に取り入れられる。

②**消費者による代謝**　消費者は，無機窒素化合物からアミノ酸を合成することができないので，捕食で得たタンパク質をアミノ酸に分解し，自己のタンパク質に再合成する(二次同化)。その一部は捕食され，さらに高次の消費者にわたる。

③**分解者による分解**　生産者と消費者の遺体・不消化排出物・老廃物・落葉・落枝などに含まれる有機窒素化合物は，分解者によってNH_4^+に分解される。さらに，土中や水中で**亜硝酸菌**と**硝酸菌**(合わせて**硝化菌**という)によってNO_2^-やNO_3^-に変わる(この働きを**硝化**という)。

❸**窒素固定**　大気中のN_2を取り込んでNH_4^+をつくる働きを**窒素固定**という。窒素固定を行うのは根粒菌(⤴**図149**)やアゾトバクター，クロストリジウム，シアノバクテリアなどの窒素固定細菌で，植物には窒素固定の能力はない。

図149　ダイズの根粒と根粒菌(円内)

[視点]　根粒菌はマメ科植物の根の細胞内で共生する。根粒細胞となった植物の細胞は根粒菌に栄養分となる有機物を供給し，かわりにNH_4^+を得る。

[補足]　アゾトバクターは土壌中や水中に広く生息し，クロストリジウムは酸素の少ない土壌中に生息する細菌。窒素固定を行うシアノバクテリアにはアナベナやネンジュモなどがあり，藻類や菌類と共生するものもある。

❹**窒素同化**　硝酸イオン(NO_3^-)やアンモニウムイオン(NH_4^+)などの無機窒素化合物からアミノ酸をつくり，アミノ酸からさまざまなタンパク質や核酸，クロロフィル，ATPなどの有機窒素化合物をつくる働きを**窒素同化**という。

窒素同化は，植物や菌類，藻類，細菌で盛んに行われ，マメ科植物は根粒菌がつくったNH_4^+を受け取り，有機酸からアミノ酸を合成する。

[補足]　動物は無機窒素化合物から有機窒素化合物を同化することはできず，他の生物から取り込んで利用する。

❺**大気中へのN_2の放出**　NO_3^-の一部は，土壌中などにいる脱窒素細菌の働きでN_2になり，大気中に放出される。この働きを**脱窒**という。

❻**陸と海の間の窒素の循環**　陸上のNH_4^+やNO_3^-は水に溶けやすく河川から海に流出する。これらは生産者の植物プランクトンによって窒素同化され，有機窒素化合物になる。この一部が食物連鎖を経て，サケなど河川を遡上する魚や，魚などを捕食した鳥，人間の漁業によって陸に戻される。

POINT!　**窒素の循環**…生産者の窒素同化によって生物界に取り込まれ，分解者が行う分解によって非生物的環境へ戻される。

★1 消費者の捕食には一次消費者が植物を摂食する場合も含まれる。
★2 有機酸は酢酸，乳酸，クエン酸などの酸性の有機物。

生産構造

●**生産構造図**　植物の物質生産(光合成)は，主として葉(同化器官)で行われる。したがって，葉のつき方が光合成と深く関係している。一方，葉を支持する非同化器官の茎では，呼吸によって光合成産物が消費されており，茎も物質生産と関係がある。そこで，植物群集の地上部をいくつかの層に分け，各層ごとの同化器官と非同化器官がどのような比率で存在するかを調べることで，植物群集の立体構造における光量と葉の量や非同化器官の関係を知ることができる。これを図に表したものを生産構造図という(⇨図151)。

●**層別刈取法**　調べる群集を上から一定の厚さの層別に切り取り，葉と葉以外に分けて質量を測定し，生産構造を調べる方法を層別刈取法という(⇨p.237)。

●**生産構造の型**　草原群集では，2つの型に大別できる。

①**広葉型**　広い葉が群集の上のほうにかたまってほぼ水平に広がるため，光は群集の上部で急速に弱まる。しかも，茎など非同化器官も多く，呼吸のために多くの有機物を必要とする。しかし，高い所に葉があるので，他の植物との競争には強い。アカザやダイズなど，葉の広い草本に多い。

②**イネ科型**　細長い葉がななめに付いているので，光は群集の内部まで届き，光合成を行う層が厚い。また，葉は茎の基部近くにつくので非同化器官の割合が低く，物質生産の効率が高い。ススキやチカラシバなどイネ科の草本に多い。

図150　アカザ(左)とチカラシバ(右)

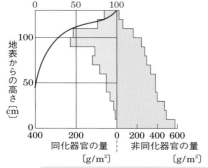

広葉型（アカザ）

赤は植物群集内の相対照度(植物群集外100)

地表からの高さ[cm]／同化器官の量[g/m²]／非同化器官の量[g/m²]

水平で広い葉が上部に集まる。光が下部まで届きにくい。茎は強くて丈夫。

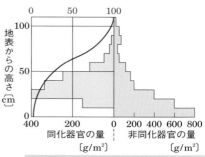

イネ科型（チカラシバ）

赤は植物群集内の相対照度
(植物群集外100)

地表からの高さ[cm]／同化器官の量[g/m²]／非同化器官の量[g/m²]

細長い葉がななめに付いている。光は下部まで届く。茎の量は少ない。

図151　植物群集の生産構造図の例

🔬重要実験 層別刈取法（かりとり）

操作

❶ 群集内に1辺が例えば50 cmの正方形を定め，その各頂点に園芸用支柱を立てる。

❷ 地面より10 cm間隔で，たこ糸を支柱に結び，層を区切る。

❸ 照度計を用いて，各層の上部の照度を測定する。

注意 照度は各層ごと3回測定し，平均を求める。測定者の影にならないように注意し，北側から測定する。

❹ 最上部の照度を100とし，各層の相対照度を求める。

❺ 群集の上部から10 cmごとに，同化器官(葉)と非同化器官(茎・葉柄(ようへい)・花・種子など)を切り取り，別々のポリエチレン袋に入れる。

❻ 地表まで刈り取ったら，層ごとの同化器官と非同化器官の生重量をそれぞれ量る。なお，この群集の優占種とそれ以外を分けて測定する。

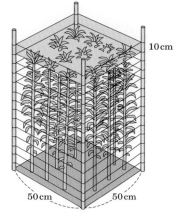

図152 層別刈取法

注意 本来は乾燥重量を測定するが，生重量でも比較するうえで大きなずれはないので，ここでは生重量で測定する。

結果

測定した照度と各層ごとの同化器官と非同化器官の生重量をもとに，次のような表にまとめる。

(例　優占種；セイタカアワダチソウ　最高草丈；158 cm)

	草丈〔cm〕	160〜	150〜	140〜		50〜	40〜	30〜	20〜	10〜0
優占種	同化器官〔g〕	3	35	85		12	0	0	0	0
優占種	非同化器官〔g〕	2	10	20		395	450	505	555	620
非優占種	同化器官〔g〕	0	0	2		0	0	0	0	0
非優占種	非同化器官〔g〕	0	0	2		15	15	15	15	15
	相対照度〔%〕	100	97	71		10	8	7	5	3

考察

上の表からどのようなことが言えるか。

➡ 同化器官(葉)は群集の上部に集中しており，逆に，非同化器官は群集の基部に多い。このことから，この群集は広葉型の群集であると言える。また，光が相対照度約10％以下では葉をつけないことがわかる。

第3編　生物の多様性と生態系

2 ｜ 生態系の物質収支

1 生産者の物質生産 ①重要

❶**生産者の総生産量**　生産者（おもに植物）が，光合成で生産する有機物の総量を生産者の総生産量という。ふつう，1年間の単位面積あたりに生産された有機物の乾燥重量 $[g/(m^2 \cdot 年)]$ で表す。換算熱量 $[J/(m^2 \cdot 年)]$ で表す場合もある。

補足　土地面積1 m^2 あたりの「（真の）光合成量」1年間分と考えるとわかりやすい。

❷**生産者の純生産量**　生産者の総生産量から，生産者自身が呼吸によって消費した有機物量を差し引いた量を純生産量という。

　植物が成長すると，葉の量が増えて総生産量は増加するが，葉・枝・幹の

図153　生産者の物質収支

増加に伴って呼吸量も増えるので，純生産量は大きくは増加しない。

補足　純生産量とは，土地面積1 m^2 あたりの「見かけの光合成量」1年間分と考えるとわかりやすい。

❸**生態系としての物質生産**　生態系で，直接物質生産を行うのは生産者だけである。したがって，**生態系の総生産量は生産者の総生産量に等しく，生態系の純生産量は総生産量から総呼吸量**（生産者・消費者・分解者のすべての生物の呼吸量の総計）を**引いた値になる。**

❹**生産者の成長量**　純生産量には，落葉・枯死など生産者段階での損失量（枯死量）だけでなく，植物食性動物による被食量も含まれている。そのため，生産者の成長量は，純生産量からそれらの量を引いた値となる。

POINT!

［生産者の物質収支］
　純生産量＝総生産量－呼吸量
　成長量＝純生産量－（被食量＋枯死量）

❺**現存量**　ある時点で，ある地域の生物群集がもっている有機物の全量を現存量という。現存量は，単位面積あたりに生存する生物の乾燥重量 $[g/m^2]$，あるいは換算熱量 $[J/m^2]$ で表す。

図154　次年度の現存量

❻**現存量の増加**　成長量は現存量の増加を表す。つまり，**現存量の増加＝成長量**である。安定した極相林では，成長量がほぼ0で現存量の増加は見られない。そのため，純生産量 ≒ 枯死量 ＋ 被食量　となる。

2 生態系の生産量

❶バイオームの種類と生産量　バイオームの種類によって純生産量は異なり，一般に森林や草原で大きく，砂漠やツンドラなどの荒原で小さい。

　草原の現存量あたりの純生産量は森林全体のそれの 4 倍以上である。これは草本が非同化組織の割合が小さく呼吸量が少ないためである。このため現存量は少なくても高い生産性をもっている。水界は植物プランクトンが生産者となるが，非同化組織がなく，現存量あたりの純生産量はきわめて大きい。

表15 世界の主要生態系の生産量（ウィッタッカー，1975年より）

生態系	面積〔100万km²〕	純生産量（年間）		現存量（乾燥重量）		純生産量／現存量
		世界全体〔×10億トン／年〕	単位面積あたりの平均値〔kg/(m²·年)〕	世界全体〔×10億トン〕	単位面積あたりの平均値〔kg/m²〕	
熱帯多雨林	17.0	37.4	2.2	765	45	0.049
雨緑樹林	7.5	12.0	1.6	260	34.7	0.046
照葉樹林	5.0	6.5	1.3	175	35	0.037
夏緑樹林	7.0	8.4	1.2	210	30	0.040
針葉樹林	12.0	9.6	0.8	240	20	0.040
森林全体	48.5	73.9	1.5	1450	29.9	0.050
草原・低木林	32.5	24.9	0.8	124	3.8	0.211
荒原	50.0	2.5	0.05	18.5	0.4	0.125
農耕地	14.0	9.1	0.65	14	1	0.650
河川・湖沼	2.0	0.5	0.25	0.05	0.02	12.5
沼沢・湿地	2.0	4.0	2.0	30	15	0.133
陸地全体	149	11.5	0.77	1837	12.3	0.063
海洋	361.0	55	0.15	3.9	0.01	15.0
地球全体	510	170	0.33	1841	3.6	0.092

補足 品種改良や施肥の結果，農耕地の物質生産量は草原に比べて，かなり高い。例えば，1 ha（ヘクタール）あたりの純生産量を見てみると，草原の平均が7.3トン／年であるのに対して，日本のイネでは12〜18トン／年，ハワイのサトウキビでは34トン／年である。

3 消費者の物質生産 ①重要

❶消費者の同化量　消費者である動物は，植物または他の動物を摂食して，自分のからだに必要な有機物を再合成している（**二次同化**）。しかし，摂食した食物をすべて同化しているわけではなく，一部は不消化のまま糞（ふん）として体外へ排出する。そのため，**摂食量から不消化排出量を差し引いた量**が消費者の同化量となる。消費者の同化量は生産者の場合の総生産量に相当する。

★1 一次消費者の摂食量と生産者の被食量は同じである。

第3編 生物の多様性と生態系

❷消費者の成長量　消費者も，同化した有機物を呼吸によって消費する。同化量から一定期間内の呼吸量を差し引いた量を**消費者の生産量**とよぶことがあり，生産者の場合の純生産量に相当する。

さらに消費者の一部の個体は，より高次の消費者に捕食されたり，病死や事故死したりする。そのため，同化量から呼吸量，被食量と死滅量を差し引いた量が消費者の成長量となる。

補足　消費者の生産量は，同化量から呼吸量を除き，さらに老廃物排出量を除いて求める場合もある。その場合，成長量は生産量－(被食量＋死亡量)となる。

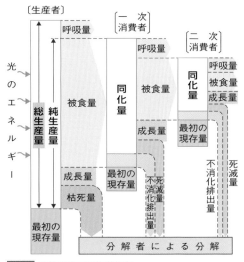

図155　生態系内での物質収支

[消費者の物質収支]

①同化量＝摂食量－不消化排出量

②生産量＝同化量－呼吸量

③成長量＝同化量－(呼吸量＋被食量＋死滅量)

このSECTIONのまとめ　物質生産と物質収支

□ 物質循環とエネルギーの流れ ⇨ p.232	・**炭素**や**窒素**などの物質は，生態系を**循環している**。 生産者 → 消費者 → 分解者 → 無機物 ・太陽の光エネルギーが**生産者**によって物質中に取り込まれ，食物連鎖にのって移動。熱エネルギーとして放出され，**循環はしない**。
□ 生態系の物質収支 ⇨ p.238	・生産者の物質収支 { 純生産量＝総生産量－呼吸量 成長量＝純生産量－(被食量＋枯死量) } ・消費者の物質収支 { 同化量＝摂食量－不消化排出量 生産量＝同化量－呼吸量 成長量＝同化量－(呼吸量＋被食量＋死滅量) }

重要用語

SECTION 1 生物群集と個体群

□ **個体群** こたいぐん ☞p.214
一定空間内の同種個体の集まり。個体どうしに相互作用が見られる。

□ **生物群集** せいぶつぐんしゅう ☞p.214
相互作用をもちながら、ある場所に生活している異なる種の個体群の集まり。

□ **個体群密度** こたいぐんみつど ☞p.215
一定の面積や体積(空間)の中にすむ同種生物の個体数。

□ **区画法** くかくほう ☞p.215
ある地域に一定面積の区画をつくり、その中の個体数を数えることで、個体群の大きさを推定する方法。

□ **標識再捕法** ひょうしきさいほほう ☞p.215
捕獲した個体に標識をつけて放し、再び捕獲した個体中の標識個体数の割合をもとに、全個体数を推定する方法。

□ **密度効果** みつどこうか ☞p.216
個体群密度の違いが出生数、死亡率、成長速度、形態、行動などに影響を及ぼす現象。

□ **環境収容力** かんきょうしゅうようりょく ☞p.216
密度効果により個体群の成長が抑えられ、成長曲線が安定するときの個体群密度の上限となる値。

□ **アリー効果** ―こうか ☞p.217
あるレベルの密度までは、個体群密度が高いほど個体群の成長が促進されること。

□ **相変異** そうへんい ☞p.217
個体群密度の変化に伴い、個体の形態や行動などが大きく変化すること。個体群密度が低いときの形質を孤独相、個体群密度が高いときに出現する型を群生相とよぶ。

□ **生命表** せいめいひょう ☞p.218
ある個体群で各生育段階または年齢まで生き残っていた個体数を表にしたもの。

□ **生存曲線** せいぞんきょくせん ☞p.219
横軸に発育段階や時間、縦軸に出生後その時点までに生き残っている個体の数(割合)をとって個体数の減少の傾向を表したグラフ。縦軸が対数目盛で示される。

□ **年齢ピラミッド** ねんれい― ☞p.220
各年齢ごとの個体数をもとに、個体群の年齢構成をグラフで表したもの。

SECTION 2 個体群内の相互作用

□ **競争** きょうそう ☞p.221, 226
同種または異種の個体が、同一の資源(食物や生息場所など)をめぐって争うこと。

□ **種内競争** しゅないきょうそう ☞p.221
同じ種の個体間での資源をめぐる競争。

□ **群れ** むれ ☞p.221
個体が集まって、行動や採食をともにする集団。

□ **リーダー** ☞p.221
群れの中で、その群れの動きを導いたり個体間の争いを統制したりする役割をもつ個体。

□ **縄張り(テリトリー)** なわばり ☞p.222
1個体や1家族または1つの群れが空間を占有し、他の個体などから防衛された空間。

□ **順位制** じゅんいせい ☞p.223
動物個体間の優劣の関係に基づく社会生活の制度。不要な闘争を防ぐ効果をもつ。

□ **共同繁殖** きょうどうはんしょく ☞p.224
親以外の個体が子育てに関与する繁殖様式のこと。自分の子ではない個体の子育てに参加する個体をヘルパーという。

□ **社会性昆虫** しゃかいせいこんちゅう ☞p.224
同種のさまざまな役割をもつ個体が分業し集団として子孫を残すしくみをもつ昆虫。

□ **種間競争** しゅかんきょうそう ☞p.226
異なる種の間での資源をめぐる競争。

□ **競争的排除** きょうそうてきはいじょ ☞p.226
競争関係にある種の一方が競争に負け、駆逐されること。

□ **生態的地位（ニッチ）** せいたいてきちい ☞p.227
ある種が生態系の中で生活空間や食物といった資源の利用などで占める役割や位置づけ。

□ **すみわけ** ☞p.227
似たような生態的地位を占める複数の生物種が生息場所を空間的または時間的に違えることで種間競争を避け共存するしくみ。

□ **捕食者** ほしょくしゃ ☞p.228
ほかの生物を捕まえて食べる動物。

□ **共生** きょうせい ☞p.230
異種の生物どうしが密接に生活する関係。

□ **相利共生** そうりきょうせい ☞p.230
共生のうち，種間の双方が利益を受ける関係。

□ **寄生** きせい ☞p.230
共生するうちの一方が不利益を受ける関係。相手から利益を奪う側を寄生者，不利益を受ける側を宿主という。

□ **生態的同位種** せいたいてきどういしゅ ☞p.230
系統的に離れているにもかかわらず互いに同じような生態的地位を占める生物。

□ **適応放散** てきおうほうさん ☞p.231
進化の過程で同じ系統の生物が，それぞれ異なった生活環境で生きてきた結果，特有の適応した形態的，機能的分化を示すこと。

□ **収れん** しゅうれん ☞p.231
祖先の異なる生物が，よく似た環境に適応し類似化する現象。

③ SECTION 物質生産と物質収支

□ **エネルギー効率** —こうりつ ☞p.234
ある栄養段階の生物群集が，その前の栄養段階の生物群集の保有エネルギー（総生産量）を何パーセント変換したかを示す割合。

□ **窒素同化** ちっそどうか ☞p.234
生物の体内で有機窒素化合物を合成する反応。植物は硝酸塩などの無機窒素化合物から有機窒素化合物を合成する。

□ **硝化** しょうか ☞p.235
硝化菌によりアンモニウム塩を硝酸塩に酸化する反応。アンモニウム塩は亜硝酸菌により亜硝酸塩に，亜硝酸塩は硝酸菌により硝酸塩に酸化される。

□ **窒素固定** ちっそこてい ☞p.235
大気中の窒素を取り込んで NH_4^+ をつくる働き。アゾトバクター，クロストリジウム，根粒菌，一部のシアノバクテリアなどの窒素固定生物が行う。

□ **脱窒** だっちつ ☞p.235
硝酸塩が脱窒素細菌の働きで気体の窒素に変化すること。

□ **生産構造図** せいさんこうぞうず ☞p.236
植物群集内の光合成器官（葉など）と非光合成器官（茎，枝など）の高さごとの分布を定量的に表した図。

□ **現存量** げんぞんりょう ☞p.238
ある地域のある時点での単位面積当たりに存在する生物の総量。バイオマスともいう。生物体の乾燥重量で表すことが多い。

□ **総生産量** そうせいさんりょう ☞p.238
単位面積当たりの生産者によって合成された有機物の総量。

□ **呼吸量** こきゅうりょう ☞p.238
総生産量のうち，呼吸によって失われる量。

□ **純生産量** じゅんせいさんりょう ☞p.238
生産者の物質収支において，総生産量から呼吸量を差し引いた量。

□ **成長量** せいちょうりょう ☞p.238
生産者の物質収支においては，純生産量から被食量と枯死量を差し引いたもの。消費者の物質収支においては，生産量から被食量と死滅量（死亡量）を差し引いたもの。

□ **（消費者の）同化量** どうかりょう ☞p.239
消費者の物質収支において，摂食量から不消化排出量を差し引いたもの。

□ **（消費者の）生産量** せいさんりょう ☞p.240
消費者の物質収支において，同化量から呼吸量を差し引いたもの（さらに老廃物排出量を差し引く場合もある）。

さまざまな寄生と共生の形

寄生

①寄生　寄生は搾取的な種間相互作用（＋／－）で，寄生者がその宿主から利益（栄養など）を奪い，宿主が害を受ける。宿主の体内で生活する寄生者を**内部寄生者**，宿主の外部表面で摂食するものを**外部寄生者**という。

※＋；利益あり，0；利益なし，－；不利益あり

②アニサキス　アニサキスは線虫という無脊椎動物の一種であり，幼虫はサバ，アジ，サンマ，カツオ，イカなどの魚介類の内臓に寄生する。この宿主（**中間宿主**）がクジラやアザラシなどの海生哺乳類（**終宿主**）に食べられるとその消化管内で成虫となる。

ヒトを宿主とする寄生虫は原虫，回虫，条虫（サナダムシ，エキノコックスなど）など多くの種類があるが，**アニサキスはヒトの体内での生活に適応していないため，ヒトが中間宿主を生で食べると，胃壁や腸壁を刺して潜り込み激しい痛みを引き起こす**（アニサキス症）。

図156　アニサキス

③宿主を操るハリガネムシ　ハリガネムシは体長数cm，黒褐色で細長い無脊椎動物で，水中で産卵し，幼虫が中間宿主である水生昆虫（カゲロウなどの幼虫）に食べられて体内に寄生する。中間宿主が終宿主であるカマキリやカマドウマなどに食べられると，ハリガネムシはその体内で成虫となり，宿主の中枢神経に働きかける。宿主は水面の反射光に多く含まれる光（水平偏光）に誘因されるようになり，川などに落下する。★1 水に入るとハリガネムシ

は宿主のからだを出る。

④マダニ　ヒトなどの哺乳類に**外部寄生**する寄生者の代表例といえるマダニは，シカやイノシシなどの野生動物が生息する野山だけでなく，市街地の畑や草むらなどにも見られる。

マダニは，重症熱性血小板減少症候群（SFTS）という病気のウイルスを媒介し

図157　マダニ

2013年以降国内で90人以上が死亡している。

このように**動物の血を吸う動物は寄生虫などの病原体を媒介する**ことが多い。例えばカはマラリア原虫（マラリア）やバンクロフト糸状虫（フィラリア）などの寄生虫を媒介することが知られている。

共生

①共生　近くにいて生活する両種に利益がある種間相互作用（＋／＋）を**相利共生**という。一方の種には利益があり，他方の種には利益も害もない場合（＋／0）を**片利共生**という。

②アカシアの木とアリ　中南米のある種のアカシアは，ある種のアリのすみかとなる中空のとげや，アリに食物を与える蜜腺をもつ。アリは好戦的で，アカシアの木に触れるもの全てを排除する。小形の植食動物や菌類なども除去し，さらにアカシアの木のまわりに生える草も刈り取る。

アカシアはアリに食物とすみかを提供し，アリはアカシアを他の生物から全面的に守るという共生関係が見られる。

★1 日本の渓流ではこうして川に落下したハリガネムシの宿主が魚類のエネルギー源の60％にも及ぶことがあり，生態系のバランス維持にかかわっている。

③地衣類―菌類と緑藻類の共生体　地衣
類は，菌類の菌糸の中に，緑藻類（陸上植物と同じ光合成色素をもつ藻類）やシアノバクテリアが入った共生体である。木の幹の表面や，岩，倒木，墓石など土がまったくない乾燥した場所でも生育できる。

図158　ウメノキゴケとその断面

　緑藻類やシアノバクテリアは光合成産物を供給し，菌類は水分や生育場所を提供するという共生関係が見られる。

④ヒトの皮膚に生育する常在菌　皮膚には150種以上の細菌が生育しており，その密度は1 cm²あたり10万〜100万細胞に達する。このうち，表皮ブドウ球菌やアクネ菌などの種は汗腺から分泌される油脂を栄養としているが，ヒトはそれにより害も利益も得ていない（片利共生）。それらは**常在菌**とよばれ，表皮のpHなどの状態を正常に保つものもある（相利共生）。しかし，アクネ菌は，体調が崩れ皮脂が過剰に分泌されると，毛穴で繁殖して炎症を引き起こしニキビなどの原因となる（寄生）。

共生と寄生の境界

①維管束植物と菌根菌
　種子植物とシダ植物を合わせて**維管束植物**というが，これらの約90 %は，**菌根菌**という菌類と共生関係をもち，**菌根**を形成する。代表的な菌根は全ての植物の70 %に見られ，菌糸が根の細胞中まで入り込んでいる。

　菌根菌は土中のわずかな養分（リン酸塩）を吸収して植物に供給し，植物は光合成産物を菌根菌に供給する。この共生関係によって植物はリン酸塩の欠乏した土壌でも生育できる。

　しかし，リン酸塩の豊富な土壌では植物は菌根菌に栄養を一方的に取られるだけとなり，寄生の関係となる。このように共生か寄生かの関係性は環境条件により変化する。

図159　菌根菌による菌根の形成

②インパラとウシツツキ
　アフリカにすむウシツツキという鳥は，インパラなど大形の草食動物の体表にいる昆虫を食べる。これだけならば片利共生となる。もし，インパラの体表のダニなどの寄生虫も食べてくれるのであれば，インパラにも利益となるので相利共生となる。

　しかし，ウシツツキはインパラの皮膚を剥ぎ取り傷口から出る血液を飲むことがある。このような状態になるとウシツツキとインパラの関係は寄生となる。[2]

図160　インパラとウシツツキ

★2 他の魚の体表やえらの寄生虫を食べることで相利共生の関係にあるホンソメワケベラ（⇨p.230）もまれに他の魚の体表をかじり取ることが観察されており，祖先はこのような食性であったと考えられている。

さくいん

赤数字は中心的に説明してあるページ，青数字は「重要用語」のページを示す。

●生物名さくいん

ウイルスは生物の定義からはずれるが便宜上ここに含めた。

□ 写真提供

㈱アフロ　海上保安庁　小畑秀一（北里大学）　気象庁　木下政人（京都大学）/家戸敬太郎（近畿大学）
小柴琢己（福岡大学）　小林設郎　髙橋義雄/PIXTA　田中俊二　風に吹かれて/PIXTA　風を感じて/PIXTA
林幹根スタジオ/PIXTA
Bachrach　Bianca Fioretti　divedog/PIXTA　Duncan.Hull　Hakt/PIXTA　IMAGENAVI
iStock.com/ANA LEBIODIENE　iStock.com/AntonyMoran　iStock.com/FiledIMAGE　iStock.com/Henk Bogaard
iStock.com/huangyifei　iStock.com/KevinDerrick　iStock.com/Martina Birnbaum　iStock.com/Nancy Anderson
iStock.com/Paralaxis　iStock.com/TopMicrobialStock　iStock.com/Volodymyr Kucherenko　Kupal12
line/PIXTA　ShiretokoDream/PIXTA　NASA　JAMSTEC　PhotoAC　Science Source/アフロ　Science Photo
Library/アフロ　TAKEZO/PIXTA　Viktor Osypenko/PIXTA
JAMSTEC/NHK/Marianas Trench Marine National Monument U.S.Fish and Wildlife Service
National Institute of Allergy and Infectious Diseases/NATIONAL INSTITUTES OF HEALTH/SCIENCE PHOTO LIBRARY
文英堂編集部

本書のSDGsに関する内容は国連によって承認されたものではなく，国連や国連職員，加盟各国の見解を反映する
ものではありません。https://www.un.org/sustainabledevelopment/

［編者紹介］

浅島　誠（あさしま・まこと）

1944年，新潟県生まれ。1972年東京大学理学系大学院博士課程修了。横浜市立大学文理学部助教授・教授を経て，1993年より東京大学教養学部教授・学部長。2007年東京大学副学長・理事。2009年産業技術総合研究幹細胞工学研究センター長。2016年東京理科大学副学長。2021年帝京大学先端総合研究機構副機構長。東京大学名誉教授。横浜市立大学名誉教授。産業技術総合研究所名誉フェロー。理学博士。

専攻は動物発生生理学。特に動物の初期胚での器官形成と形作りの機構の研究。おもな著書に，「発生のしくみが見えてきた」，「動物の発生と分化」，「分子発生生物学」「生物の安定と不安定」などがある。2001年恩賜賞・日本学士院賞。2008年文化功労者。

武田洋幸（たけだ・ひろゆき）

1958年，新潟県生まれ。1985年東京大学大学院理学系研究科動物学専門課程博士課程退学後，東京大学理学部助手。理化学研究所研究員，名古屋大学理学部准教授，国立遺伝学研究所教授を経て，2000年より東京大学大学院理学系研究科教授。2020年より東京大学執行役・副学長。理学博士。

専攻は発生遺伝学。特に小型魚類を用いた動物の器官形成の研究。おもな著書に「動物のからだづくり―形態発生の分子メカニズム」，「発生遺伝学―脊椎動物のからだと器官のなりたち」などがある。2015年比較腫瘍学常陸宮賞。

□ 執筆協力　石橋篤　小林設郎　田中俊二　廣瀬敬子
□ 編集協力　㈱アポロ企画　鈴木香織　南昌宏
□ 本文デザイン　㈱ライラック
□ 図版作成　小倉デザイン事務所　㈲デザインスタジオエキス．藤立育弘　よしのぶもとこ
□ 写真提供　p.255に記載

シグマベスト
理解しやすい 生物基礎

本書の内容を無断で複写（コピー）・複製・転載することを禁じます。また，私的使用であっても，第三者に依頼して電子的に複製すること（スキャンやデジタル化等）は，著作権法上，認められていません。

© 浅島誠・武田洋幸　2023　　Printed in Japan

編　者　浅島誠・武田洋幸
発行者　益井英郎
印刷所　中村印刷株式会社
発行所　株式会社文英堂
　〒601-8121　京都市南区上鳥羽大物町28
　〒162-0832　東京都新宿区岩戸町17
　（代表）03-3269-4231

● 落丁・乱丁はおとりかえします。